中文版Photoshop电商美工设计
从入门到实战（全程视频版）
（上册）

169集视频讲解+102个实例案例+素材源文件+手机扫码看视频

✓ 配色宝典 ✓ 构图宝典 ✓ 创意宝典 ✓ 商业设计宝典 ✓ Illustrator 基础 ✓ CorelDRAW 基础

✓ 各类实用设计素材 ✓ PPT 课件 ✓ 素材资源库 ✓ 工具速查 ✓ 快捷键速查

瞿颖健　编著

中国水利水电出版社
www.waterpub.com.cn
·北京·

内 容 提 要

　　《中文版Photoshop电商美工设计从入门到实战（全程视频版）（全两册）》以基础知识和案例实战的形式系统讲述了Photoshop的必备知识和抠图、修图、调色、合成、特效等核心技术，以及Photoshop在电商美工设计领域中的实战应用。

　　全书共13章，分上、下两册。上册共8章，是Photoshop的基础知识和核心功能应用部分，主要内容包括电商美工基础知识、Photoshop初级操作、绘图、文字与排版、商品图像的基本处理、商品图像的抠图与创意合成、商品照片调色与特效、网页切片与输出等；下册共5章，主要以案例的形式介绍了Photoshop在商品图像精修、商品主图设计、店铺广告设计、详情页设计、店铺首页设计中的具体应用，对电商美工设计知识以及Photoshop功能应用进行了综合演练，从而提高实战水平。

　　本书适合使用Photoshop进行电商美工设计的初学者学习使用，也适合相关培训机构作为培训教材使用，还可供所有Photoshop爱好者学习和参考。本书使用Photoshop 2022版本进行编写，Photoshop 2021、Photoshop 2020、Photoshop CC 等较低版本的读者也可参考使用。

图书在版编目（CIP）数据

中文版 Photoshop 电商美工设计从入门到实战：
全程视频版：全两册 / 瞿颖健编著 . —北京：中国水
利水电出版社，2023.8
　　ISBN 978-7-5226-1268-3

　　Ⅰ . ①中… Ⅱ . ①瞿… Ⅲ . ①图像处理软件 Ⅳ .
① TP391.413

中国国家版本馆 CIP 数据核字 (2023) 第 026078 号

书　　名	中文版Photoshop电商美工设计从入门到实战（全程视频版）（上册） ZHONGWENBAN Photoshop DIANSHANG MEIGONG SHEJI CONG RUMEN DAO SHIZHAN
作　　者	瞿颖健　编著
出版发行	中国水利水电出版社 （北京市海淀区玉渊潭南路1号D座 100038） 网址：www.waterpub.com.cn E-mail：zhiboshangshu@163.com 电话：（010）62572966-2205/2266/2201（营销中心）
经　　售	北京科水图书销售有限公司 电话：（010）68545874、63202643 全国各地新华书店和相关出版物销售网点
排　　版	北京智博尚书文化传媒有限公司
印　　刷	北京富博印刷有限公司
规　　格	190mm×235mm　16开本　29.5印张（总）　620千字（总）　2插页
版　　次	2023年8月第1版　2023年8月第1次印刷
印　　数	0001—5000册
总 定 价	118.00元（全两册）

▲ 动手练:使用调色命令调色

▲ 动手练:自然饱和度——增强／减弱画面颜色感

▲ 动手练:色彩平衡——调整画面颜色倾向

▲ 练习实例:使用模糊与锐化展现商品细节

▲ 练习实例:添加复杂水印

▲ 动手练:使用"调整图层"功能调色

▲ 练习实例:油画感色调

▲ 动手练:液化——调整人物、商品形态

▲ 练习实例:为制作好的网页进行切片

▲ 练习实例:使用"画笔工具"制作柔和色调化妆品海报

▲ "风格化"滤镜组

▲ "锐化"滤镜组

▲ 练习实例:处理偏灰图像

▲ 练习实例:处理暗部细节不明显的问题

▲ 练习实例:处理亮部细节不突出的问题

▲ 练习实例:弱化背景过多的色彩成分

▲ 动手练：图像局部的剪切/复制/粘贴

▲ 动手练：高斯模糊

▲ 动手练：调整图像尺寸

▲ 动手练：快速选择

▲ 动手练：擦除颜色相似区域

▲ 动手练：变换选区

▲ 动手练：图像裁剪

▲ 动手练：使用"透视裁剪工具"矫正商品图像的透视问题

▲ 动手练：对图像局部进行模糊处理

▲ 动手练：清除图像

▲ 动手练：HDR 色调

▲ 练习实例：使用"移轴模糊"滤镜突出细节

▲ 动手练：为颜色相近的区域填充前景色或图案

▲ 扩大选取与选取相似

▲ 动手练：带有透明区域的产品抠图

▲ 动手练：选择并遮住——毛发抠图

▲ 练习实例：冷色调时尚人像

▲ 练习实例：抠图制作护肤品广告

▲ 练习实例：制作不同颜色的服装展示效果

前 言
Preface

随着电商行业的发展，网购成为人们重要的购物方式之一。由于行业需求量的迅猛增长，电商美工设计逐渐成为近年来的热门职业之一。在电商美工设计工作中，Photoshop是必不可少的工具。Photoshop作为Adobe公司研发的使用最广泛的设计制图和图像处理软件，在电商美工设计中的应用也非常广泛。无论是商品图像精修、商品主图设计、电商平台广告制作，还是商品详情页设计和店铺首页设计，都少不了它的身影。

本书显著特色

1. 配备大量视频讲解，手把手教您学

本书配备了大量的教学视频，涵盖全书几乎所有实例和常用重要知识点，如同老师在身边手把手教您，让学习更轻松、更高效。

2. 扫描二维码，随时随地看视频

本书在重点、难点、案例等多处设置了二维码，手机扫一扫，可以随时随地看视频（若手机不能播放，可下载后在计算机上观看）。

3. 内容全面，注重学习规律

本书涵盖Photoshop 2022在电商设计制图领域中常用的功能。同时采用"知识点+理论实践+操作实战+综合案例实战+技巧提示"的编写模式，也符合轻松易学的学习规律。

4. 实例丰富，强化动手能力

步骤式的理论学习便于读者动手操作，在模仿中学习。练习实例用来加深印象，熟悉实战流程。大型商业案例则可以为将来的设计工作奠定基础。

5. 案例效果精美，注重审美熏陶

Photoshop只是工具，要想设计好的作品，一定要有美的意识。本书案例效果精美，目的是加强读者对美感的熏陶和培养。

6. 配套资源完善，便于深度和广度拓展

除了提供几乎覆盖全书实例的配套视频和素材源文件外，本书还根据设计师必学的内容赠送了大量教学与练习资源。

7. 专业作者心血之作，经验技巧尽在其中

作者是艺术专业高校教师、中国软件行业协会专家委员、Adobe 创意大学专家委员会委

前 言

员、Corel中国专家委员会成员。作者的设计和教学经验丰富，编写本书时，运用了大量的经验技巧，可以提高读者
的学习效率，让读者少走弯路。

8. 提供在线服务，随时随地交流学习

提供公众号、QQ群等在线互动、答疑、资源下载等服务。

关于学习资源及下载方法

1. 本书学习资源

（1）本书配套学习资源如下：

全书实例的配套视频、素材源文件。

（2）赠送软件学习资源如下：

赠送《配色宝典》《构图宝典》《创意宝典》《商业设计宝典》《色彩速查宝典》《行业色彩应用宝典》
《Illustrator 基础》《CorelDRAW 基础》等电子书。

赠送Photoshop基础教学PPT课件、各类实用设计素材、素材资源库、工具速查、快捷键速查、常用颜色色谱表
等资料。

2. 本书资源下载

（1）关注微信公众号（设计指北），然后输入PSDS12683，并发送到公众号后台，即可获取本书资源的下载链
接，然后将此链接复制到计算机浏览器的地址栏中，根据提示下载即可。

（2）加入本书QQ学习交流群：691613857（请注意加群时的提示，并根据提示加群），可在线交流学习。

3. Photoshop软件获取方式

本书依据Photoshop 2022版本编写，建议读者安装Photoshop 2022版本进行学习和练习。读者可以通过如下方式
获取Photoshop 简体中文版。

（1）登录Adobe官方网站http://www.adobe.com/cn/下载试用版或购买正版软件。

（2）可到网上咨询、搜索购买方式。

说明：为了方便读者学习，本书提供了大量的素材资源供读者下载，这些资源仅限于读者个人学习使用，不可
用于其他任何商业用途。否则，由此带来的一切后果由读者个人承担。

关于作者

本书由瞿颖健编写，参与本书编写和资料整理的还有曹茂鹏、瞿玉珍、董辅川、王萍、杨力、瞿学严、杨宗
香、曹元钢、张玉华、李芳、孙晓军、张吉太、唐玉明、朱于凤等人。部分插图素材购买于摄图网，在此一并表示
感谢。

编 者

目录

contents

Chapter 01
第1章

扫一扫，看视频

电商美工基础知识

本章内容简介：

随着电商行业的发展，网购成了人们重要的购物方式之一。由于行业需求量的迅猛增长，电商美工设计逐渐成为近年来的热门职业之一。从"美工"这一词中能够感受到这是一份关于"美"的工作，也就是说，这份工作不仅需要制图方面的"技术"，还需要良好的审美与艺术功底。

重点知识掌握：

- 了解电商美工设计需要做哪些工作。
- 熟悉网店首页、详情页、主图的构成。
- 了解色彩搭配的基础知识。

通过本章学习，我能做什么?

通过对本章的学习，能够了解什么是电商美工设计，以及电商美工设计都需要做哪些工作。需要注意的是，电商平台的美工设计不仅需要制作网页广告，还需要对详情页进行排版、美化商品图像等工作。网店页面是由多个模块组成的，不同的模块有不同的尺寸，所以我们还需要了解不同模块的尺寸，才能够制作出适合网店使用的图片。

1.1 电商美工基础知识

当我们在线下逛商场时，往往会被风格化的装修、元素搭配得体的店铺所吸引。同理，淘宝、京东、拼多多等电商平台就是一个个巨大的商场，由无数间店铺组成。当消费者"逛"网店时，网店的视觉效果往往会第一时间影响用户的判断，所以网店装修的好坏会直接影响店铺销量。图1-1~图1-4所示为不同风格的网店首页设计。

图1-1

图1-2

图1-3

图1-4

1.1.1 认识电商美工

那么谁来为网店"装修"呢？这就到了美工人员大显身手的时刻了。"电商美工"是网店页面编辑美化工

作者的统称。日常工作内容包括网店页面的美化设计、产品图片处理以及商品上下线更换等。

互联网经济时代下，电商美工逐渐成为就业前景较好的职业，职位需求量大，而且工作时间有弹性、工作地点自由度大，甚至在家就可以办公，所以网店美工也逐渐成为很多设计师青睐的职业方向。不仅如此，一些小成本网店的店主，如果自己掌握了"网店美工"这门技术，也可以节约一部分开销。

> 💡 **提示**: 电商美工是一种习惯性的称呼。
>
> 其实，"电商美工"是一种习惯性的对电商设计人员的称呼，很多时候也会被称为淘宝美工、网店美工、电商设计师。随着电商行业的发展，各种电商平台不断涌现，淘宝、天猫、京东、当当等电商平台上都聚集着大量网店，而且很多品牌厂商都会横跨多个平台"开店"。任何一个电商平台经营店铺都少不了电商设计人员的身影，不同平台对网店装修用图尺寸要求可能略有区别，但是美工工作的性质是相同的。所以，在针对不同平台的店铺进行"装修"时，首先需要了解一下该平台对网页尺寸及内容的要求，然后再进行制图。

作为一名电商美工，都有哪些工作需要做呢？电商美工的工作主要分为两大部分。

一部分是对商品图片进行处理。摄影师在拍摄完商品后会筛选一部分比较好的作品，然后设计人员从中筛选一部分作为产品主图或详情页上的图片。针对这些商品图片，需要进一步地修饰与美化，如去掉瑕疵、修补不足、矫正偏色等。图1-5~图1-8所示为商品本身的美化、模特的美化、环境的美化以及画面整体的合成。

图1-5

图1-6

图1-7

图1-8

中文版 Photoshop 电商美工设计从入门到实战（全程视频版）（上册）

另一部分是对网页版面进行编排。其中包括网站店铺首页设计、产品主图设计、产品详情页设计、活动广告设计等排版方面的工作。这部分工作比较接近于广告设计以及版式设计，需要具备较好的版面把控能力、色彩运用能力以及字体设计、图形设计等方面的能力。图1-9和图1-10所示为网店首页设计作品。

图1-9　　　　　　　　　图1-10

图1-11和图1-12所示为产品主图设计作品。

图1-11　　　　　　　图1-12

图1-13和图1-14所示为产品详情页设计作品。

图1-13　　　　　　　图1-14

图1-15和图1-16所示为网店广告设计作品。

图1-15　　　　　　　图1-16

提示：电商美工需要掌握哪些技能？

作为一名电商美工，过硬的技术和良好的审美是最基本的职业素养。一个优秀的设计作品，往往要由产品、配色、排版、文字等多种元素组成。设计人员不仅要具备较好的美学素养、掌握相关的绘图软件，还需要掌握一些基础的Dreamweaver操作以及一定的文字把控功底。

当然，掌握了制图技能只能算是一名刚刚合格的美工，若想成为一名优秀的电商美工，除了提高自己的设计水平外，还需要从运营、推广、数据分析的角度去思考，从而提高自己的运营水平。

1. 美学素养

制图软件只是工具，掌握了软件的使用方法不代表真的懂"设计"，所以美学素养仍是需要进行学习的。若要提高自身的美学素养，可以先从平面构成、色彩构成和立体构成入手,这些是设计理论的基石,也是艺术设计专业院校必学的课程。尤其是色彩构成,除了要知晓色相、明度、饱和度的基础概念,更重要的是要学习色彩的情绪。电商美工要学会利用不同的色彩搭配,去给人营造特定的氛围需求,避开一些常见错误。

2. 软件学习

软件是设计制图的工具,会使用软件是必学的技能。目前居于首位的是位图处理软件 Photoshop,它不仅可以进行商品照片的处理,还可以进行版面的编排;主流的矢量制图软件 CorelDRAW 与 Illustrator 中至少需要掌握其中一个;与此同时,还要掌握 Dreamweaver 的一些基础操作。

3. 掌握一定的 Dreamweaver 应用能力

通过使用 Photoshop 完成制图后,需要上传到电商空间中,有一步工作是需要在 Dreamweaver 中生成代码,然后在电商后台进行提交,从而得到崭新的页面。所以对于电商美工来说,需要掌握一定的 Dreamweaver 应用能力,以及学会运用在线代码生成器生成需要的交互效果。

4. 掌握一定的营销活动策划能力

虽说营销活动由运营部门人员负责,但美工几乎全程参与其中,所以美工具备这方面的知识和能力是相当必要的。运营与美工的配合度,很大程度上会影响营销活动的效果,也会直接影响最终的市场效益。如果运营人员懂得一些美工知识,美工也熟悉营销策略的流程,那么这种合作就完美了。在这种合作环境下能够大大提升团队的工作效率,美工不需要做营销,但一定要懂营销。

1.1.2 网店视觉设计的基本组成部分

从电商店铺美化工作的角度出发,可以分为店铺首页设计和商品详情页设计。店铺首页是店铺品牌形象的整体展示窗口,店铺首页通常包含商品海报、活动信息、热门商品等内容。但是各部分结构所处的位置通常是不固定的,如图 1-17 所示。商品详情页是展示商品详细信息的一个页面,是承载着店铺的大部分流量和订单的入口,如图 1-18 所示。(需要注意的是,随着电商平台的不断改进,网店的布局和尺寸也可能会发生变化。而且不同的电商平台,其尺寸要求也不同。所以,具体尺寸要以当前平台规定的尺寸为准。)

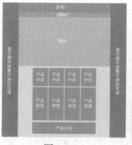

图 1-17　　　　　　　　图 1-18

1. 店招

一般实体店铺都会挂一个牌匾,这样就能告诉来往的客人这是一家销售何种商品的店铺,这家店铺的名称是什么。同理,网店首页的"店招"就起到了一个这样的作用。

网店店招位于店铺页面的最上面,店招区域也是展现店铺名称、标志甚至店铺整体格调的区域。所以当客户进入宝贝详情页时,第一眼看到的既不是宝贝的销量,又不是宝贝的评价,也不是宝贝的详情,而是店招,由此可见店招的重要性。在设计店招时,通常可以突出自己店铺的名称,还可以添加一些广告词,放上爆款产品进行展示。图 1-19~ 图 1-21 所示为店招设计。

图 1-19

图 1-20

图 1-21

2. 导航栏

导航栏的作用是方便买家从导航栏中快速跳转到另一个页面,使店内的商品或活动能够在买家查看想要看的商品或活动时及时准确地展现在买家面前。或者,部分没有展示在首页的商品,也可以从导航栏进入并找到。图 1-22~ 图 1-24 所示为导航栏设计。

图 1-22

中文版 Photoshop 电商美工设计从入门到实战(全程视频版)(上册)

图 1-23

图 1-24

3. 店铺标志

店铺标志简称为"店标",是一间店铺的形象参考,体现了店铺的风格、定位和产品特征,也能起到宣传的作用。图 1-25 和图 1-26 所示为店铺标志设计。

图 1-25

图 1-26

4. 宝贝主图

通过发布主图,可以吸引买家注意,从而激发其点开链接的欲望。产品主图不仅展现在详情页上,如图 1-27 所示,还展现在搜索页面中,所以如何从众多产品主图中脱颖而出,才是宝贝主图的主要目的,如图 1-28 所示。

图 1-27

图 1-28

宝贝主图就好比一扇"门",客户从门前过,进不进来也取决于这扇"门"的吸引程度。主图的设计应该能够在第一时间展现给客户产品信息,言简意赅,清晰明了。当制作的宝贝图片尺寸大于 700px × 700px 时,

上传后宝贝会自动带有放大镜功能,鼠标移动到宝贝图片各个位置时会放大显示。所以商品主图尺寸通常为 800px × 800px,要求 JPG 或 GIF 格式,如图 1-29 和图 1-30 所示。

图 1-29

图 1-30

5. 店铺收藏标识

店铺收藏量是一个店铺热度的衡量标准,一个醒目、美观的收藏按钮对于店铺的影响也很大。店铺收藏标识没有固定的尺寸限制,主要根据店铺装修设计标准而定。图 1-31~ 图 1-33 所示为几种不同风格的店铺收藏标识。

图 1-31   图 1-32

图 1-33

6. 店铺海报

店铺海报分为全屏海报和普通海报两种，全屏海报尺寸为 1920px×600px，如图 1-34 和图 1-35 所示。淘宝上的普通海报尺寸为 950px×600px 左右，如图 1-36 和图 1-37 所示。

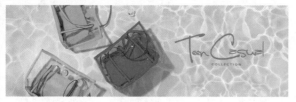

图 1-34

图 1-35

图 1-36   图 1-37

7. 左侧栏

左侧栏主要包含店铺收藏标识、联系方式、客服中心、旺旺在线、关键词搜索栏、新品推荐、宝贝分类、宝贝排行榜、友情链接、充值中心等内容。每个区域的设计要协调，要与店铺整体风格保持一致。

1.1.3　素材资源的获取

对于新手来说，如何找到令人满意的资源可能是一件令人头疼的事情。网络是一个大的资源库，有很多免费资源，也有很多高品质的付费资源，美工应该学会如何"淘"到适合自己的素材，下面介绍几个获取资源素材的小技巧。

1. 找图片

（1）可以直接在搜索引擎里搜索需要的素材图片。例如，如果搜索"冰块"，那么就会显示相关的图片，

如图 1-38 所示。此时图片的尺寸有大有小，通过"筛选"功能可以进行尺寸的筛选。单击"图片筛选"按钮，然后单击"全部尺寸"后面的按钮，在下拉列表中选择合适的尺寸，如图 1-39 所示。

图 1-38

图 1-39

（2）筛选之后只会保留选择的尺寸，如图 1-40 所示。接着单击需要的图片，然后在图片上右击，执行"图片另存为"命令，如图 1-41 所示。

图 1-40

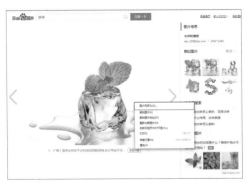

图 1-41

（3）在弹出的"另存为"窗口中找到合适的存储位置，然后单击"保存"按钮，如图 1-42 所示。

图 1-42

需要注意的是，网络上绝大多数图片都是带有版权的，未经允许而在商业用途上使用很可能涉及侵权问题。所以，在素材获取方面可以搜索一些"免版权素材网站"，或者到正版素材网站购买素材进行使用。

2. 找免抠素材

当制作店铺广告时，经常需要为了丰富画面效果而在其中添加一些装饰元素，这时就需要进行抠图，为了提高工作效率可以在网上直接下载"免抠"素材。

（1）在搜索引擎中输出关键词，如"冰块 免抠"，随即会显示出免抠素材的信息。用户可以从中选择适合的素材并进行下载使用，如图 1-43 所示。需要注意的是，免抠素材的格式为 .png，但是当我们选好素材并"另存为"之后，发现下载的素材是 .jpg 格式，那么此图片必然带有背景，并非免抠素材。如果下载了"假的"免抠素材，那么在置入文档时还是有背景的，如图 1-44 所示。

（2）如果下载了已经抠完的素材，那么直接置入文档使用即可，如图 1-45 所示。

图 1-43

图 1-44

图 1-45

（3）如果要更快捷地下载真正的免抠素材，那么就需要找一些专业的"免抠"、PNG 素材网站，找到带有"下载"按钮的网页进行下载，如图 1-46 和图 1-47 所示。

图 1-46

图 1-47

3. 找字体

计算机中的字体有限，想要制作出漂亮的页面，经常需要使用不同样式的字体，可以通过安装额外的字体来解决这个问题。

（1）在安装字体之前需要下载或购买字体，首先在搜索引擎中输入关键词"字体下载"，然后会显示资源的链接，如图1-48所示。然后进行字体的下载，字体下载成功后，常见的字体文件的格式为.ttf，如图1-49所示。

图1-48　　　　　　图1-49

（2）如果安装的字体比较少，那么选中字体文件，右击执行"安装"命令，即可进行安装，如图1-50所示。

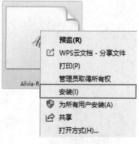

图1-50

需要注意的是，网络上的大部分字体并非免费使用，想要进行商用，则需要购买字体的使用权，具体情况需要到字体官网进行查询。

4. 找模板

对于初学者而言，临摹能够快速提高自身技能，也能在学习他人作品的过程中对自己有所启发。还可以自己找模板直接进行套用，尤其是在没有制作思路的时候，套用模板可以快速完成工作。

（1）网络上有很多提供"PSD模板"购买或下载的网站，首先在网站上下载PSD格式的文件，如图1-51所示；接着将PSD文件在Photoshop中打开，如图1-52所示。

图1-51　　　　　　图1-52

（2）将原来文件中的文字和图片删除，换上自己的商品图片和相应的文字，效果如图1-53所示。更换素材图片的具体方式以及更换文字的具体方式将在后面章节中进行讲解。

图1-53

5. 在线制作

在线制作网页店招、店标、宝贝描述等模块非常方便，而且省时、省力。

（1）在搜索引擎中搜索"淘宝店招在线制作"这类关键词，然后会显示出资源的链接，如图1-54所示；接

中文版Photoshop电商美工设计从入门到实战（全程视频版）（上册）

着打开一个链接。这些在线制作网站的使用方法大同小异，首先浏览网站首页进行模板的选择，如图 1-55 所示。

图 1-54

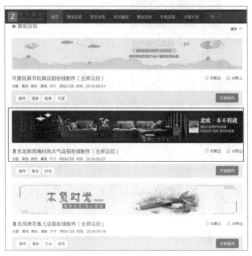

图 1-55

（2）单击打开链接，在打开的网页中更改相应的文字。文字更改完成后单击"开始制作"按钮，如图 1-56 所示。接下来单击"下载图片"按钮，在弹出的"新建下载任务"窗口中找到合适的存储位置，单击"下载"按钮，如图 1-57 所示。

图 1-56

图 1-57

（3）下载成功后，可以查看更改后的效果，如图 1-58 所示。当然，此类模板替换的网站虽然能帮助"新手"解燃眉之急，但是想要制作出与众不同的版面，仍然需要自己学会使用 Photoshop，然后按照自己的创意设计出独一无二的画面。

图 1-58

1.2 电商版式设计基础知识

版式设计是指在有限的、特定的版面空间中，根据设计的内容、目的、要求，把文字、图形、颜色等元素进行合理的组合排列。版式设计能够体现出个人风格和艺术特色。它不仅广泛应用于电商的美工设计中，也广泛应用于其他领域，如网页设计、图书排版、广告设计、包装设计中。

1.2.1 网店版式的构成

纵观各种类型的设计作品，版式设计无非都是由图形/图像、色彩、文字三种元素组成，通过这三种元素的有机结合，能够让观者在享受美的同时，了解版式中的信息。

1. 图形/图像

图片在版式设计中占有非常大的比重，图片的视觉冲击力比文字强 85%。而且电商平台做的就是"视觉营销"，所以在排版时更要注重图片的表现。在网店美工中，图形/图像大致可以分为产品展示、模特展示、特效字体、创意合成、手绘插画等形式，如图 1-59 和图 1-60 所示。

图 1-59　　　　　　　　　图 1-60

2. 色彩

色彩较之图文对人的心理影响更为直接，具有更强的识别性。现代商业设计对色彩的应用更是上升至"色彩营销"的策略，如图 1-61 和图 1-62 所示。

图 1-61　　　　　　　　　图 1-62

3. 文字

文字是传递信息的重要手段，在店铺版面中，标题、宝贝描述都离不开文字。文字不仅能够传递信息，也是一种图形符号。不同的字体给人的视觉感受是不同的，与主体相匹配的字体不仅能够使观者感到愉悦，也能够帮助阅读与理解。通常，文字与图片之间是相辅相成的关系，通过图片引起观者注意，并借助图片来增加文字说服力，提高观者的阅读兴趣，如图 1-63 和图 1-64 所示。

图 1-63　　　　　　　　　图 1-64

1.2.2　网店版式的视觉流程

视觉流程是一种视觉空间的"运动"，是指视觉随各元素在店铺版面中运动的过程。通常情况下，店铺版面较长、内容较多，可以根据店铺自身的定位选择合适的视觉流程，在店铺装修中有倾斜形视觉流程、Z 形视觉流程、S 形（曲线形）视觉流程和垂直形视觉流程四种。

1. 倾斜形视觉流程

倾斜形视觉流程是指将店铺版面中的视觉元素按斜

向或对角进行排列，这种视觉流程能以不稳定的动态视觉吸引观者目光。倾斜形视觉流程给人飞跃、冲刺、速度前进、力量的感受，如图 1-65 和图 1-66 所示。

图 1-65　　　　　　　　　图 1-66

2. Z 形视觉流程

Z 形视觉流程是按照店铺版面中的视觉元素按字母 Z 进行排列，形成相互错落的效果。Z 形视觉流程能够给人一种活力、跳跃、节奏欢快的感觉，如图 1-67 和图 1-68 所示。

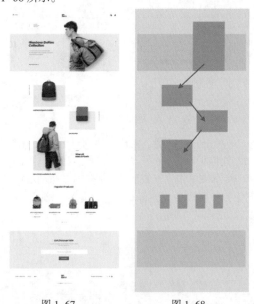

图 1-67　　　　　　　　　图 1-68

3. S 形（曲线形）视觉流程

S 形（曲线形）视觉流程是将店铺版面中的视觉元素按曲线进行排列，这种视觉流程与 Z 形视觉流程相似，通常会以某些视觉元素进行引导，如曲折的线段、带有曲线的箭头等，这些元素能够起到辅助作用。这种视觉流程给人一种柔美、优雅的视觉感受，能够让版面更具韵味、节奏和动态美，如图 1-69~ 图 1-72 所示。

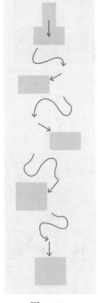

图 1-69　　　　　　图 1-70

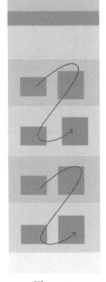

图 1-71　　　　　　图 1-72

4. 垂直形视觉流程

垂直形视觉流程是访客在浏览网页时视线自上而下垂直进行移动，根据店铺版面的不同，视觉的重心位置也是有所不同的。根据店铺版面所要表达的含义来决定视觉重心位置，这样做就能够鲜明地突出设计主题。垂直形视觉流程给人直观、坚定之感，如图 1-73 和图 1-74 所示。

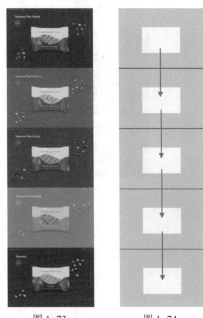

图 1-73　　　　　　图 1-74

1.2.3　网店版式的设计原则

精致的店铺装修能够为店铺带来可观的流量和销量。在店铺装修设计环节中，优秀的网店通常具有一些相似的特质，如店铺风格与自身产品定位相符、店铺风格统一、图文配合度高、高度适合、适当留白等。

1. 店铺风格要与自身产品定位相符

每一家店铺都对自己的商品有所定位，可以根据商品风格定位店铺风格，然后分析消费人群以及消费者的心理，根据这些信息去迎合消费者的喜好进行店铺装修。例如，店铺销售的是学院风女装，消费人群的年龄大概在 18~25 岁之间，以高中生、大学生为主，这一消费群体大多年轻、美丽且充满活力，所以在布局和配色上要体现活泼、可爱的特点，并且要运用时下流行的元素，如图 1-75 所示。

图 1-75

2. 店铺风格要统一

一家店铺的装修工作主要可以分为店铺主页和宝贝详情页两大部分，每个页面虽然职能不同，但是它同属于一家店铺，装修风格统一才能让客户感觉到店铺的专业性，从而提升好感与信赖感。要想做到网店的整体装修风格统一，需要从店招、店标、店铺主页、宝贝详情页等方面出发进行设计。在店铺色彩方面，可以采用相同或类似的颜色对店铺进行装修，这样看起来既整洁大方，又条理分明，给人一种舒服的感觉。店铺主页如图 1-76 所示，宝贝详情页如图 1-77 所示。

图 1-76   图 1-77

3. 注意图文配合度

作为视觉营销，美观的图片是必不可少的元素，通过图片，客户能够了解产品属性、效果，消除客户心中的疑虑。但是光有图片是行不通的，通常要以文字进行解说，这就需要图文配合。优秀的文案也能够取悦客户，使客户产生好感，如图 1-78 和图 1-79 所示。

图 1-78   图 1-79

4. 注意高度

在绝大多数电商平台中，无论是店铺主页还是宝贝详情页，对页面高度都没有硬性要求。但这并不代表页面越长越好，太长的页面会使客户失去耐心，从而离开页面，如图 1-80 和图 1-81 所示。

图 1-80   图 1-81

5. 注意留白

店铺页面中的图片并不是越丰富越好，如果页面空间中没有适度的留白，那么容易产生拥堵、憋闷的感觉，还会使页面失去重点，让客户找不到方向。同时图片太多还会影响店铺的打开速度，使客户失去耐心而离开店铺，如图 1-82 和图 1-83 所示。

图 1-82　　　　　　图 1-83

1.3 色彩搭配基础知识

在生活中，色彩的力量非常强大，它刺激着我们的感官，影响着我们的情感。在电商网店或网页中，色彩也同样占据着重要地位，接下来我们共同学习色彩的基础知识，了解色彩的搭配技巧，从而激发创作灵感，提升对色彩的理解。

1.3.1 色彩的基本属性

在视觉世界里，色彩被分为两类：无彩色和有彩色，如图 1-84 所示。无彩色为黑、白、灰，有彩色则是除黑、白、灰以外的其他颜色。每种有彩色都有三大属性：色相、明度、纯度（饱和度），如图 1-85 所示，而无彩色只具有明度这一个属性。

图 1-84　　　　　　图 1-85

1. 色相

任何有彩色都有属于自己的色相，色相是指色彩的基本相貌，它是色彩区别彼此的最主要和最基本的特征。为应用方便，以光谱色序为色相的基本排序，即红、橙、黄、绿、青、蓝、紫为基础色，加上几种间色构建出色环，如图 1-86 所示。

图 1-86

2. 明度

明度是指色彩的明亮程度，明度不仅表现物体的明暗程度，还表现反射程度的系数。例如，蓝色里不断加黑色，明度就会越来越低，低明度的暗色调会给人一种沉着、厚重、忠实的感觉；蓝色里不断加白色，明度就会越来越高，高明度的亮色调会给人一种清新、明快、华美的感觉。在加色过程中，中间色的明度是比较适中的，这种中明度色调会给人一种安逸、柔和、高雅的感觉，如图 1-87 所示。

图 1-87

3. 纯度

纯度又叫饱和度、彩度，是指色彩的鲜艳程度，表示色彩中所含有色成分的比例。比例越高，则色彩的纯度就越高；比例越低，则色彩的纯度就越低，如图 1-88 所示。一般高纯度的色彩会产生强烈、鲜明、生动的感觉；中纯度的色彩会产生适当、温和、平静的感觉；低纯度的色彩就会产生一种细腻、雅致、朦胧的感觉。

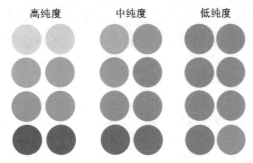

图 1-88

1.3.2　画面与色彩

图像通常是由多种色彩构成的，不同色相的色彩合理搭配在一起，可刺激人们的视觉感官，形成不同的感受与遐想。对于图像而言，还有一些其他重要属性，如色温、色调、影调等，能有效加深人们对此类事物的印象和追求。

1. 色温（色性）

色彩除了色相、明度、纯度这三大属性外，还具有"温度"。色彩的"温度"也被称为色温、色性，是指色彩的冷暖倾向。倾向于蓝色的色彩为冷色调，如图1-89所示；倾向于橘色的色彩为暖色调，如图1-90所示。

图1-89　　　　　　　图1-90

2. 色调

"色调"也是我们经常提到的一个词语，是指画面整体色彩倾向。图1-91所示为绿色调图像，图1-92所示为蓝紫色调图像。

图1-91　　　　　　　图1-92

3. 影调

对于摄影作品而言，"影调"又称为照片的基调或调子。影调是指画面的明暗层次、虚实对比和色彩的色相明暗等之间的关系。由于影调的亮暗和反差不同，通常以"亮暗"将图像分为"亮调""暗调"和"中间调"。也可以"反差"将图像分为"硬调""软调"和"中间调"

等多种形式。图1-93所示为亮调图像，图1-94所示为暗调图像。

图1-93

图1-94

4. 颜色模式

"颜色模式"是指千千万万的颜色表现为数字形式的模型。简单来说，可以将图像的"颜色模式"理解为记录颜色的方式。Photoshop中有多种"颜色模式"。执行"图像"→"模式"命令，可以将当前的图像更改为其他颜色模式：RGB颜色、CMYK颜色、Lab颜色、位图、灰度、索引颜色、双色调和多通道等，如图1-95所示。在设置颜色时，在"拾色器"窗口中可以选择不同的颜色模式进行颜色的设置，如图1-96所示。

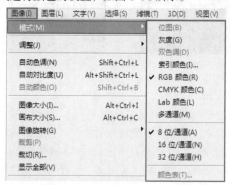

图1-95

中文版Photoshop电商美工设计从入门到实战（全程视频版）（上册）

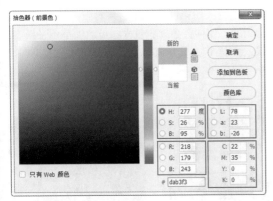

图 1-96

虽然图像可以有多种颜色模式，但并不是所有的颜色模式都经常使用。通常情况下，当制作用于显示在电子设备上的图像文档时需要使用 RGB 颜色模式；当涉及需要印刷的产品时需要使用 CMYK 颜色模式；当进行电商网店装修时需要使用 RGB 颜色模式；当制作需要打印的作品时（产品优惠卡、宣传单等）则需要使用 CMYK 颜色模式的文档。而 Lab 颜色模式是色域最宽的模式，也是最接近真实世界颜色的模式，通常用于将 RGB 颜色转换为 CMYK 颜色的过程中，可以先将 RGB 颜色转换为 Lab 颜色，然后再转换为 CMYK 颜色。

提示：认识一下各种颜色模式。

位图：使用黑色、白色两种颜色值中的一个来表示图像中的像素。在将一幅彩色图像转换为位图图像时，需要先将其转换为灰度模式，删除像素中的色相与饱和度信息之后才能执行"图像"→"模式"→"位图"命令，将其转换为位图。

灰度：灰度模式是用单一色调来表现图像，将彩色图像转换为灰度模式后，会扔掉图像的颜色信息。

双色调：双色调模式不是指由两种颜色构成图像的颜色模式，而是通过 1~4 种自定油墨创建的单色调、双色调、三色调和四色调的灰度图像。想要将图像转换为双色调模式，首先需要将图像转换为灰度模式。

索引颜色：索引颜色模式是位图图像的一种编码方法，可以通过限制图像中的颜色总数来实现有损压缩。索引颜色模式的位图较其他模式的位图占用更少的空间，所以索引颜色模式位图广泛用于网络图形、游戏制作中，常见的格式有 GIF、PNG-8 等。

RGB 颜色：RGB 颜色模式是在进行图像处理时最常使用的一种模式，RGB 颜色模式是一种"加光"模

式。RGB 分别代表 Red（红色）、Green（绿色）、Blue（蓝色）。RGB 颜色模式下的图像只有在发光体上才能显示出来，如显示器、电视等，该模式所包括的颜色信息（色域）有 1670 多万种，是一种真色彩颜色模式。

CMYK 颜色：CMYK 颜色模式是一种印刷模式，也称"减光"模式，该模式下的图像只有在印刷品上才可以观察到。CMY 是 3 种印刷油墨名称的首字母，C 代表 Cyan（青色）、M 代表 Magenta（洋红）、Y 代表 Yellow（黄色），而 K 代表 Black（黑色）。CMYK 颜色模式包含的颜色总数比 RGB 模式少很多，所以在显示器上观察到的图像要比印刷出来的图像亮丽一些。

Lab 颜色：Lab 颜色模式是由照度（Luminosity，L）和有关颜色的 a、b 这 3 个要素组成。L 相当于亮度；a 表示从红色到绿色的范围；b 表示从黄色到蓝色的范围。

多通道：多通道模式图像在每个通道中都包含 256 个灰阶，对于特殊打印非常有用。将一张 RGB 颜色模式的图像转换为多通道模式的图像后，之前的红、绿、蓝 3 个通道将变成青色、洋红、黄色 3 个通道。多通道模式图像可以存储为 PSD、PSB、EPS 和 RAW 格式。

1.3.3　主色、辅助色、点缀色

在一幅设计作品中，颜色通常由主色、辅助色和点缀色组成，三者相辅相成。

1. 主色

主色在广义上是指占据画面最多的颜色，影响整个作品的色彩基调。若将其进行标准化，可占据画面的 50%~60%，决定着画面的主题和风格，辅助色和点缀色都需围绕它进行选择和搭配，如图 1-97 和图 1-98 所示。

图 1-97　　　　　　　图 1-98

2. 辅助色

辅助色，顾名思义，是用来辅助主色的，会占据画面的 30%~40%。当辅助色与主色调为同色系时，画面效果和谐、稳重，如图 1-99 所示。当辅助色为主色的对比色或互补色时，画面效果活泼、激情，如图 1-100 所示。

图 1-99 　　　　　　　　　图 1-100

3. 点缀色

点缀色是占据面积最小的颜色，会占据画面的5%~15%。点缀色通常在视觉效果上比较醒目。对整体画面而言，可以理解为点睛之笔，通常较画面其他颜色相比鲜艳饱和，是整个作品的亮点所在，如图1-101和图1-102所示。

图 1-101 　　　　　　　　　图 1-102

1.3.4 　色彩设计的基本流程

在进行电商店铺装修时，面对五彩缤纷的颜色，若选择的颜色与销售产品不符，反而会适得其反，那么如何选择合适的颜色呢？

首先要考虑销售产品的针对人群和主要基调，确定整体色调和偏向的色系，以此选择一种主色。例如，服装类型偏向清新风格，抒发一种俏皮可爱的理念，那么我们会将销售的服装定位为暖色的亮调，可选择黄色、粉色等明度较高的颜色作为服装的主色。

因为黄色会给人一种阳光、积极的感受，而粉色会呈现出一种淑女、温柔的感觉。尽量避免选择深棕、深灰、黑色等偏暗的颜色，此类颜色情感偏凝重、严肃，在炎热的夏天会带来一种压抑、闷热的视觉感受，与产品销售理念背道而驰。图1-103和图1-104所示为不同风格的配色方案。

在确定好色调和产品主色后，要根据基调选择服装的辅助色是对比色还是同类色。选择对比色可给人一种活跃、热情的感觉，但对比色调搭配不当，会在很大程度上产生一种俗气、刺眼的感觉。若辅助色为

同类色，给人的第一感觉为含蓄雅致、宁静温和，好感度剧增。但同类色面积过大，可产生单调平淡之感，常被人所忽略。图1-105与图1-106所示为不同配色方案对比效果。

图 1-103 　　　　　　　　　图 1-104

图 1-105 　　　　　　　　　图 1-106

确定好辅助色后，最后选择产品的点缀色。点缀色通常面积较小，与主色是相对的。通常占据画面或商品的主要位置，视觉效果较为突出，如图1-107和图1-108所示。

图 1-107 　　　　　　　　　图 1-108

1.3.5 　配色的注意事项

从色彩心理学分析，版面主要颜色不宜超过三种（不包括黑色、白色）。同一版面中，颜色过多会使人焦虑、烦躁、眼花，并很难找到画面重点，如图1-109所示。

中文版 Photoshop 电商美工设计从入门到实战（全程视频版）（上册）

画面颜色为2~3种，则会让人感觉轻松舒适，并且能快速找到诉求的主题，如图1-110所示。

图 1-109

图 1-110

很多设计师认为画面饱和度高或颜色偏纯更易引起消费者的注意力，可以将主题呈现得更加鲜明。其实不然，画面色彩对比太强烈反而会产生刺眼、烦乱的感觉。例如，在产品详情页中，颜色较纯的红色与蓝色搭配在一起，这种撞色搭配长时间观看会产生视觉疲劳感，如图1-111所示。相反，选择颜色相对温和的色调作为主色，给人的印象既温和又和谐，如图1-112所示。

图 1-111　　　　　　图 1-112

在为版面进行配色时，画面中的每种颜色为互相依存的关系。纯色过多，会超出画面承受范围，难以驾驭，如图1-113所示。相反，画面纯度低一些，色调简洁，更容易被消费者接受，如图1-114所示。

当换季或发布新品时，店铺往往需要将打折促销商品或引进的新品重点展示在页面中。此时为了吸引消费者的注意力，在进行网站页面设计时，可以在颜色方面下足功夫。例如，用反差大的颜色将文字与画面形成对比，如图1-115所示。不要选择反差小或文字与画面为同类色作为打折促销广告，这种情况很容易使画面显得平淡、乏味，如图1-116所示。

图 1-113　　　　　　　图 1-114

图 1-115　　　　　　　图 1-116

1.4　配色方式与情感表达

暖色调常会让人感到温暖，而冷色调则能带给人宁静、凉爽之感。不同颜色的互相搭配给人的感受也是大不相同的。接下来根据颜色的色彩特点，介绍几种不同情感表达主题中常用的配色方案。将配色与实例结合，帮助读者分析和掌握配色技巧。

1.4.1　健康

- 适用主题：有机食品、保健品、药品、空气净化产品、个人护理产品、装修材料等。
- 延伸表达：环保、生态、生机、活力、长寿、力量、清新、植物、自然等。

常用配色方案如图1-117所示。

图 1-117

优秀作品欣赏如图1-118和图1-119所示。

图 1-118

图 1-119

1.4.2　洁净

- 适用主题：清洁产品、洁具、医用器械、生物制药、浴室用品、美妆产品等。
- 延伸表达：纯洁、清新、透彻、水润、干净、空灵、圣洁等。
常用配色方案如图 1-120 所示。

图 1-120

优秀作品欣赏如图 1-121 和图 1-122 所示。

图 1-121

图 1-122

1.4.3　女性化

- 适用主题：化妆品、饰品、服饰、医美、家居等。
- 延伸表达：娇艳、靓丽、温柔、时尚等。
常用配色方案如图 1-123 所示。

图 1-123

优秀作品欣赏如图 1-124 和图 1-125 所示。

图 1-124 　　　　　　　图 1-125

1.4.4　男性化

- 适用主题：汽车用品、机械产品、数码产品、运动商品、男装品牌、户外用品等。
- 延伸表达：强劲、强势、稳重、成功、品位、体面、理性等。
常用配色方案如图 1-126 所示。

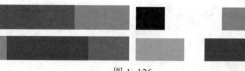
图 1-126

优秀作品欣赏如图 1-127 和图 1-128 所示。

图 1-127 　　　　　　　图 1-128

1.4.5　温暖

- 适用主题：保暖产品、母婴产品、照明产品、节能产品、保险等。
- 延伸表达：阳光、祥和、体贴、和善等。
常用配色方案如图 1-129 所示。

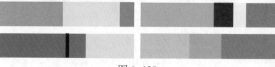
图 1-129

优秀作品欣赏如图 1-130 和图 1-131 所示。

图 1-130　　　　　　　　图 1-131

1.4.6　清凉

- 适用主题：冷饮、制冷电器、泳装、夏装等。
- 延伸表达：凉爽、阴凉、清新、冰凉、冷酷等。
  常用配色方案如图 1-132 所示。

图 1-132

优秀作品欣赏如图 1-133 和图 1-134 所示。

图 1-133　　　　　　　　图 1-134

1.4.7　欢快

- 适用主题：童装、游乐设施、儿童用品、节日礼品、节目展演等。
- 延伸表达：积极、向上、快乐、踊跃、乐观、愉悦等。
  常用配色方案如图 1-135 所示。

图 1-135

优秀作品欣赏如图 1-136 和图 1-137 所示。

图 1-136　　　　　　　图 1-137

1.4.8　冷静

- 适用主题：办公设备、电器、电子产品、男装、消毒用品等。
- 延伸表达：理性、谨慎、镇定等。
  常用配色方案如图 1-138 所示。

图 1-138

优秀作品欣赏如图 1-139 和图 1-140 所示。

图 1-139　　　　　　　图 1-140

1.4.9　商务

- 适用主题：男士用品、电子产业、互联网、数码产品、办公用品等。
- 延伸表达：正式、理性、稳重、严谨等。
  常用配色方案如图 1-141 所示。

图 1-141

优秀作品欣赏如图 1-142 和图 1-143 所示。

图 1-142

图 1-143

1.4.10 闲适

- **适用主题**：休闲装、户外产品、家纺、旅游业等。
- **延伸表达**：休闲、舒适、恬淡、自在等。
  常用配色方案如图 1-144 所示。

图 1-144

优秀作品欣赏如图 1-145 和图 1-146 所示。

图 1-145

图 1-146

1.4.11 朴实

- **适用主题**：手工艺品、土特产、手工食品等。
- **延伸表达**：诚恳、质朴、淳厚、诚实等。
  常用配色方案如图 1-147 所示。

图 1-147

优秀作品欣赏如图 1-148 和图 1-149 所示。

图 1-148　　　　　　图 1-149

1.4.12 奢华

- **适用主题**：奢侈品、珠宝、皮具、汽车、高档酒店等。
- **延伸表达**：高端、华丽等。
  常用配色方案如图 1-150 所示。

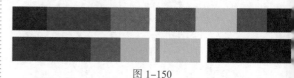

图 1-150

优秀作品欣赏如图 1-151 和图 1-152 所示。

图 1-151 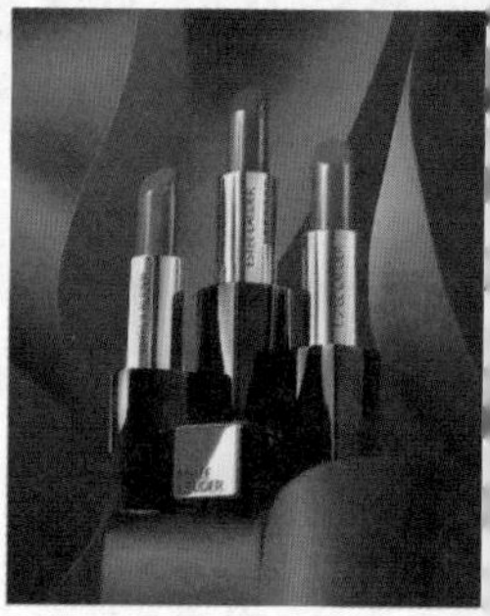　　　　　　图 1-152

1.4.13 温柔

- **适用主题**：护肤品、婴幼儿产品、内衣产品、甜品、家纺、个人护理产品等。
- **延伸表达**：温情、轻柔、和顺、体贴等。
  常用配色方案如图 1-153 所示。

图 1-153

优秀作品欣赏如图 1-154 和图 1-155 所示。

中文版 Photoshop 电商美工设计从入门到实战（全程视频版）（上册）

图 1-154

图 1-155

1.4.14 冷峻

- 适用主题：男装、电子产品、电器行业、安保产品、汽车、手表等。
- 延伸表达：严格、执着、严谨、理智、冷酷等。
常用配色方案如图 1-156 所示。

图 1-156

优秀作品欣赏如图 1-157 和图 1-158 所示。

图 1-157　　　　　图 1-158

1.4.15 年轻

- 适用主题：运动产品、休闲服装、潮流饰品、文具、玩具等。

- 延伸表达：活力、朝气、激情、阳光等。
常用配色方案如图 1-159 所示。

图 1-159

优秀作品欣赏如图 1-160 和图 1-161 所示。

图 1-160

图 1-161

1.4.16 成熟

- 适用主题：酒类、茶类、汽车行业等。
- 延伸表达：老练、稳重、从容、沉稳等。
常用配色方案如图 1-162 所示。

图 1-162

优秀作品欣赏如图 1-163 和图 1-164 所示。

图 1-163

图 1-164

1.4.17　柔软

- 适用主题：婴幼儿产品、少女服饰、休闲食品、家居产品、洗护用品等。
- 延伸表达：松软、柔韧、软和、绵软等。
  常用配色方案如图 1-165 所示。

图 1-165

优秀作品欣赏如图 1-166 和图 1-167 所示。

图 1-166

图 1-167

1.4.18　坚硬

- 适用主题：健身器材、男性服装、工具类产品等。
- 延伸表达：牢固、强劲、坚实、结实、力量等。
  常用配色方案如图 1-168 所示。

图 1-168

优秀作品欣赏如图 1-169 和图 1-170 所示。

图 1-169　　　　　　　图 1-170

中文版 Photoshop 电商美工设计从入门到实战（全程视频版）（上册）

扫一扫，看视频

Photoshop 初级操作

本章内容简介：

　　本章从认识 Photoshop 开始，学习 Photoshop 的一些基础知识，包括认识 Photoshop 的工作界面，了解在 Photoshop 中新建、打开、置入、存储文件等基本操作。在此基础上了解 Photoshop 中的图层概念，逐步适应图层化的操作模式，为后面的学习奠定基础。

重点知识掌握：

- 熟悉 Photoshop 的工作界面。
- 掌握新建、打开、置入、存储、存储为命令的使用。
- 掌握"历史记录"面板的使用。
- 掌握图层的基本操作。

通过本章学习，我能做什么？

　　本章是基础知识章节，通过本章的学习，我们能够熟练掌握新建、打开、置入、存储文件等功能。通过使用这些功能，能够将多个图片添加到一个文档中，制作出简单的电商商品展示图，或者为商品主图添加一些装饰元素。

2.1 开启你的 Photoshop 之旅

2.1.1 认识 Photoshop

提到 Photoshop，即使是非行业从业人员，可能也都会知道它的强大。对于绝大多数人来说，Photoshop 是修图神器，普通照片经过 PS 即可化腐朽为神奇。而对于设计行业从业人员来说，Photoshop 又是必不可少的工具。无论是电商美工，还是平面设计、UI 设计、环境设计、动画游戏、插画等行业的从业人员，都能见到"多面手" Photoshop 的身影。

Photoshop 不仅具有强大的图像修葺、调色、抠图、合成、特效等美化处理功能，还具有强大的绘图、排版功能，除此之外，使用 Photoshop 还可以进行简单的动态图制作、视频处理以及 3D 图形制作。简单来说，对于电商美工而言，Photoshop 主要用于两个方面：产品修图和网页排版，如图 2-1 和图 2-2 所示。

图 2-1

图 2-2

【重点】2.1.2 如何学习 Photoshop

千万别把学习 Photoshop 想得太难！Photoshop 其

实很简单，就像手机一样。手机可以用来打电话、发短信，手机还可以用来聊天、玩游戏、看电影。同样 Photoshop 可以用来工作赚钱，也可以用 Photoshop 给自己修美照。所以，在学习 Photoshop 之前，希望大家一定要把 Photoshop 当成一个有趣的玩具。首先你要喜欢去"玩"，想要去"玩"，像手机一样时刻不离手，这样的学习过程将会是愉悦而快速的。

前面铺垫了很多，相信大家对 Photoshop 已经有了一定的认识，下面要开始告诉大家如何有效地学习 Photoshop。

Step 1：短教程，快入门。

如果你想在最短的时间内达到能够简单使用 Photoshop 的程度。这时，建议你先看本书上册配备的基础知识部分的视频教程。这套视频教程选取了 Photoshop 中最常用的功能，每个视频讲解一个或几个小工具，时间都非常短，短到在你感到枯燥之前就结束了。视频虽短，但是建议你一定要打开 Photoshop，跟着视频一起尝试使用 Photoshop。

由于"入门级"的视频教程时长较短，所以部分参数无法完全在视频中讲解到。如果大家在练习的过程中遇到了问题，马上翻开书找到相应的小节，阅读这部分内容即可。

当然，一分努力一分收获，学习没有捷径。2 小时的学习效果与 200 小时的学习效果肯定是不一样的。只学习简单的视频内容是无法参透 Photoshop 的全部功能的。但是，到了这里你应该能够做一些简单的操作了，例如，对产品照片进行瑕疵去除、颜色校正、更换背景，或者进行简单的主图排版、页面广告设计等，如图 2-3~图 2-6 所示。

图 2-3

图 2-4

图 2-5　　　　　　　　图 2-6

Step 2: 翻开教材 + 打开 Photoshop= 系统学习。

经过基础视频教程的学习后，"看上去"我们应该已经学会了 Photoshop。但是要知道，之前的学习只是接触了 Photoshop 的皮毛而已，很多功能只是做到了"能够使用"，而不一定能够做到"了解并熟练应用"的程度。所以接下来我们要系统地学习 Photoshop。

你手中的这本书主要以操作为主，所以在翻开本书的同时，打开 Photoshop，边看书边练习。因为 Photoshop 是一门应用型技术，单纯的理论输入很难使我们熟记功能操作。而且 Photoshop 的操作是"动态"的，每次鼠标的移动或单击都可能会触发指令，所以在动手练习的过程中能够更直观有效地理解软件功能。

Step 3: 勇于尝试，一试就懂。

在学习过程中，一定要"勇于尝试"。在使用 Photoshop 中的工具或命令时，总能看到很多参数或选项设置。面对这些参数，看书的确可以了解参数的作用，但是更好的办法是动手去尝试。例如，随意勾选一个选项；把数值调到最大、最小、中档分别观察效果；移动滑块的位置，看看有什么变化。例如，Photoshop 中的调色命令可以实时显示参数调整的预览效果，试一试就能看到变化，如图 2-7 所示；或者设置了画笔的选项后，在画面中随意绘制也能够看到笔触的差异，所以动手尝试更容易，也更直观。

图 2-7

Step 4: 别背参数，没用。

另外，在学习 Photoshop 的过程中，切记不要死记硬背书中的参数。同样的参数在不同的情况下得到的效果肯定各不相同。例如，同样的画笔大小，在较大尺寸的文档中绘制出的笔触会显得很小，而在较小尺寸的文档中则可能显得很大。所以在学习过程中，我们需要理解参数为什么这么设置，而不是记住特定的参数。

其实 Photoshop 的参数设置并不复杂，在独立制图的过程中，涉及参数设置时可以多次尝试各种不同的参数，肯定能够得到看起来很舒服的"合适"的参数。图 2-8 和图 2-9 所示为同样的参数在不同图片上的效果。

图 2-8　　　　　　　　图 2-9

Step 5: 抓住重点快速学。

为了能够更有效地快速学习，在本书的目录中可以看到部分内容被标注为重点，那么这部分知识需要优先学习。在时间比较充裕的情况下，可以将非重点的知识一并学习。书中的练习实例非常多，实例的练习是非常重要的，通过实例的操作，不仅可以练习到本章节学过的知识，还能够复习之前学过的知识。在此基础上还能够尝试使用其他章节的功能，为后面章节的学习做铺垫。

Step 6: 在临摹中进步。

在学习了这个阶段后，相信大家都熟练地掌握了 Photoshop 的常用功能。接下来就需要通过大量的制图练习提升技术。如果此时恰好你有需要完成的设计工作或课程作业，那么这将是非常好的练习机会。如果没有这样的机会，那么建议你在各大设计网站欣赏优秀的设计作品,并选择适合自己水平的优秀作品进行"临摹"。仔细观察优秀作品的构图、配色、元素的应用以及细节的表现,尽可能一模一样地制作出来。在这个过程中并不是教大家去抄袭优秀作品的创意,而是通过对画面内容无限接近地临摹,尝试在没有教程的情况下,实现独立思考、独立解决制图过程中遇到技术问题的能力,以此来提升"Photoshop功力",如图2-10和图2-11所示。

图 2-10

图 2-11

Step 7: 网上一搜,自学成才。

当然,在独立作图的时候,肯定也会遇到各种各样的问题,例如,临摹的作品中出现了一个火焰燃烧的效果,这个效果可能是之前没有接触过的,那么"百度一下"就是最便捷的方式了。网络上有非常多的教学资源,善于利用网络自主学习是非常有效的自我提升过程,如图2-12和图2-13所示。

图 2-12

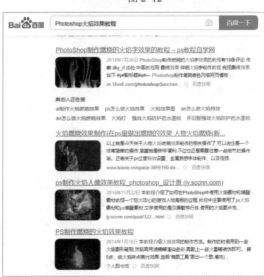

图 2-13

Step 8: 永不止步地学习。

好了,到这里Photoshop软件技术对于我们来说已经不是问题了。克服了技术障碍,接下来就可以尝试独立设计了。有了好的创意和灵感,可以通过Photoshop在画面中进行准确有效的表达才是我们的终极目标。要知道,在设计的道路上,软件技术学习的结束并不意味着设计学习的结束。国内外优秀作品的学习、新鲜设计理念的吸纳以及设计理论的研究都应该是永不止步的。

要想成为一名优秀的设计师,自学能力是非常重要的。学校或老师都无法把全部知识塞进我们的脑海里。很多时候,网络和书籍更能够帮助我们。

提示：快捷键背不背？

很多新手会执着于背快捷键，熟练掌握快捷键的确很方便，但是快捷键速查表中列出了很多快捷键，要想背下所有快捷键可能需要很长时间。并不是所有的快捷键都适合我们，有的工具命令在实际操作中可能几乎用不到。所以建议大家先不用急着背快捷键，逐渐尝试使用 Photoshop，在使用的过程中体会哪些操作是我们会经常使用的，然后再看这个命令是否有快捷键。

其实快捷键大多是很有规律的，很多命令的快捷键都与命令的英文名称相关。例如，"打开"命令的英文是 OPEN，而快捷键就选取了首字母 O 并配合 Ctrl 键使用。"新建"命令则是 Ctrl+N[新（NEW）的首字母]。这样记忆就容易多了。

重点 2.1.3 动手练：认识Photoshop的工作界面

在成功安装 Photoshop 之后，在程序菜单中找到并单击 Adobe Photoshop 2022 选项即可启动 Photoshop，或者双击桌面上的 Adobe Photoshop 2022 快捷方式，如图 2-14 所示，即可启动 Photoshop，默认情况下显示的是欢迎界面，如图 2-15 所示。

扫一扫，看视频

Adobe Photoshop 2022

图 2-14

图 2-15

（1）单击左上角的 Photoshop 图标，如图 2-16 所示，即可显示出工作界面，单击工作界面左上角的 🏠 按钮即可回到欢迎界面，如图 2-17 所示。

图 2-16　　　　　图 2-17

（2）如果在 Photoshop 中进行过一些文档的操作，在欢迎界面中会显示之前操作过的文档，如图 2-18 所示。

图 2-18

（3）虽然打开了 Photoshop，但是此时我们看到的却不是 Photoshop 的完整样貌，因为当前的软件中并没有能够操作的文档，所以很多功能都未被显示。为了便于学习，我们可以在这里打开一张图片，执行"文件"→"打开"命令，在弹出的"打开"窗口中选择一张图片，并单击"打开"按钮，如图 2-19 所示。接着文档被打开，Photoshop 的完整样貌才得以呈现，如图 2-20 所示。Photoshop 的工作界面由菜单栏、选项栏、工具箱、状态栏、文档窗口以及多个面板组成。

图 2-19

图 2-20

・ **菜单栏。**

Photoshop 的菜单栏中包含多个菜单按钮,单击菜单按钮,即可打开相应的菜单列表。每个菜单中都包含了多个命令,而有的命令后方还带有 ▶ 符号,表示该命令还包含多个子命令。有的命令后方带有一连串的字母,这些字母就是 Photoshop 的快捷键。例如,"文件"菜单下的"关闭"命令后方显示 Ctrl+W,那么同时按下 Ctrl 键和 W 键即可快速使用该命令,如图 2-21 所示。

本书中对于菜单命令的写作方式通常为执行"图像"→"调整"→"曲线"命令,那么这时就要先单击菜单栏中的"图像"菜单按钮,接着将光标向下移动,移动到"调整"命令处,接着会看到弹出的子菜单,其中有很多命令,在这里选择"曲线"命令即可,如图 2-22 所示。

图 2-21

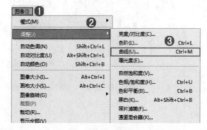

图 2-22

・ **文档窗口。**

当在 Photoshop 中打开了某个文档时,在窗口的左上角位置可以看到关于这个文档的相关信息(名称、格式、窗口缩放比例和颜色模式等),如图 2-23 所示。状态栏位于文档窗口的下方,可以显示文档大小、文档尺寸、当前工具和存储进度等内容,单击状态栏中的三角形 ▷ 图标,可以设置要显示的内容,如图 2-24 所示。

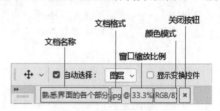

图 2-23

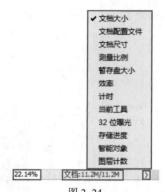

图 2-24

・ **工具箱与选项栏。**

工具箱位于 Photoshop 操作界面的左侧,在工具箱中可以看到很多图标,每个图标都是工具,有的图标右下角显示着 ◢,表示这是个工具组,其中可能包含多个工具。右击工具组按钮,即可看到该工具组中的其他工具,将光标移动到某个工具上单击,即可选择该工具,如图 2-25 所示。

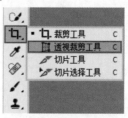

图 2-25

选择了某个工具后,在菜单栏下方的工具的选项栏中可以看到当前使用的工具的参数选项,不同工具的选项栏也不同,如图 2-26 和图 2-27 所示。

图 2-26

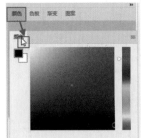

图 2-30

图 2-31

单击面板中的 ◀◀ 按钮,可以将面板折叠为按钮;反之,单击 ▶▶ 按钮,可以打开面板,如图 2-32 所示。每个面板的右上角都有"面板菜单"按钮 ≡,单击该按钮可以打开该面板的菜单选项,如图 2-33 所示。

图 2-27

提示:双排显示工具箱。

当 Photoshop 的工具箱无法完全显示时,可以将单排显示的工具箱折叠为双排显示。单击工具箱顶部的折叠 ▶▶ 图标可以将其折叠为双排,单击还原 ◀◀ 图标即可还原回展开的单排模式,如图 2-28 所示。

图 2-28

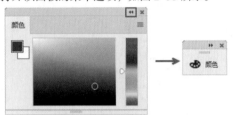

图 2-32

• 面板。

面板主要用来配合图像的编辑、对操作进行控制以及设置参数等。默认情况下,面板位于窗口的右侧,如图 2-29 所示。面板可以堆叠在一起,单击面板名称即可切换到对应的面板。将光标移动至面板名称上方,按住鼠标左键拖动即可将面板与窗口进行分离,如图 2-30 所示。如果要将面板堆叠在一起,可以拖动该面板到界面上方,当出现蓝色边框后松开鼠标,完成堆叠操作,如图 2-31 所示。

图 2-33

Photoshop 中有很多面板,通过"窗口"命令可以打开或关闭面板。如图 2-34 所示,执行"窗口"菜单下的子命令即可打开对应的面板。例如,执行"窗口"→"信息"命令,即可打开"信息"面板,如图 2-35 所示。如果命令前方带有 ✔ 标志,说明这个面板已经打开,再次执行该命令则会关闭这个面板。

面板按钮   面板

图 2-29

图 2-34

图 2-35

可以单击窗口右上角的"关闭"按钮 ⊠ 关闭软件窗口；也可以执行"文件"→"退出"命令（快捷键为Ctrl+Q）退出 Photoshop，如图 2-36 所示。

图 2-36

2.2 Photoshop 文档的基本操作

扫一扫，看视频

熟悉了 Photoshop 的操作界面后，下面就可以开始正式地接触 Photoshop 的功能了。但是打开 Photoshop 之后，我们会发现很多功能都无法使用，这是因为当前的Photoshop 中没有可以操作的文件。所以需要新建文件或者打开已有的图像文件。在对文件进行编辑的过程中还经常会用到"置入"操作，文件制作完成后需要对文件进行存储，而存储文件时就涉及存储文件格式的选择。下面就来学习一下这些知识。

2.1.4 退出 Photoshop

当不需要使用 Photoshop 时，就可以把软件关闭了。

【重点】2.2.1 动手练：打开需要处理的图像文件

想要处理数码照片，或者想要继续编辑之前的设计方案，就需要在 Photoshop 中打开已有的文件。执行"文件"→"打开"命令（快捷键为 Ctrl+O），然后在弹出的窗口中找到文件所在的位置，单击选择需要打开的文件，接着单击"打开"按钮，如图 2-37 所示，即可在Photoshop 中打开该文件，如图 2-38 所示。

中文版 Photoshop 电商美工设计从入门到实战（全程视频版）（上册）

图 2-37

图 2-38

![提示图标] 提示：找不到想要打开的文件怎么办?

有时在"打开"窗口中已经找到了图片所在的文件夹，但却没有看到要打开的图片。

遇到这种情况，首先需要查看一下"打开"窗口的底部，"文件名"右侧显示的是否为 所有格式 (*.*) ，如果显示"所有格式 (*.*)"，则表明此时 Photoshop 支持的所有格式的文件都可以被显示。一旦此处显示某个特定格式，那么其他格式的文件即使存在于文件夹中，也无法被显示。解决办法就是单击下拉箭头，设置为"所有格式 (*.*)"。

如果还是无法显示要打开的文件，那么可能这个文件并不是 Photoshop 所支持的格式。如何知道 Photoshop 支持哪些格式呢? 可以在"打开"窗口的底部单击格式列表看一下其中包含的文件格式。

1. 打开多个文档

在"打开"窗口中可以一次性加选多个文档并打开。可以按住鼠标左键拖动框选多个文档，也可以按住 Ctrl 键单击加选多个文档，然后单击"打开"按钮，如图 2-39 所示。

接着被选中的多个文档都会被打开，但默认情况下只能显示其中一个文档，如图 2-40 所示。虽然我们一次性

打开了多个文档，但是窗口中只会显示一个文档，单击文档名称即可切换到相对应的文档窗口，如图 2-41 所示。

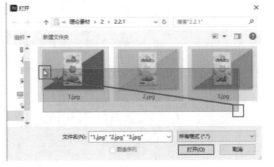

图 2-39

图 2-40

图 2-41

2. 切换文档浮动模式

当打开多个文档时，默认会将多个文档合并到文档窗口中，除此之外，文档窗口还可以脱离界面呈现"浮动"状态。将光标移动至文档名称上方，按住鼠标左键向界面外拖动，如图 2-42 所示。松开鼠标后文档即为浮动状态，如图 2-43 所示。若要恢复为堆叠状态，可以将浮动的窗口拖动到文档窗口上方，当出现蓝色边框后松开鼠标完成堆叠，如图 2-44 所示。

图 2-42

图 2-43

图 2-44

3. 多文档同时显示

要一次性查看多个文档，除了让窗口浮动之外，还有一个办法，就是通过设置"窗口排列方式"进行查看。执行"窗口"→"排列"命令，在子菜单中可以看到多

种文档的显示方式，选择适合自己的方式即可，如图 2-45 所示。例如，当我们打开了三张图片，想要一次性看到则可以选择"三联垂直"方式，效果如图 2-46 所示。

图 2-45

图 2-46

2.2.2 调整图像文档的显示比例与 位置

在进行图像编辑时，经常需要对画面细节进行操作，这就需要将画面的显示比例放大一些。此时可以使用工具箱中的"缩放工具"。单击工具箱中的"缩放工具"

按钮 🔍，将光标移动到画面中，如图 2-47 所示。单击即可放大图像显示比例，如果需要放大多倍，则可以多次单击，如图 2-48 所示；也可以直接按快捷键 Ctrl++ 放大图像显示比例。

"缩放工具"既可以放大显示比例，也可以缩小显示比例，在"缩放工具"选项栏中可以切换该工具的模式，单击"缩小"按钮 🔍 可以切换到缩小模式，在画布中单击可缩小图像；也可以直接按快捷键 Ctrl+- 键缩小图像显示比例，如图 2-49 所示。

图 2-47

图 2-48

图 2-49

 提示："缩放工具"不改变图像的真实大小。

使用"缩放工具"放大或缩小的只是图像在屏幕上显示的比例，图像的真实大小是不会跟着发生改变的。

在"缩放工具"选项栏中可以看到一些其他选项设置，如图 2-50 所示。

图 2-50

- ☐ 调整窗口大小以满屏显示：勾选此选项后，缩放窗口的同时会自动调整窗口的大小。
- ☐ 缩放所有窗口：如果当前打开了多个文档，勾选此选项后可以同时缩放所有打开的文档窗口。
- ☑ 细微缩放：勾选此选项后，在画面中按住鼠标左键

并向左侧或右侧拖动鼠标，能够以平滑的方式快速放大或缩小窗口。

- 100%：单击此按钮，图像将以实际像素的比例进行显示。
- 适合屏幕：单击此按钮，可以在窗口中最大化地显示完整的图像。
- 填充屏幕：单击此按钮，可以在整个屏幕范围内最大地显示完整的图像。

当画面显示比例比较大时，可能就无法显示局部图像，这时可以使用工具箱中的"抓手工具" 🖐，在画面中按住鼠标左键并拖动，如图 2-51 所示。界面中显示的图像区域产生了变化，如图 2-52 所示。

图 2-51

图 2-52

提示：快速切换到"抓手工具"。

在使用其他工具时，按住 Space 键（即空格键）即可快速切换到"抓手工具"状态，此时在画面中按住鼠标左键并拖动即可平移画面，松开 Space 键时，会自动切换回之前使用的工具。

〔重点〕2.2.3　动手练：新建文件

当想要制作一个全新的作品时，首先要执行"文件"→"新建"命令新建一个文件。新建文件之前，至少要考虑几个问题：制作的文件用在哪里？此部分图像的规定尺寸是多少？

（1）启动 Photoshop 之后，执行"文件"→"新建"命令（快捷键为 Ctrl+N），如图 2-53 所示。随即打开"新建文档"窗口，这个窗口大体可以分为三个部分：顶端是预设的尺寸选项组；左侧是预设选项或最近使用过的项目；右侧是自定义选项设置区域，如图 2-54 所示。

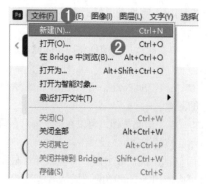

图 2-53

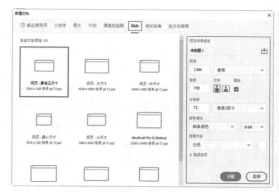

图 2-56

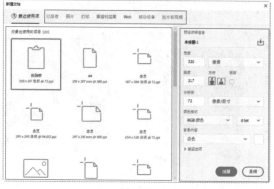

图 2-54

（2）系统内预设了多个尺寸，如果需要选择系统内置的一些预设文档尺寸选项，可以单击预设选项组中相应的按钮，然后单击选择一个合适的"预设"图标，单击"创建"按钮，即可完成新建。例如，要新建一个网页尺寸，那么单击 Web 按钮，在窗口的左侧即可看到相应的尺寸，如图 2-55 所示。单击选中一个预设尺寸，在窗口的右侧可以看到相应的尺寸参数，接着单击"创建"按钮，如图 2-56 所示。

根据不同的行业，Photoshop 将常用尺寸进行了分类。我们可以根据需要在预设中找到合适的尺寸。例如，如果用于排版、印刷，那么单击"打印"按钮，即可在下方看到常用的打印尺寸，如图 2-57 所示。如果你是一名 UI 设计师，那么单击"移动设备"按钮，即可在下方看到时下最流行的手机、平板电脑等移动设备的常用尺寸，如图 2-58 所示。

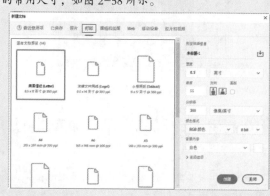

图 2-57

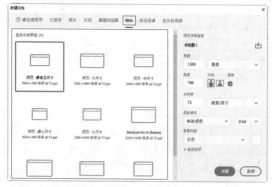

图 2-55

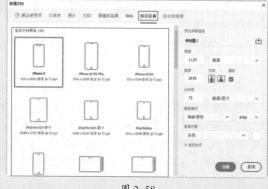

图 2-58

中文版 Photoshop 电商美工设计从入门到实战（全程视频版）（上册）

（3）如果我们需要制作比较特殊的尺寸，就需要自己进行设置。例如，需要制作一个淘宝网店产品主图，那么根据淘宝规定，宝贝主图的长宽均为800像素。所以可以直接在窗口右侧设置单位为"像素"，然后设置宽度和高度数值均为800。由于此图像用于网页显示，所以其分辨率为72像素/英寸，且颜色模式为"RGB颜色"，如图2-59所示。设置完成后单击"创建"按钮，即可得到空白文件，如图2-60所示。

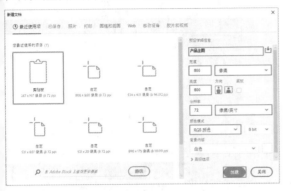

图 2-59

图 2-60

- 宽度/高度：设置文件的宽度和高度，其单位有"像素""英寸""厘米""毫米""点"等多种。在进行网页设计时，采用像素为单位。
- 分辨率：设置文件的分辨率大小，其单位有"像素/英寸"和"像素/厘米"两种。在创建新文件时，文件的宽度与高度通常与实际印刷的尺寸相同（超大尺寸文件除外）。而在不同的情况下，分辨率需要进行不同的设置。通常来说，图像的分辨率越高，印刷出来的质量就越好。但也并不是任何操作都需要将分辨率设置为较高的数值。一般印刷品的分辨率为150~300dpi，高档画册的分辨率在350dpi以上，网页或其他用于在电子屏幕上显示的图像的分辨率为72dpi。
- 颜色模式：设置文件的颜色模式以及相应的颜色深

度。在进行电商网页设计时，颜色模式需要设置为"RGB颜色"。用于印刷时需设置为"CMYK颜色"。
- 背景内容：设置文件的背景内容，有"白色""背景色"和"透明"3个选项。背景颜色或图案都可以在制图过程中更改。
- 高级选项：展开该选项组，在其中可以进行"颜色配置文件"以及"像素长宽比"的设置。

【重点】2.2.4 动手练：向画面中添加其他图片

在使用Photoshop制作网站版面或网页广告时，经常需要使用其他图片元素来丰富画面效果。前面我们学到了"打开"命令，而"打开"命令只能将图片在Photoshop中以一个独立文件的形式打开，并不能添加到当前文件中，但是通过"置入"操作则可以实现将图片添加到当前文件中。

在已有文件中执行"文件"→"置入嵌入对象"命令，然后在弹出的窗口中选择需要置入的文件，单击"置入"按钮，如图2-61所示。随即选择的对象会被置入到当前文档内，此时置入的对象边缘处带有定界框和控制点，如图2-62所示。

图 2-61

图 2-62

按住鼠标左键拖动定界框上的控制点可以放大或缩小图像，还可以进行旋转。按住鼠标左键拖动图像可以调整置入对象的位置（缩放、旋转等操作与"自由变换"操作非常接近，具体操作方法将在"自由变换"小节进行学习），如图 2-63 所示。调整完成后按 Enter 键即可完成置入操作，此时定界框会消失。在"图层"面板中可以看到新置入的"智能对象"图层（"智能对象"图层右下角有 🔲 图标），如图 2-64 所示。

图 2-63   图 2-64

置入后的素材对象会作为智能对象。智能对象有许多好处。例如，在对图像进行缩放、定位、斜切、旋转或变形操作时，不会降低图像的质量。但是智能对象无法直接进行内容的编辑（如删除局部、用"画笔工具"在上方进行绘制等）。例如，使用"橡皮擦工具"进行擦除，那么光标显示 🚫，如图 2-65 所示。如果继续进行擦除，那么会弹出一个对话框，单击"确定"按钮即可将智能对象栅格化，如图 2-66 所示。

图 2-65

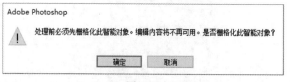

图 2-66

如果想要对智能对象的内容进行编辑，就需要在该图层上右击，执行"栅格化图层"命令，如图 2-67 所

示。将智能对象转换为普通对象后进行编辑，如图 2-68 所示。

图 2-67

图 2-68

 提示：栅格化。

"栅格化"不仅可以针对于智能对象，其实"栅格化"图层就是将"特殊图层"转换为"普通图层"的过程。选择需要栅格化的图层，然后执行"图层"→"栅格化"命令，或者在"图层"面板中选中该图层并右击执行"栅格化图层"命令，随即可以看到"特殊图层"已成功转换为"普通图层"。

练习实例：置入产品和艺术字素材制作饮品广告

文件路径	资源包\第2章\练习实例：置入产品和艺术字素材制作饮品广告
难易指数	⭐⭐⭐⭐⭐
技术掌握	打开、置入、缩放

扫一扫，看视频

案例效果

案例效果如图 2-69 所示。

图 2-69

操作步骤

步骤 01 执行"文件"→"打开"命令,在弹出的"打开"窗口中打开素材文件夹,接着单击选择背景素材 1.jpg,然后单击"打开"按钮,如图 2-70 所示。随即背景素材在软件内打开,如图 2-71 所示。

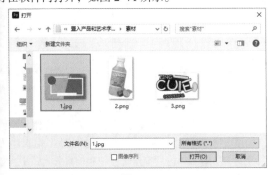

图 2-70

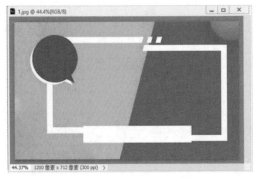

图 2-71

步骤 02 在打开的文档中置入素材。执行"文件"→"置入嵌入对象"命令,在弹出的"置入嵌入的对象"窗口中单击选择商品素材 2.png,然后单击"置入"按钮,如

图 2-72 所示。随即商品素材被置入到当前文档内,如图 2-73 所示。

图 2-72

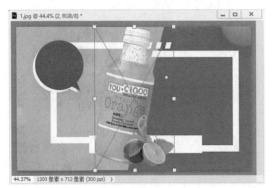

图 2-73

步骤 03 对置入的素材 2.png 进行位置的移动。选择工具箱中的"移动工具",接着将光标移动至商品上方,按住鼠标左键向右拖动即可移动商品的位置,如图 2-74 所示。操作完成后按 Enter 键确定置入操作。

图 2-74

步骤 04 除了通过执行命令可以置入素材外,还可以通过拖动的方式来完成。在素材文件夹中选中文字素材 3.png,然后按住鼠标左键向文件夹内拖动,待光标变为

后释放鼠标，如图 2-75 所示。释放鼠标后即可完成文字素材的置入操作，如图 2-76 所示。

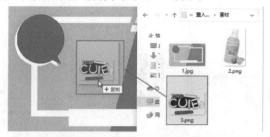

图 2-75

图 2-76

步骤 05 通过操作置入的文字较大，将光标移动到控制点上方，按住鼠标左键向内拖动将其适当缩小，如图 2-77 所示。完成后按 Enter 键确定置入操作，完成效果如图 2-78 所示。

图 2-77　　　　　　图 2-78

[重点]2.2.5　存储文件

作品制作完成后，需要进行保存。一般情况下会保存两份文件：一份是 PSD 格式的工程文件，它是 Photoshop 的默认存储格式，能够保存图层、蒙版、通道、路径、未栅格化的文字、图层样式等，也称为"源文件"；另一份是用来预览的 JPEG 格式的文件。

（1）一幅作品制作完成后，执行"文件"→"存储"命令（快捷键为 Ctrl+S），弹出"存储为"窗口。在"文件名"后输入文件的名称；单击"保存类型"下拉按钮，在打开的下拉列表中可以看到不同的保存格式。首先选择 PSD 格式，这是 Photoshop 默认的格式，接着单击"保存"按钮，

如图 2-79 所示。

图 2-79

（2）在弹出的"Photoshop 格式选项"窗口中勾选"最大兼容"选项，可以保证在其他版本的 Photoshop 中能够正确打开该文件，然后单击"确定"按钮，如图 2-80 所示。

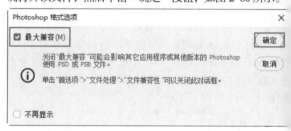

图 2-80

（3）保存一份 JPEG 格式的文件，作为预览图或用于上传到网络中。执行"文件"→"存储副本"命令，在弹出的"存储副本"窗口中设置合适的文件名，接着设置"保存类型"为 JPEG 格式，单击"保存"按钮提交操作，如图 2-81 所示。在弹出的"JPEG 选项"窗口中设置图像的"品质"，单击"确定"按钮提交操作，如图 2-82 所示。

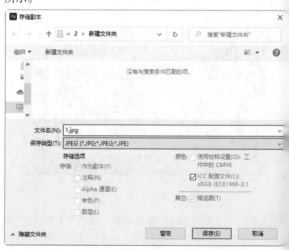

图 2-81

图 2-82

（4）找到文件的存储位置，可以看到两个不同格式的文件，如图 2-83 所示。

图 2-83

在网店装修中，图片常用的存储格式有三种：JPG、PNG 和 GIF。

JPG：JPG 格式是平时最常用的一种图像格式。它是一个最有效、最基本的有损压缩格式，被绝大多数的图形处理软件所支持。存储时选择这种格式会将文档中的所有图层合并，并进行一定的压缩。选择 JPG 格式并单击"保存"按钮之后，会弹出"JPEG 选项"窗口，在这里可以进行图像"品质"的设置，"品质"的数值越大，图像质量越高，文件也就越大。

PNG：由于 PNG 格式可以实现无损压缩，所以 PNG 图片的清晰度相对较好，但是图片占用的存储空间比 JPG 大。PNG 格式图片还有一个特点就是可以存储透明像素，因此常用来存储背景透明的素材。

GIF：GIF 格式是输出图像到网页最常用的格式。GIF 格式采用 LZW 压缩，它支持透明背景和动画，被广泛应用于网络中。网页切片后常以 GIF 格式进行输出，除此之外，我们常见的动态图需要以 GIF 格式进行存储。选择这种格式，接着会弹出"索引颜色"窗口，在这里可以进行"调板""颜色"等的设置，勾选"透明度"选项可以保存图像中的透明部分。

2.2.6 关闭文件

执行"文件"→"关闭"命令可以关闭当前所选的文件。单击文档窗口右上角的"关闭"按钮 × 也可以关闭所选文件，如图 2-84 所示。执行"文件"→"关闭全部"命令或按快捷键 Alt+Ctrl+W 可以关闭所有打开的文件。

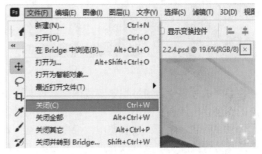

图 2-84

执行"文件"→"退出"命令或者单击程序窗口右上角的"关闭"按钮，可以关闭所有的文件并退出 Photoshop。

2.3 熟悉图层的操作模式

Photoshop 是一款以"图层"为基础操作单位的制图软件。换句话说，"图层"是在 Photoshop 中进行一切操作的载体。顾名思义，图层就是图＋层，图即图像，层即分层、层叠。简而言之，就是以分层的形式显示图像。通过将不同图层中大量不相干的元素按照顺序依次堆叠，呈现出完整的作品，如图 2-85 所示。

扫一扫，看视频

图 2-85

2.3.1 动手练:认识"图层"面板

在"图层"模式下,操作起来非常方便、快捷。例如,要在画面中添加一些元素,可以新建一个空白图层,然后在新的图层中绘制内容。这样新绘制的图层不仅可以随意移动位置,还可以在不影响其他图层的情况下进行内容的编辑。在 Photoshop 制图的过程中要养成分层操作的好习惯,如图 2-86 所示。

图 2-86

在编辑的过程中,通过缩览图或图层名称判断所选对象的图层,然后在"图层"面板中单击选中图层。例如,选择"商品"图层,然后使用"橡皮擦工具"在商品上涂抹进行擦除,虽然可以看出商品被擦除了,但是并没有影响背景部分,如图 2-87 所示。如果不分图层,所有图层都在一个图层中,在使用"橡皮擦工具"擦除时,光标经过的位置都将被擦除,如图 2-88 所示。

图 2-87

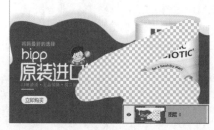

图 2-88

40

提示:代表透明的"棋盘格"。

当看到灰白方块组成的"棋盘格"时,不要以为这是"背景",它代表此处没有像素或者此处是透明的,如图 2-89 所示。

图 2-89

了解了图层的特性后,我们来看一下它的"大本营"——"图层"面板。执行"窗口"→"图层"命令打开"图层"面板,如图 2-90 所示。"图层"面板常用于新建图层、删除图层、选择图层、复制图层等,还可以进行图层混合模式的设置,以及添加和编辑图层样式等。

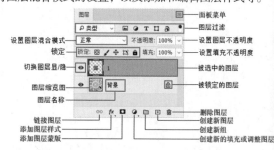

图 2-90

其中常用的各项功能介绍如下:

· 图层过滤 ░类型 ⋁ ▣ ◎ T ▯ ◨ :用来筛选特定类型的图层或查找某个图层。在左侧的下拉列表中可以选择筛选方式,在其列表右侧可以选择特殊的筛选条件。单击最右侧的 ●按钮,可以启用或关闭图层过滤功能。

· 锁定锁定: ▨ ◢ ✛ ▱ 🔒:选中图层,单击"锁定透明像素"按钮 ▨,可以将编辑范围限制为只针对图层的不透明部分;单击"锁定图像像素"按钮 ◢,可以防止使用绘画工具修改图层的像素;单击"锁定位置"按钮 ✛,可以防止图层的像素被移动

单击 按钮，可以防止在包含画板的状态下，移动图层时错误地移动到其他画板中；单击"锁定全部"按钮 🔒，可以锁定透明像素、图像像素和位置，处于这种状态下的图层将不能进行任何操作。

- 设置图层混合模式 正常 ：用来设置当前图层的混合模式，使之与下面的图像产生混合。在该下拉列表中提供了很多混合模式，选择不同的混合模式，产生的图层混合效果不同。
- 设置图层不透明度 不透明度：100% ：用来设置当前图层的不透明度。
- 设置填充不透明度 填充：100% ：用来设置当前图层的填充不透明度。该选项与"不透明度"选项类似，但是不会影响图层样式效果。
- 切换图层显/隐 👁 ：当该图标显示为 👁 时，表示当前图层处于显示状态，而显示为 □ 时则处于隐藏状态。单击该图标，可以在显示与隐藏之间进行切换。
- 链接图层 ⊖ ：选择多个图层后，单击该按钮，所选的图层会被链接在一起。被链接的图层可以在选中其中某一图层的情况下进行共同移动或变换等操作。当链接好多个图层以后，图层名称的右侧就会显示链接标志，如图2-91所示。

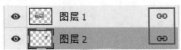

图 2-91

- 添加图层样式 fx ：单击该按钮，在弹出的菜单中选择一种样式，可以为当前图层添加该样式。
- 创建新的填充或调整图层 ● ：单击该按钮，在弹出的菜单中选择相应的命令，即可创建填充图层或调整图层。此按钮主要用于创建调色调整图层。
- 创建新组 📁 ：单击该按钮，即可创建出一个图层组。
- 创建新图层 ⊞ ：单击该按钮，即可在当前图层的上一层新建一个图层。
- 删除图层 🗑 ：选中图层后，单击该按钮，可以删除该图层。

重点 2.3.2 动手练：图层的基本操作

（1）打开一张 JPG 格式的图片后，在"图层"面板中将自动生成一个"背景"图层，如图2-92所示。此时该图层处于被选中的状态，所有操作也都是针对这个图层进行的。如果当前文档中包含多个图层（例如，在

当前文档中执行"文件"→"置入嵌入对象"命令，置入一张图片），此时"图层"面板中就会显示两个图层。在"图层"面板中单击新建的图层，即可将其选中，如图2-93所示。按住 Ctrl 键单击所选图层，即可取消选择当前图层，如图2-94所示。如果没有选中任何图层，图像的编辑操作就无法进行。

图 2-92　　　　　　　　图 2-93

图 2-94

📷 **提示：特殊的"背景"图层。**

当打开一张 JPG 格式的照片或图片时，在"图层"面板中将自动生成一个"背景"图层，而且"背景"图层后方带着 🔒 图标。该图层比较特殊，无法移动或删除部分像素，有的命令可能也无法使用（如"自由变换""操控变形"等）。如果想要对"背景"图层进行这些操作，需要单击 🔒 按钮，使之转换为普通图层后再进行操作，如图2-95所示。

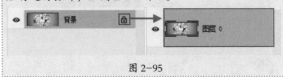

图 2-95

（2）当对多个图层同时进行移动、旋转等操作时，需要同时选中这些图层。首先在"图层"面板中单击选中一个图层，然后按住 Ctrl 键的同时单击其他图层（单击名称部分即可，不要单击图层的缩览图部分），即可

选中多个图层，如图 2-96 和图 2-97 所示。

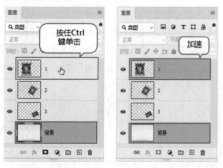

图 2-96   图 2-97

（3）如果想要移动图层位置，可以使用工具箱中的"移动工具"来实现。在"图层"面板中选择需要移动的图层（"背景"图层无法移动），如图 2-98 所示；接着选择工具箱中的"移动工具" ⊕ ，如图 2-99 所示；接着在画面中按住鼠标左键拖动，该图层的位置就会发生变化，如图 2-100 所示。（如果要调整图层中部分内容的位置，可以使用"选区工具"绘制出特定范围，然后使用"移动工具"进行移动。）

图 2-98

图 2-99   图 2-100

提示：水平移动、垂直移动。

在使用"移动工具"移动对象的过程中，按住 Shift 键可以沿水平或垂直方向移动对象。

（4）在使用"移动工具"移动图像时，按住 Alt 键拖动图像，可以复制图层，如图 2-101 所示。当图像中

存在选区时，在"移动工具"处于使用的状态下，按住 Alt 键的同时拖动选区中的内容，则会在该图层内部复制选中的部分，如图 2-102 所示。

图 2-101   图 2-102

提示：水平移动并复制、垂直移动并复制。

在使用"移动工具"移动对象的过程中，按快捷键 Shift+Alt 可以沿水平或垂直方向移动并复制对象。

（5）如果要向图像中添加一些绘制的元素，最好创建新图层，这样可以避免绘制失误而对原图产生影响。在"图层"面板底部单击"创建新图层"按钮 ⊞ ，即可在当前图层的上一层新建一个图层，如图 2-103 所示。按住 Ctrl 键单击"创建新图层"按钮 ⊞ ，即可在所选图层的下一层新建一个图层，如图 2-104 所示。

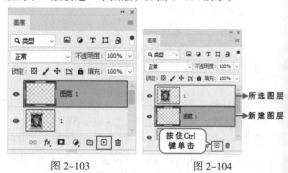

图 2-103   图 2-104

提示：图层命名。

当文档中的图层比较多时，会很难分辨某个图层。为了便于管理，我们可以对已有图层进行命名。将光标移动至图层名称处并双击，图层名称便处于激活状态，如图 2-105 所示。此时可以输入新的名称，并按 Enter 键确定，如图 2-106 所示。

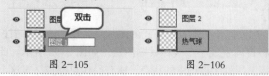

图 2-105   图 2-106

（6）选中图层，单击"图层"面板底部的"删除图层

中文版 Photoshop 电商美工设计从入门到实战（全程视频版）（上册）

按钮 ,如图 2-107 所示。在弹出的对话框中单击"是"按钮，即可删除该图层（勾选"不再显示"复选框，可以在以后删除图层时省去这一步骤），如图 2-108 所示。如果画面中没有选区，直接按 Delete 键也可以删除所选图层。

图 2-107　　　　　　　　图 2-108

提示：删除隐藏图层。

执行"图层"→"删除"→"隐藏图层"命令，可以删除所有隐藏的图层。

（7）选中图层，使用快捷键 Ctrl+J 可以快速复制图层。如果当前画面中包含选区，则可以快速将选区中的内容复制为独立图层。

（8）在"图层"面板中，位于上方的图层会遮挡住下方的图层，如图 2-109 所示。在制图过程中经常需要调整图层堆叠顺序。在"图层"面板中选中图层，按住鼠标左键向上或向下拖动，当出现高亮显示后释放鼠标，即可移动图层顺序。调整图层顺序后，画面效果也会随之变换，如图 2-110 所示，效果如图 2-111 所示。

图 2-109

图 2-110　　　　　　　　图 2-111

（9）单击"图层"面板底部的"创建新组"按钮 即可创建一个新图层组，如图 2-112 所示。选择需要放置在图层组中的图层，按住鼠标左键拖动至"创建新组"按钮上（见图 2-113），则可以以所选图层为基础创建一个图层组，如图 2-114 所示。还可以加选图层，使用快捷键 Ctrl+G 进行编组。

图 2-112　　　　　　　　图 2-113

图 2-114

提示：图层组使用技巧。

图层组中还可以套嵌其他图层组。将创建好的图层组移到其他组中即可创建出"组中组"。

选择一个或多个图层，按住鼠标左键拖动到图层组中，松开鼠标就可以将其移入该组中。将图层组中的图层拖动到组外，就可以将其从图层组中移出。

在图层组名称上右击，在弹出的快捷菜单中选择"取消图层编组"命令，图层组消失，而组中的图层并未被删除。

（10）合并图层是指将所有选中的图层合并为一个图层。想要将多个图层合并为一个图层，可以在"图层"面板中按住 Ctrl 键加选需要合并的图层，执行"图层"→"合并图层"命令或按快捷键 Ctrl+E。

执行"图层"→"合并可见图层"命令，可以将"图层"面板中的所有可见图层合并为一个图层。

执行"图层"→"拼合图像"命令，可以将全部图层合并到"背景"图层中。如果有隐藏的图层，则会弹出一个提示对话框，询问用户是否要扔掉隐藏的图层。

（11）盖印可以将多个图层的内容合并到一个新图层中，同时保持其他图层不变。选中多个图层，然后按快捷键Ctrl+Alt+E可以将这些图层中的图像盖印到一个新的图层中，而原始图层内容保持不变。按快捷键Ctrl+Shift+Alt+E可以将所有可见图层盖印到一个新图层中。

【重点】2.3.3　动手练：图层的自由变换

在制图过程中，经常需要调整普通图层的大小、角度，有时也需要对图层形态进行扭曲、变形，这些都可以通过"自由变换"命令来实现。选中需要变换的图层，执行"编辑"→"自由变换"命令（快捷键为Ctrl+T）。此时对象进入自由变换状态，四周出现了定界框，4个角点处以及4条边框中间都有控制点，如图2-115所示。完成变换后，按Enter键确认操作。如果要取消正在进行的变换操作，可以按Esc键。

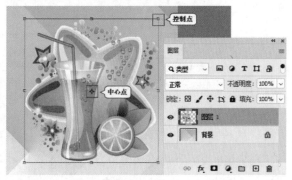

图 2-115

1. 调整中心点位置

默认情况下，中心点位于定界框的中心位置，在旋转过程中旋转的"轴"就是这个中心点。如果要更改中心点的位置，可以在自由变换状态下，勾选选项栏中的"参考点位置"选项 ，在右侧的小图标上以单击的方式选择中心点的位置。例如，设置中心点的位置为右下角 ，然后进行旋转，如图2-116所示。如果要移动中心点的位置，可以将光标移动至中心点上按住鼠标左键拖动，如图2-117所示；还可以按住Alt键单击设置中心点的位置。

图 2-116

图 2-117

2. 放大、缩小

在自由变换状态下，选项栏中的"保持长宽比"默认为激活状态 ，如图2-118所示。在当前状态下，拖动任意控制点均可等比缩放，如图2-119所示。如果想要不等比缩放，可以在选项栏中取消"保持长宽比"，或者在长宽比锁定的状态下按住Shift键拖动控制点，如图2-120所示。

图 2-118

图 2-119

图 2-120

3. 旋转

将光标移动至控制点外侧，当其变为弧形的双箭头形状 后，按住鼠标左键拖动即可进行旋转，如图2-121所示。

中文版 Photoshop 电商美工设计从入门到实战（全程视频版）（上册）

图 2-121

4. 斜切

在自由变换状态下，右击执行"斜切"命令，然后按住鼠标左键拖动控制点，即可看到随着控制点的移动，定界框出现倾斜的效果，如图 2-122 和图 2-123 所示。

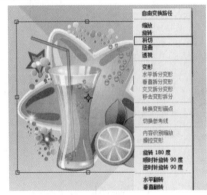

图 2-122

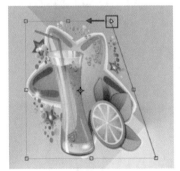

图 2-123

5. 扭曲

在自由变换状态下，右击执行"扭曲"命令，可以在定界框边线处按住鼠标左键并拖动，也可以在控制点处按住鼠标并拖动，如图 2-124 和图 2-125 所示。

图 2-124　　　　　　图 2-125

6. 透视

在自由变换状态下，右击执行"透视"命令，拖动一个控制点即可产生透视效果，如图 2-126 和图 2-127 所示。此外，也可以选择需要变换的图层，执行"编辑"→"变换"→"透视"命令。

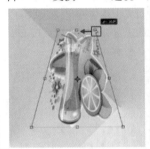
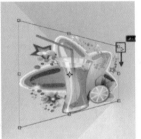

图 2-126　　　　　　图 2-127

7. 变形

（1）在自由变换状态下，右击执行"变形"命令，在选项栏中单击"网格"按钮，在下拉列表中选择网格数量，如图 2-128 所示；接着拖动控制点进行变形，如图 2-129 所示。

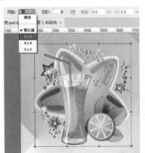

图 2-128　　　　　　图 2-129

（2）在变形状态下，可以通过选项栏中的"拆分"选项添加变形网格。单击"交叉拆分变形"按钮，将光标移动至变形网格上方，单击即可添加垂直和水平网格线，如图 2-130 所示。单击"垂直拆分变形"按钮可以添加垂直方向的变形网格线，单击"水平拆分变形"按钮 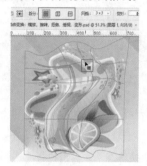 可以添加水平方向的变形网格线。

图 2-130

（3）此外，也可以在调出变形定界框后，在工具选项栏的"变形"下拉列表中选择一个合适的变形方式，如选择"膨胀"，图层内容即可发生相应变化，如图 2-131 所示。在选项栏中进行参数的设置，设置完成后按 Enter 键确定变形操作，如图 2-132 所示。

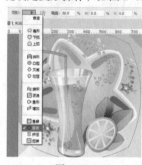
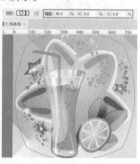

图 2-131　　　　　　图 2-132

8. 旋转 180 度、顺时针旋转 90 度、逆时针旋转 90 度、水平翻转、垂直翻转

在自由变换状态下，右击，在弹出的快捷菜单的底部还有 5 个旋转命令，即"旋转 180 度""顺时针旋转 90 度""逆时针旋转 90 度""水平翻转"与"垂直翻转"，如图 2-133 所示。顾名思义，根据这些命令的名字我们就能够判断出它们的用法。

9. 复制并重复上一次变换

如果要制作一系列变换规律相似的元素，可以使用"复制并重复上一次变换"功能来完成。在使用该功能之前，需要先设定好一个变换规律。复制一个图层，

图 2-133

然后使用快捷键 Ctrl+T 调出自由变换定界框，然后调整"中心点"的位置，接着进行旋转和缩放的操作，如图 2-134 所示。按 Enter 键确定变换操作。然后多次按快捷键 Shift+Ctrl+Alt+T，可以得到一系列按照上一次变换规律进行变换的图形，如图 2-135 所示。

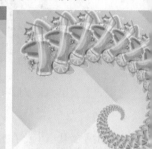

图 2-134　　　　　　图 2-135

练习实例：使用"自由变换"命令摆正产品位置

扫一扫，看视频

文件路径	资源包\第 2 章\练习实例：使用"自由变换"命令摆正产品位置
难易指数	★★★★★
技术掌握	打开文档、复制图层、自由变换

案例效果

案例效果如图 2-136 所示。

图 2-136

操作步骤

步骤 01 执行"文件"→"打开"命令，在弹出的"打开"窗口中单击选择素材 1.jpg，然后单击"打开"按钮

如图 2-137 所示；接着服装素材在软件内打开，可以看到由于拍摄原因，裤子有一些倾斜，右侧裤腿看起来比左侧裤腿长，如图 2-138 所示。

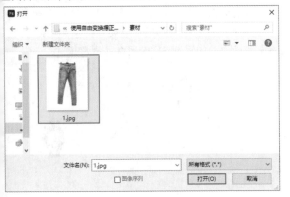

图 2-137

图 2-138

步骤 02 选择"背景"图层，使用快捷键 Ctrl+J 将"背景"图层复制一份，如图 2-139 所示。选中复制的图层，使用"自由变换"快捷键 Ctrl+T，然后右击执行"扭曲"命令，如图 2-140 所示。

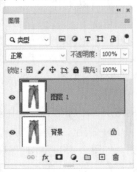

图 2-139

图 2-140

步骤 03 拖动控制点进行扭曲，如图 2-141 所示。完成后按 Enter 键确定变换操作，如图 2-142 所示。

图 2-141　　　　　图 2-142

2.4 整齐排列页面元素

在版面的编排中，有一些元素是必须进行对齐的，如界面设计中的按钮、版面中的图案。那么如何快速、精准地排列画面中的元素呢？使用"对齐""分布"功能可以将多个图层对象排列整齐。

扫一扫，看视频

重点 2.4.1 动手练：对齐图层

在对图层进行操作之前，先选择图层，在此按住 Ctrl 键加选多个需要对齐的图层；接着选择工具箱中的"移动工具" ⊕ ，在其选项栏中单击对齐按钮 ，即可进行对齐，如图 2-143 所示。例如，单击"水平居中对齐"按钮 ，效果如图 2-144 所示。

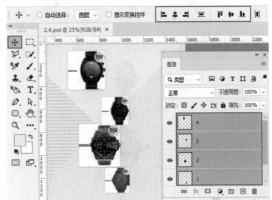

图 2-143

图 2-144

顶对齐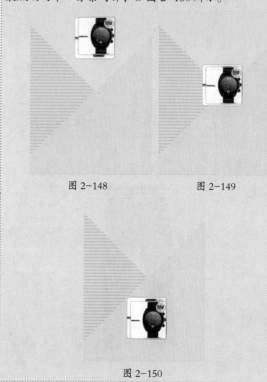

顶对齐：将所选图层最顶端的像素与当前最顶端的像素对齐，如图 2-148 所示。

垂直居中对齐：将所选图层的中心像素与当前图层垂直方向的中心像素对齐，如图 2-149 所示。

底对齐：将所选图层的最底端像素与当前图层最底端的中心像素对齐，如图 2-150 所示。

图 2-148   图 2-149

图 2-150

提示：对齐按钮。

左对齐：将所选图层的中心像素与当前图层左边的中心像素对齐，如图 2-145 所示。

水平居中对齐：将所选图层的中心像素与当前图层水平方向的中心像素对齐，如图 2-146 所示。

右对齐：将所选图层的中心像素与当前图层右边的中心像素对齐，如图 2-147 所示。

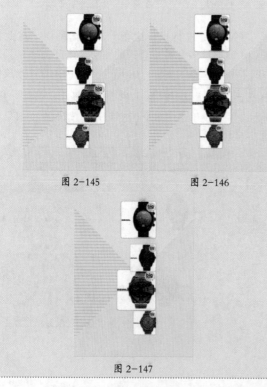

图 2-145   图 2-146

图 2-147

【重点】2.4.2　动手练：分布图层

如果已将多个对象排列整齐，那么怎样才能让每两个对象之间的距离相等呢？这时就可以使用"分布"命令。使用该命令可以将所选图层以上下、左右两端的对象为起点和终点，将所选图层在这个范围内进行均匀排列，得到具有相同间距的图层。在使用"分布"命令时文档中必须包含多个图层（至少有 3 个图层，"背景"图层除外）。

首先加选需要进行分布的图层，然后在工具箱中选择"移动工具"，单击选项栏中的按钮，打开"对齐"面板，此时可以看到分布按钮。如图 2-151 所示；然后单击相应的按钮即可进行分布操作。例如，单击"垂直居中分布"按钮，效果如图 2-152 所示。

图 2-151

图 2-152

 提示：分布按钮。

按顶分布 ：单击此按钮时，将平均每一个对象顶部基线之间的距离，调整对象的位置。

垂直居中分布 ：单击此按钮时，将平均每一个对象水平中心基线之间的距离，调整对象的位置。

按底分布 ：单击此按钮时，将平均每一个对象底部基线之间的距离，调整对象的位置。

按左分布 ：单击此按钮时，将平均每一个对象左侧基线之间的距离，调整对象的位置。

水平居中分布 ：单击此按钮时，将平均每一个对象垂直中心基线之间的距离，调整对象的位置。

按右分布 ：单击此按钮时，将平均每一个对象右侧基线之间的距离，调整对象的位置。

练习实例：制作均匀排列的产品

文件路径	资源包 \ 第 2 章 \ 练习实例：制作均匀排列的产品
难易指数	★★★★★
技术掌握	对齐与分布

扫一扫，看视频

案例效果

案例效果如图 2-153 所示。

图 2-153

操作步骤

步骤 01 执行"文件"→"打开"命令，在弹出的"打开"窗口中打开素材文件夹，然后单击选择背景素材 1.jpg，单击"打开"按钮，如图 2-154 所示。随即背景素材在软件内打开，如图 2-155 所示。

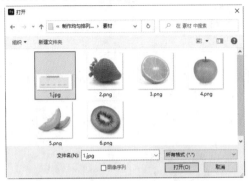

图 2-154

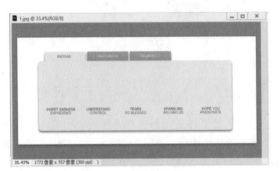

图 2-155

步骤 02 执行"文件"→"置入嵌入对象"命令，在弹出的"置入嵌入的对象"窗口中单击选择 2.png，然后单击"置入"按钮，如图 2-156 所示；接着按 Enter 键确定置入操作，如图 2-157 所示。

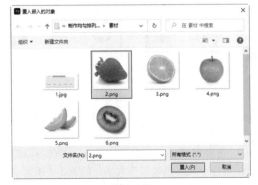

图 2-156

图 2-157

步骤 03 使用相同的方法置入其他的水果素材,如图 2-158 所示。

图 2-158

提示:同时置入多张素材图片。

在素材文件夹中加选图片素材,然后按住鼠标左键向文档内拖动,如图 2-159 所示。释放鼠标后按 Enter 键确定置入操作,因为有 5 张素材图片,所以一共需要按 5 次 Enter 键完成置入操作。

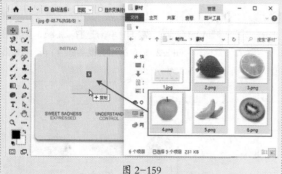

图 2-159

步骤 04 在"图层"面板中,按住 Ctrl 键单击加选水果图层,如图 2-160 所示。使用"自由变换"快捷键 Ctrl+T,拖动控制点进行缩放,这样在加选图层的同时进行缩放能够统一更改图片大小,如图 2-161 所示。变换完成后按 Enter 键确定变换操作。

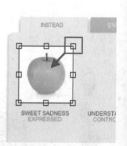

图 2-160　　　　　图 2-161

步骤 05 在图层加选状态下,在"图层"面板中右击执行"栅格化图层"命令,将"智能图层"转换为"普通图层",如图 2-162 所示。

图 2-162

步骤 06 目前图层是重叠在一起的,选择工具箱中的"移动工具",选中相应的图层,调整摆放位置,如图 2-163 所示。

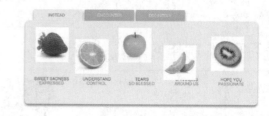

图 2-163

步骤 07 对齐水果图层。在"图层"面板中加选水果图层,在"移动工具"使用状态下,单击选项栏中的"垂直居中对齐"按钮,如图 2-164 所示。

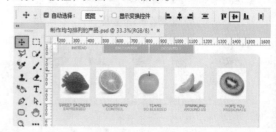

图 2-164

中文版 Photoshop 电商美工设计从入门到实战(全程视频版)(上册)

步骤 08 平均分布图层。在图层选中状态下，单击选项栏中的"水平分布"按钮，效果如图 2-165 所示。

图 2-165

2.5 错误操作的处理

当我们使用画笔和画布绘画时，画错了需要很费力地擦掉或盖住；在暗房中冲洗照片时，如果出现失误，照片可能就无法挽回了。与此相比，使用 Photoshop 等数字图像处理软件最大的便利之处就在于能够"重来"。操作出现错误，没关系，简单一个命令，就可以轻轻松松地"回到从前"。

扫一扫，看视频

【重点】2.5.1 动手练：撤销与还原操作

（1）打开素材，选择人物图层，如图 2-166 所示。按住 Alt 键向右拖动，拖动至第二个版块处松手即可完成移动并复制操作。然后使用相同的方法，再复制两份，如图 2-167 所示。

（2）如果发现第 4 张图片的位置有误，可以执行"编辑 > 还原移动"命令（快捷键为 Ctrl+Z），如图 2-168 所示。多次按快捷键 Ctrl+Z 可连续撤销，如再按两次该快捷键，可以让文档恢复到最原始的状态，如图 2-169 所示。

图 2-166

图 2-167

图 2-168　　　　　图 2-169

（3）此时如果发现第 2 张图片的位置是对的，不想撤销了，那么可以执行"编辑"→"重做移动"命令或者使用快捷键 Shift+Ctrl+Z，这时画面中就会显示出第 2 张图片。如果觉得第 3 张图片的位置也是对的，那么按一下快捷键 Shift+Ctrl+Z，第 3 张图片也会显示出来，如图 2-170 与图 2-171 所示。

图 2-172　　　　　图 2-171

> **提示：**"还原"命令与"重做"命令。
>
> "还原"命令与"重做"命令的名称会随着上一步的操作发生更改。例如，上一步的操作为新建图层，那么"还原"命令就会显示为"还原建立图层"。

【重点】2.5.2 动手练：使用"历史记录"面板还原操作

在 Photoshop 中，对文档进行过的编辑操作被称为历史记录。而"历史记录"面板是 Photoshop 中一项用于记录文件进行过的操作的功能。

（1）执行"窗口"→"历史记录"命令，打开"历史记录"面板，如图 2-172 所示。当我们对文档进行一些编辑操作时，会发现"历史记录"面板中出现了我们刚刚进行的操作条目。单击其中某一项历史记录操作，就可以使文档返回之前的编辑状态，如图 2-173 所示。

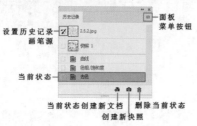

图 2-172

图 2-173

（2）单击最顶部的原始效果，即可直接回到文档打开时的状态，如图 2-174 所示。

图 2-174

（3）"历史记录"面板还有一项功能——快照。这项功能可以为某个操作状态快速"拍照"，将其作为一项"快照"留在"历史记录"面板中，以便于在经过很多操作步骤以后还能够返回到之前某个重要状态。选择需要创建快照的状态，然后单击"创建新快照"按钮 📷（见图 2-175），即可出现一个新的快照，如图 2-176 所示。

图 2-175   图 2-176

（4）如果需要删除快照，在"历史记录"面板中选择需要删除的快照，然后单击"删除当前状态"按钮 🗑 或者将快照拖动到该按钮上，如图 2-177 所示；接着在弹出的对话框中单击"是"按钮即可将其删除，如图 2-178 所示。

图 2-177   图 2-178

Chapter
03
第3章

扫一扫，看视频

绘图

本章内容简介：

在进行网店页面设计时，图形是必不可少的元素。无论是作为背景中的装饰元素，还是作为主体物，画面中都会用到形态各异、颜色不同的图形。在 Photoshop 中有多种方法可以进行图形的创建，可以通过创建选区并填充的方式得到图形，也可以通过使用矢量绘图工具绘制出可进行重复编辑的矢量图形。矢量绘图是一种风格独特的插画，画面内容通常由颜色不同的图形构成，图形边缘锐利、形态简洁明了、画面颜色鲜艳动人。

重点知识掌握：

- 掌握"矩形选框工具"与"套索工具"的使用方法。
- 掌握前景色的设置与填充方法。
- 掌握"渐变工具"的使用方法。
- 掌握"形状工具"的使用方法。
- 掌握"钢笔工具"的使用方法。

通过本章学习，我能做什么？

通过本章的学习，我们能够熟练掌握多种填充方式以及"形状工具"的使用方法，通过使用这些工具我们可以绘制出各种各样的图形，如店铺标志、宝贝主图中的促销图形、详情页中的装饰图形等。

3.1 在特定区域内填色

扫一扫，看视频

在 Photoshop 中，如果想要使某个区域内呈现出特定的色彩，那么首先就需要绘制"选区"。我们可以将"选区"理解为一个限定处理范围的"虚线框"，当画面中包含选区时，选区边缘显示为闪烁的黑白相间的虚线框，如图 3-1 所示。选区功能的使用非常普遍，无论是在产品照片修饰过程中，还是在网页版面设计过程中，经常需要对画面局部进行处理、在特定范围内填充颜色，或者将部分区域删除。针对这些操作，都可以先创建出选区，然后进行操作，如图 3-2 所示。

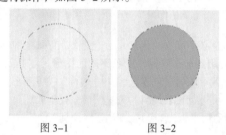

图 3-1　　　　　图 3-2

【重点】3.1.1　动手练：绘制常见的选区

Photoshop 中包含多种选区制作工具，本章将要介绍的是一些最基本的选区绘制工具，如图 3-3 所示。通过这些工具可以绘制长方形选区、正方形选区、椭圆形选区、正圆形选区、细线选区、随意的选区以及随意的带有尖角的选区等，如图 3-4 所示。

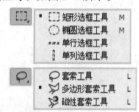

图 3-3

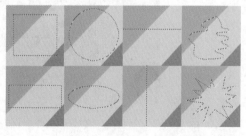

图 3-4

（1）"矩形选框工具" 可以创建出矩形选区与正方形选区。选择工具箱中的"矩形选框工具"，将光标移动到画面中，按住鼠标左键并拖动即可出现矩形选区，松开鼠标完成选区的创建，如图 3-5 所示。在绘制过程中按住 Shift 键的同时按住鼠标左键拖动可以创建正方形选区，如图 3-6 所示。

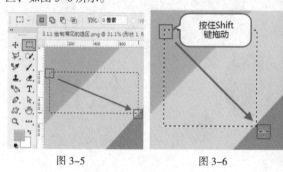

图 3-5　　　　　图 3-6

（2）"椭圆选框工具" 主要用于创建椭圆选区和正圆选区。右击工具箱中的"选框工具组"按钮，在弹出的工具组列表中选择"椭圆选框工具"，将光标移动到画面中，按住鼠标左键并拖动即可出现椭圆形的选区，松开鼠标后完成选区的创建，如图 3-7 所示。在绘制过程中按住 Shift 键的同时按住鼠标左键拖动，可以创建正圆选区，如图 3-8 所示。

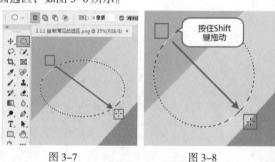

图 3-7　　　　　图 3-8

> ### 提示：消除锯齿。
>
> 选项栏中的"消除锯齿"选项是通过柔化边缘像素与背景像素之间的颜色过渡效果，从而使选区边缘变得平滑。

（3）在选框工具的选项栏中可以看到选区的运算按钮 。选区的运算是指选区之间的"加"和"减"。首先绘制一个矩形选区，如图 3-9 所示；然后单击选项栏中的"新选区"按钮 ，绘制选区，此时新创建的选区将替代原来的选区，如图 3-10 所示。

中文版 Photoshop 电商美工设计从入门到实战（全程视频版）（上册）

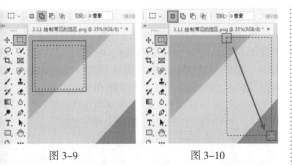

图 3-9   图 3-10

（4）单击选项栏中的"添加到选区"按钮 ▣，然后在已有选区上方绘制选区，可以将当前创建的选区添加到原来的选区中（绘制选区时按住 Shift 键也可以实现相同的操作），如图 3-11 所示。单击"从选区减去"按钮 ▣，然后在已有选区上方绘制选区，可以将当前创建的选区从原来的选区中减去（按住 Alt 键也可以实现相同的操作），如图 3-12 所示。

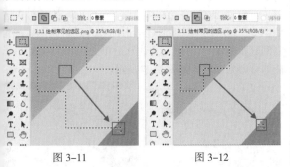

图 3-11   图 3-12

（5）单击"与选区交叉"按钮 ▣，然后在已有选区上绘制选区，释放鼠标后只保留原有选区与新创建的选区相交的部分（按住快捷键 Shift+Alt 也可以实现相同的操作），如图 3-13 所示。

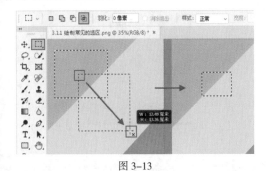

图 3-13

提示：移动选区位置。

绘制选区以后，在选区工具和"新选区"的状态下，

将光标移动至选区内，光标变为 ▸ 状，按住鼠标左键拖动即可移动选区位置，如图 3-14 所示。

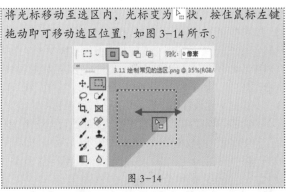

图 3-14

（6）在选项栏中还可以看到"羽化"选项，"羽化"选项主要用于设置选区边缘的虚化程度。若要绘制"羽化"选区，需要先在控制栏中设置参数，然后按住鼠标左键拖动进行绘制，选区绘制完成后可能看不出有什么变化，如图 3-15 所示。此时可以将前景色设置为某一彩色，然后使用前景色填充快捷键 Alt+Delete 进行填充，然后使用快捷键 Ctrl+D 取消选区的选择，此时就可以看到羽化选区填充后的效果，如图 3-16 所示。羽化值越大，虚化范围越宽；羽化值越小，虚化范围越窄。

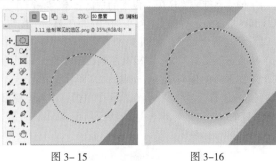

图 3-15   图 3-16

提示：选区警告。

当设置的"羽化"数值过大，以至于任何像素都不大于 50% 选择时，Photoshop 会弹出一个警告对话框，提醒用户羽化后的选区将不可见（选区仍然存在），如图 3-17 所示。

图 3-17

（7）"样式"选项是用于设置矩形／椭圆选区的创建方法。当选择"正常"选项时，可以创建任意大小的矩

形／椭圆选区。当选择"固定比例"选项时，可以在右侧的"宽度"和"高度"文本框中输入数值，以创建固定比例的选区。例如，设置"宽度"为1、"高度"为2，那么创建出来的矩形选区的高度就是宽度的2倍，如图3-18所示。当选择"固定大小"选项时，在右侧的"宽度"和"高度"文本框中输入数值，然后单击，即可创建一个固定大小的选区（单击"高度和宽度互换"按钮 ⇄ 可以切换"宽度"和"高度"的数值），如图3-19所示。

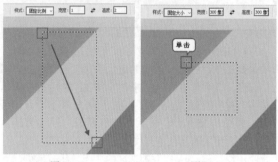

图 3-18　　　　　　图 3-19

（8）"单行选框工具" ⋯ 、"单列选框工具" ⋮ 主要用于创建高度或宽度为1像素的选区，常用来制作分割线和网格效果。右击工具箱中的"选框工具组"按钮，可以看到这两个工具，如图3-20所示。选择工具箱中的"单行选框工具" ⋯ ，接着在画面中单击，即可绘制出1像素高的横向选区，如图3-21所示。单击选择"单列选框工具" ⋮ ，接着在画面中单击，即可绘制出1像素宽的纵向选区，如图3-22所示。

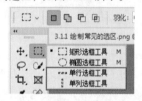

图 3- 20

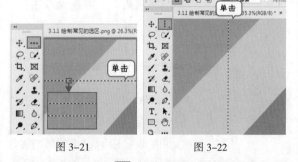

图 3-21　　　　　　图 3-22

（9）"套索工具" ⊘ 可以绘制出不规则形状的选区。

选择工具箱中的"套索工具"，将光标移动至画面中按住鼠标左键拖动，如图3-23所示。最后将光标定位到起始位置，松开鼠标即可得到闭合选区，如图3-2□所示。如果在绘制中途松开鼠标左键，Photoshop会在该点与起点之间建立一条直线以封闭选区。

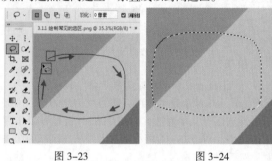

图 3-23　　　　　　图 3-24

（10）"多边形套索工具" ⋈ 能够创建转角比较强烈的选区。选择工具箱中的"多边形套索工具"，在画面中单击确定起点，将光标移动至下一个转折点位置单击，如图3-25所示。继续通过单击的方式进行绘制，当绘制到起始位置时，在光标变为 ⋈ 后单击，如图3-26所示。随即会得到选区，如图3-27所示。

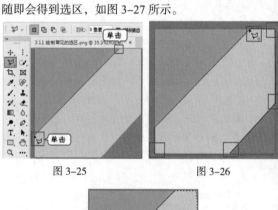

图 3-25　　　　　　图 3-26

图 3-27

提示："多边形套索工具"的使用技巧

在使用"多边形套索工具"绘制选区时，按住Shift键可以在水平方向、垂直方向或45°方向上绘制直线。另外，按Delete键可以删除最近绘制的直线。

3.1.2 动手练：选区的基本操作

创建完成的"选区"可以进行一些操作，如移动选区、反向选择、取消选择（区）、重新选择、存储与载入等。

1. 取消选择（区）

当绘制了一个选区后，会发现操作都是针对选区内部的图像的。如果我们不需要对局部进行操作，就可以取消选区。执行"选择"→"取消选择"命令或使用快捷键 Ctrl+D，即可取消选区状态。如果刚刚错误地取消了选区，可以将选区"恢复"回来。要恢复被取消的选区，可以执行"选择"→"重新选择"命令（快捷键为 Shift+Ctrl+D ）。

2. 移动选区

创建完的选区可以进行移动，但是选区的移动不能使用"移动工具"，而要使用选区工具，否则移动的内容将是图像，而不是选区。将光标移动至选区内，待光标变为 ▶⃗ 状后，按住鼠标左键拖动，如图 3-28 所示，拖动到相应位置后松开鼠标，完成移动操作。在包含选区的状态下，按→、←、↑、↓键可以以 1 像素的距离移动选区，如图 3-29 所示。

图 3-28   图 3-29

3. 反向选择

执行"选择"→"反向选择"命令（快捷键为 Shift+Ctrl+I ），可以选择反向的选区，也就是选择原本没有被选择的部分。

4. 载入当前图层的选区

在"图层"面板中按住 Ctrl 键的同时单击该图层缩略图，即可载入该图层选区，如图 3-30 所示。

5. 全选

"全选"能够选择当前文档边界内的全部图像。执行"选择"→"全部"命令或按快捷键 Ctrl+A 即可进行全选。

图 3-30

6. 隐藏选区、显示选区

在绘图过程中，有时画面中的选区边缘线可能会影响我们观察画面效果。执行"视图"→"显示"→"选区边缘"命令（快捷键为 Ctrl+H）可以切换选区的显示与隐藏。

3.1.3 动手练：图像局部的剪切/复制/粘贴

"剪切"就是暂时将选中的像素放入计算机的"剪贴板"中，而选择区域中的像素就会消失。通常"剪切"与"粘贴"一同使用。

（1）选择一个普通图层（非"背景"图层），接着选择工具箱中的"矩形选框工具" ⬚ ，按住鼠标左键拖动绘制一个选区，这个选区就是我们选中的区域，如图 3-31 所示。执行"编辑"→"剪切"命令或按快捷键 Ctrl+X，可以将选区中的内容剪切到剪贴板上，此时原始位置的图像消失了，如图 3-32 所示。

图 3-31   图 3-32

> **提示：为什么剪切后的区域不是透明的？**
>
> 如果被选中的图层为普通图层，剪切后的区域为透明区域；如果被选中的图层为"背景"图层，那么剪切后的区域会被填充为当前背景色；如果选中的图层为智能图层/3D 图层/文字图层等特殊图层，则不能够进行剪切操作。

（2）继续执行"编辑"→"粘贴"命令或按快捷键

Ctrl+V，可以将剪切的图像粘贴到画布中，如图 3-33 所示。并生成一个新的图层，如图 3-34 所示。

图 3-33　　　　　　　　图 3-34

（3）创建选区后，执行"编辑"→"复制"命令或按快捷键 Ctrl+ C，可以将选区中的图像复制到剪贴板中，如图 3-35 所示；然后执行"编辑"→"粘贴"命令或按快捷键 Ctrl+V，可以将复制的图像粘贴到画布中并生成一个新的图层，如图 3-36 所示。

图 3-35　　　　　　　　图 3-36

提示：合并复制。

合并复制就是将文档内所有可见图层复制并合并到剪切板中。如果要合并复制整个画面内容，可以执行"选择"→"全选"命令或按快捷键 Ctrl+A 全选当前图像；然后执行"编辑"→"合并复制"命令或按快捷键 Ctrl+Shift+C；最后使用快捷键 Ctrl+V 可以将合并复制的图像粘贴，便可得到一个包含画面完整效果的图层。

练习实例:使用复制与粘贴制作多产品排列效果

文件路径	资源包 \ 第 3 章 \ 练习实例：使用复制与粘贴制作多产品排列效果
难易指数	★★★★★
技术掌握	绘制选区、复制与粘贴

扫一扫，看视频

案例效果

案例效果如图 3-37 所示。

图 3-37

操作步骤

步骤 01 执行"文件"→"打开"命令，在弹出的"打开"窗口中单击选择素材 1.jpg，然后单击"打开"按钮，如图 3-38 所示。即可将素材在文档中打开，如图 3-39 所示。

图 3-38

图 3-39

步骤 02 选择工具箱中的"矩形选框工具"，在商品上方按住鼠标左键拖动绘制选区，如图 3-40 所示。

图 3-40

中文版 Photoshop 电商美工设计从入门到实战（全程视频版）（上册）

步骤 03 在当前选区状态下，使用快捷键 Ctrl+C 进行复制，使用快捷键 Ctrl+V 进行粘贴。此时"图层"面板中会生成一个新图层，如图 3-41 所示。选择工具箱中的"移动工具"，将复制的商品向左移动，如图 3-42 所示。

图 3-41   图 3-42

步骤 04 选择"图层 1"，使用快捷键 Ctrl+J 将所选图层复制一层，如图 3-43 所示；接着使用"移动工具"将商品向右移动，效果如图 3-44 所示。

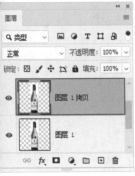 

图 3-43   图 3-44

【重点】3.1.4 动手练：清除图像

使用"清除"命令可以删除选区中的图像。清除图像分为两种情况：一种是清除普通图层中的像素；另一种是清除"背景"图层中的像素，两种情况遇到的问题和结果是不同的。

（1）打开一张图片，在"图层"面板中自动生成一个"背景"图层。使用"矩形选框工具"绘制一个矩形选区，如图 3-45 所示，然后执行"编辑"→"清除"命令。选区中原有的像素消失了，被填充了当前的背景色，如图 3-46 所示。

图 3-45   图 3-46

（2）如果选择一个普通图层，然后绘制一个选区，接着按 Delete 键进行删除，如图 3-47 所示。随即可以看到选区中的像素消失了，如图 3-48 所示。

图 3-47   图 3-48

3.1.5 动手练：设置颜色

在 Photoshop 中，"画笔工具""渐变工具""填充命令""颜色替换画笔"甚至是滤镜中都可能涉及颜色的设置。在 Photoshop 中可以随意选择任何颜色，还可以从画面中选择某个颜色。

（1）在工具箱底部可以看到前景色和背景色设置按钮（默认情况下，前景色为黑色，背景色为白色），如图 3-49 所示。单击"前景色"/"背景色"按钮，可以在弹出的"拾色器"对话框中选取一种颜色作为前景色/背景色。单击 ↻ 按钮可以切换所设置的前景色和背景色（快捷键为 X），如图 3-50 所示。单击 ⬚ 按钮可以恢复默认的前景色和背景色（快捷键为 D），如图 3-51 所示。

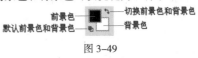

图 3-49

图 3-50   图 3-51

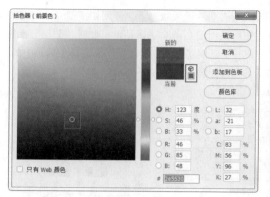

图 3-54

　　通常使用前景色的情况更多，前景色通常被用于绘制图像、填充某个区域以及描边选区等。而背景色通常起到"辅助"作用，常用于生成渐变填充和填充图像中被删除的区域。例如，在使用橡皮擦擦除"背景"图层时，被擦除的区域会呈现出背景色。一些特殊滤镜也需要使用前景色和背景色，如"纤维"滤镜和"云彩"滤镜等。

　　（2）认识了前景色与背景色之后，可以尝试单击前景色或背景色的小色块，接下来就会弹出"拾色器"对话框。"拾色器"对话框是 Photoshop 中最常用的颜色设置工具，不仅在设置前景色和背景色时有用，很多颜色设置（如文字颜色、矢量图形颜色等）都需要使用它。

　　以设置"前景色"为例，首先单击工具箱底部的"前景色"按钮，接着弹出"拾色器（前景色）"对话框。首先可以拖动颜色滑块到相应的色相范围内，然后将光标放在左侧的"色域"中，单击即可选择颜色，设置完成后单击"确定"按钮完成操作，如图 3-52 所示。如果想要设定精确数值的颜色，也可以在"颜色值"处输入数字。设置完成后，前景色随之发生了变化，如图 3-53 所示。

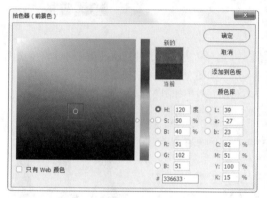

图 3-55

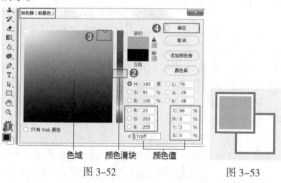

色域　　　颜色滑块　　颜色值

图 3-52　　　　　　　　　图 3-53

　　（3）"非 Web 安全色警告" 警告图标表示当前所设置的颜色不能在网络上准确地显示出来，如图 3-54所示。单击警告图标下面的小颜色块，可以将颜色替换为与其最接近的 Web 安全颜色，如图 3-55 所示。

　　（4）在"拾色器"对话框中选择颜色时，勾选对话框左下角的"只有 Web 颜色"选项之后，拾色器色域中的颜色明显减少，此时选择的颜色皆为安全色，如图 3-56所示。

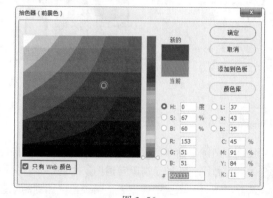

图 3-56

　　Web 安全色是指能在不同操作系统和不同浏览器中正常显示的颜色。为什么在设计网页时需要使用安全色呢？这是由于网页需要在不同的操作系统或不同的浏览器中浏览，而不同的操作系统或不同的浏览器的颜色都有一些细微的差别。所以确保制作出的网页颜色能够在所有浏览器中显示相同的效果是非常重要的，这就需要我们在制作网页时使用"Web 安全色"，如图 3-57 所示。

Web安全色　　　非安全色

图 3-57

（5）"吸管工具" ✎ 可以吸取图像颜色作为前景色或背景色。但是使用"吸管工具"只能够吸取一种颜色，可以通过取样大小设置采集颜色范围。在工具箱中单击"吸管工具"按钮，在选项栏中设置"取样大小"为"取样点"、"样本"为"所有图层"。设置完成后使用"吸管工具"在图像中单击，此时拾取的颜色将作为前景色，如图 3-58 所示。按住 Alt 键，然后单击图像中的区域，此时拾取的颜色将作为背景色，如图 3-59 所示。

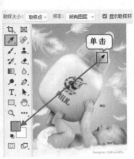

图 3-58　　　　　　　　图 3-59

 提示：　"吸管工具"的使用技巧。

　　在使用"吸管工具"采集颜色时，按住鼠标左键并将光标拖动到画布外，可以采集 Photoshop 的界面和界面以外的颜色信息。

【重点】3.1.6　动手练：快速填充前景色或背景色

　　前景色或背景色的填充是十分常用的，所以通常使用快捷键进行操作。选择一个图层或绘制一个选区，如图 3-60 所示；然后设置合适的前景色，使用前景色填充快捷键 Alt+Delete 进行填充，效果如图 3-61 所示；接着设置合适的背景色，使用背景色填充快捷键 Ctrl+Delete 进行填充，效果如图 3-62 所示。如果当前画面包含选区，填充范围为选区以内的部分。如果不包含选区，那么填充的范围为整个画面。

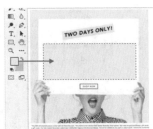

图 3-60　　　　　　　　　图 3-61

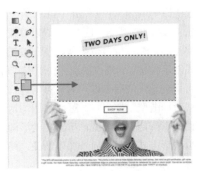

图 3-62

【重点】3.1.7　动手练：填充渐变

　　"渐变"是指多种颜色过渡而产生的一种效果。渐变是设计制图中十分常用的一种填充方式，渐变能够制作出缤纷多彩的颜色。"渐变工具"可以在整个文档或选区内填充渐变色，并且可以创建多种颜色间的混合效果。

　　（1）选择工具箱中的"渐变工具" ▢ ，然后单击选项栏中"渐变色条"右侧的 ⌄ 按钮，在下拉面板有一些预设的渐变颜色，这些渐变颜色根据不同的色相分布在各个组中。例如，要选择蓝色系的渐变，单击"蓝色"左侧的 ⌄ 按钮展开组，可以看到多个蓝色系的渐变颜色。单击选择一个渐变颜色，如图 3-63 所示。选择后选项栏中的渐变色条会变为所选择的颜色。选择一个图层或绘制一个选区，按住鼠标左键拖动，松开鼠标即可完成填充操作，效果如图 3-64 所示。

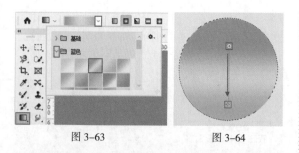

图 3-63　　　　　　　　图 3-64

提示：填充渐变的技巧。

在填充渐变时，按住 Shift 键可以沿水平、垂直或斜 45° 填充渐变。

（2）选项栏中的 五个选项用于设置渐变类型。单击"线性渐变"按钮，可以以直线方式创建从起点到终点的渐变；单击"径向渐变"按钮，可以以圆形方式创建从起点到终点的渐变；单击"角度渐变"按钮，可以创建围绕起点以逆时针方向进行扫描的渐变；单击"对称渐变"按钮，可以使用均衡的线性渐变在起点的任意一侧创建渐变；单击"菱形渐变"按钮，可以以菱形方式从起点向外产生渐变，终点定义菱形的一个角，如图 3-65 所示。

线性渐变　径向渐变　角度渐变　对称渐变　菱形渐变

图 3-65

（3）选项栏中的"模式"用于设置应用渐变时的混合模式；"不透明度"用于设置渐变色的不透明度。选择一个带有像素的图层，然后在选项栏中设置"模式"和"不透明度"，拖动鼠标进行填充，就可以看到相应的效果。图 3-66 所示为设置"模式"为"叠加"的效果；图 3-67 所示为设置"不透明度"为 50% 的效果。

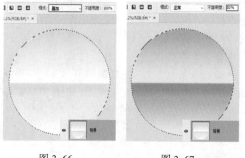

图 3-66　　　　　　　图 3-67

（4）"反向"选项用于转换渐变中的颜色顺序，以得到反方向的渐变结果，图 3-68 和图 3-69 所示分别是正常渐变和反向渐变效果。

正常渐变　　　　　　反向渐变
图 3-68　　　　　　图 3-69

（5）当勾选"仿色"选项时，可以使渐变效果更加平滑，此选项主要用于防止打印时出现条带化现象，但在计算机屏幕上并不能明显地体现出来。

（6）预设中的渐变颜色是远远不够用的，大多数时候我们都需要通过"渐变编辑器"对话框自定义适合自己的渐变颜色。单击选项栏中的"渐变色条" 按钮，会弹出"渐变编辑器"对话框，如图 3-70 所示。可以在"渐变编辑器"对话框上半部分看到很多"预设"效果，展开渐变组后单击即可选择某一种渐变效果，如图 3-71 所示。

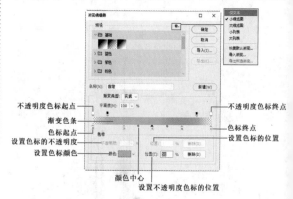

图 3-70

图 3-71

提示：预设渐变的使用方法。

　　先设置合适的前景色与背景色，然后打开"渐变编辑器"对话框，展开"基础"渐变组，单击"前景色到背景色渐变"，如图3-72所示；单击第二个渐变颜色，得到由前景色到透明的渐变颜色，如图3-73所示。

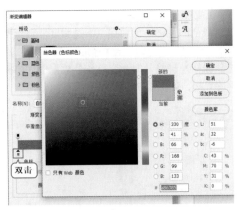

图 3-74

图 3-72

图 3-75

图 3-73

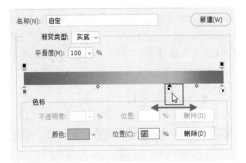

图 3-76

　　（7）如果没有合适的渐变效果，可以在下方渐变色条中编辑合适的渐变效果。双击渐变色条底部的色标 🔲，在弹出的"拾色器（色标颜色）"对话框中设置颜色，如图3-74所示。如果色标不够，可以在渐变色条下方单击，添加更多的色标，如图3-75所示。

　　（8）按住色标并左右拖动可以改变色标的位置，如图3-76所示。拖动"颜色中心"滑块，可以调整两种颜色的过渡效果，如图3-77所示。

图 3-77

（9）若要制作出带有透明效果的渐变颜色，可以单击渐变色条上的色标。然后在"不透明度"数值框内设置参数，如图3-78所示。若要删除色标，可以选中色标后按住鼠标左键将其向渐变色条外侧拖动，松开鼠标即可删除色标，如图3-79所示。

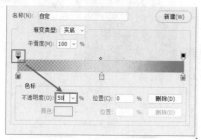

图3-78

图3-79

（10）渐变分为杂色渐变与实色渐变两种，在此之前我们所编辑的渐变颜色都为实色渐变，在"渐变编辑器"对话框中设置"渐变类型"为"杂色"，可以得到由大量色彩构成的渐变，如图3-80所示。

图3-80

3.1.8 动手练：为颜色相近的区域填充前景色或图案

"油漆桶工具" ◇. 可以为颜色相近的区域填充前景色或图案。如果所选图层为空图层，那么填充的区域为整个画面。如果选择了非空白图层，填充的就是与鼠标

单击处颜色相近的区域。如果非空白图层创建了选区那么填充的区域为与当前选区内的颜色相似的区域。

（1）右击工具箱中的"渐变工具组"按钮，在其中选择"油漆桶工具"。在选项栏中设置填充模式为"前景""容差"为120，其他参数使用默认值即可，如图3-8所示。更改前景色，然后在需要填充的位置单击即可填充颜色，如图3-82所示。由此可见，使用"油漆桶工具"进行填充无须先绘制选区，而是通过"容差"值控制填充区域大小。"容差"值越大，填充范围越大；"容差"值越小，填充范围也就越小。如果是空白图层，则会完全填充到整个图层中。

图3-81　　　　　　　　图3-82

- **模式**：用来设置填充内容的混合模式。
- **不透明度**：用来设置填充内容的不透明度。
- **容差**：用来定义必须填充像素颜色的相似程度与选区颜色的差值，如调到32，会以单击处的颜色为基准，把范围上下浮动32以内的颜色都填充。设置较低的"容差"值会填充颜色范围内与鼠标单击处像素非常相似的像素；设置较高的"容差"值会填充更大范围的像素。图3-83所示为"容差"值为5与"容差"值为20的对比效果。

容差：5　　　　　　容差：20

图3-83

- **消除锯齿**：平滑填充选区的边缘。
- **连续的**：勾选该选项后，只填充图像中处于连续范围内的区域；关闭该选项后，可以填充图像中的所有相似像素。
- **所有图层**：勾选该选项后，可以对所有可见图层中的

合并颜色数据填充像素；关闭该选项后，仅填充当前选择的图层。

（2）如果在"油漆桶工具"选项栏中设置填充模式为"图案"，单击图案右侧的 按钮，在下拉面板中打开图案组，单击选择一个图案，如图3-84所示。在画面中单击进行填充，即可为颜色相似的范围填充图案，效果如图3-85所示。

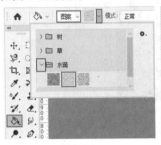
图 3-84

图 3-85

【重点】3.1.9　动手练：描边

（1）"描边"是指为图层边缘或选区边缘添加一圈颜色与粗细可设置的边线。首先绘制选区，如图3-86所示；然后执行"编辑"→"描边"命令，打开"描边"对话框，如图3-87所示。

图 3-86

图 3-87

提示：描边的小技巧。

在有选区的状态下使用"描边"命令可以沿选区边缘进行描边，在没有选区的状态下使用"描边"命令可以沿画面边缘进行描边。

（2）设置描边选项。"宽度"选项用来控制描边的粗细，图3-88所示为"宽度"为10像素的效果。"颜色"选项用来设置描边的颜色。单击"颜色"按钮，在弹出的"拾色器（描边颜色）"对话框中设置合适的颜色，单击"确定"

按钮，如图3-89所示，描边效果如图3-90所示。

图 3-88

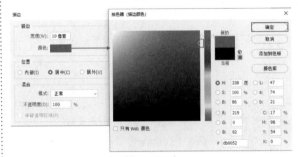
图 3-89

图 3-90

（3）"位置"选项能够设置描边位于选区的位置，包括"内部""居中"和"居外"3个选项，图3-91所示为不同位置的效果。

内部　　　居中　　　居外
图 3-91

（4）"混合"选项用来设置描边颜色的"模式"和"不

透明度"。选择一个带有像素的图层，然后打开"描边"对话框，设置"模式"和"不透明度"，如图 3-92 所示。单击"确定"按钮，此时描边效果如图 3-93 所示。如果勾选"保留透明区域"选项，则只对包含像素的区域进行描边。

图 3-92　　　　　　图 3-93

练习实例：使用描边与填色制作对比色宽幅广告

文件路径	资源包 \ 第 3 章 \ 练习实例：使用描边与填色制作对比色宽幅广告
难易指数	⭐⭐⭐⭐⭐
技术掌握	矩形选框工具、描边、自由变换

案例效果

案例效果如图 3-94 所示。

图 3-94

操作步骤

步骤 01 执行"文件"→"新建"命令，创建一个大小合适的空白文档，如图 3-95 所示。

图 3-95

步骤 02 为背景填充颜色。单击工具箱底部的"前景色按钮，在弹出的"拾色器（前景色）"对话框中设置颜色为深蓝色，设置完成后单击"确定"按钮，如图 3-96 所示接着在"图层"面板中选择"背景"图层，使用"前景色填充"快捷键 Alt+Delete 进行填充，效果如图 3-97 所示

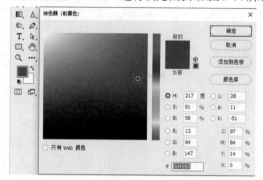

图 3-96

图 3-97

步骤 03 制作背景图案。选择工具箱中的"多边形套索工具"，在画面右侧以单击的方式绘制一个四边形选区如图 3-98 所示。创建一个新图层，设置前景色为蓝色然后在"图层"面板中选择刚创建的图层，使用"前景色填充"快捷键 Alt+Delete 进行填充，接着使用快捷键 Ctrl+D 取消选区，效果如图 3-99 所示。

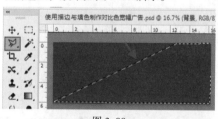

图 3-98

图 3-99

步骤 04 继续使用同样的方法绘制下方黄色的图形，如图 3-100 所示。

图 3-100

步骤 05 在画面中添加素材。执行"文件"→"置入嵌入对象"命令，将素材 1.png 置入到画面中，调整其大小及位置，如图 3-101 所示；然后按 Enter 键完成置入。在"图层"面板中右击该图层,在弹出的菜单中执行"栅格化图层"命令，将图层进行栅格化处理。然后继续使用同样的方法置入人物素材，摆放在素材 1 右侧并将其栅格化，如图 3-102 所示。

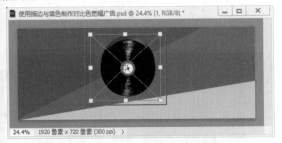

图 3-101

图 3-102

步骤 06 制作人物投影。在"图层"面板中按住 Ctrl 键的同时单击人物素材图层缩览图，载入人物的选区，如图 3-103 所示；接着创建一个新图层，同时在工具箱底部设置前景色为深黄色。设置完成后在"图层"面板中选择刚创建的图层，使用"前景色填充"快捷键 Al-+Delete 进行颜色填充，效果如图 3-104 所示。使用快捷键 Ctrl+D 取消选区。

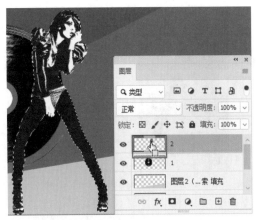

图 3-103

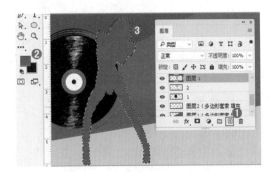

图 3-104

步骤 07 在"图层"面板中选中投影图层,使用"自由变换"快捷键 Ctrl+T 将光标定位在上方控制点上，按住 Shift 键并按住鼠标左键向下拖动进行不等比变形，如图 3-105 所示。右击，在弹出的菜单中执行"透视"命令，然后将光标定位到定界框右侧控制点上，按住鼠标左键向左拖动，如图 3-106 所示。调整完毕后按 Enter 键结束变换。

图 3-105　　　　图 3-106

步骤 08 在"图层"面板中选中"影子"图层，将其移动至人物素材图层下方位置，画面效果如图 3-107 所示。

图 3-107

步骤 09 影子边缘过于生硬，需要将其进行适当弱化。选择工具箱中的"橡皮擦工具"，在选项栏中单击打开"画笔预设"选取器，在下拉面板中选择"柔边圆"画笔，设置画笔"大小"为500像素，"硬度"为0%。回到选项栏中设置"模式"为"画笔"，"不透明度"为100%，"流量"为100%，如图 3-108 所示。设置完成后选中投影，在投影上方按住鼠标左键并拖动，在边缘位置进行擦除，如图 3-109 所示。

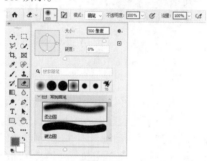

图 3-108

图 3-109

步骤 10 为画面制作装饰图形。选择工具箱中的"多边形套索工具"，在画面左上角以单击的方式绘制一个三角形选区，如图 3-110 所示。创建一个新图层，设置前

景色为浅一些的蓝色，然后在"图层"面板中选择刚创建的图层，使用"前景色填充"快捷键 Alt+Delete 进行填充，效果如图 3-111 所示。

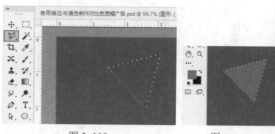

图 3-110   图 3-111

步骤 11 在保持选区不变的状态下，执行"选择"→"变换选区"命令，将光标定位在选区定界框的右上角控制点上，按住 Alt 键的同时将鼠标左键向内侧拖动，如图 3-112 所示。调整完毕后按 Enter 键结束变换。按 Delete 键将选区内部的像素删除，如图 3-113 所示。操作完成后使用快捷键 Ctrl+D 取消选区。

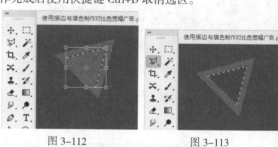

图 3-112   图 3-113

步骤 12 继续使用同样的方法制作左上角的黄色三角形，如图 3-114 所示。

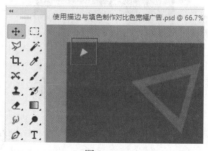

图 3-114

步骤 13 在文档中继续添加素材。执行"文件"→"置入嵌入对象"命令，将装饰素材 3.png 置入到画面中，调整其大小及位置后按 Enter 键完成置入；然后在"图层"面板中右击该图层，在弹出的菜单中执行"栅格化图层"命令，将图层进行栅格化处理，如图 3-115 所示。

图 3-115

步骤 14 在文档中添加矩形框。选择工具箱中的"矩形选框工具",在素材 1.png 左侧位置绘制一个选区,如图 3-116 所示;接着执行"编辑"→"描边"命令,在弹出的"描边"对话框中设置"宽度"为 6 像素,"颜色"为黄色,"位置"为"居中","模式"为"正常","不透明度"为 100%,单击"确定"按钮,如图 3-117 所示。此时完整的矩形框制作完成,然后使用快捷键 Ctrl+D 取消选区,效果如图 3-118 所示。

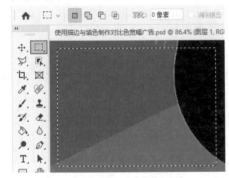

图 3-116

图 3-117

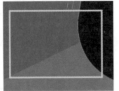

图 3-118

步骤 15 使用工具箱中的"矩形选框工具"在黄色框下方位置绘制一个选区,如图 3-119 所示;然后按 Delete 键将选区内部像素删除,如图 3-120 所示;接着使用快捷键 Ctrl+D 取消选区。

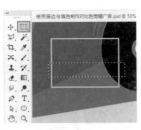 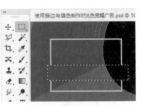

图 3-119　　　　　　　图 3-120

步骤 16 在"图层"面板中选中黄色框图层,使用快捷键 Ctrl+J 复制出一个相同的图层。使用"自由变换"快捷键 Ctrl+T 将光标放在定界框外部,按住鼠标左键拖动,适当进行旋转,如图 3-121 所示;然后在当前调整状态下按住鼠标左键将图形向右上方拖动,并适当放大一些。调整完毕后按 Enter 键结束变换,如图 3-122 所示。

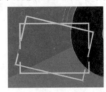 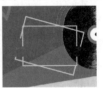

图 3-121　　　　　　　图 3-122

步骤 17 执行"文件"→"置入嵌入对象"命令,将文字素材 4.png 置入到画面中,调整其大小及位置后按 Enter 键完成置入。本案例效果如图 3-123 所示。

图 3-123

3.2 画笔绘画

　　Photoshop 中提供了非常强大的绘制工具以及方便的擦除工具,这些工具除了在数字绘画中能够用到,在产品照片处理或者店铺页面的编排中都十分常用。

【重点】3.2.1 动手练:画笔工具

　　"画笔工具" ✔ 是以"前景色"为"颜料"在画面中进行绘制的。绘制的方法也很简单,如果在画面中单击,能够绘制出一个圆点(因为默认情况下的"画笔工具"的笔尖为圆形),

扫一扫,看视频

如图 3-124 所示。在画面中按住鼠标左键并拖动，即可轻松绘制出线条，如图 3-125 所示。

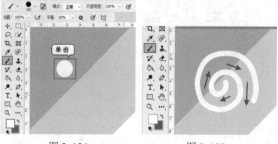

图 3-124　　　　　　　图 3-125

单击 ● 按钮，打开"画笔预设选取器"。"画笔预设选取器"中包括多个画笔组，展开其中某一个画笔组，然后单击选择一种合适的笔尖，并通过移动滑块设置画笔的大小和硬度。使用过的画笔笔尖也会显示在"画笔预设选取器"中，如图 3-126 所示。

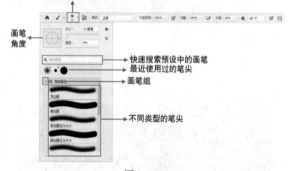

图 3-126

 提示：快捷地打开"画笔预设选取器"的方式。

选择"画笔工具"以后，在画面中右击也能够打开"画笔预设选取器"，如图 3-127 所示。

图 3-127

• 角度/圆度：画笔的角度是指画笔的长轴在水平方向

旋转的角度，如图 3-128 所示。画笔的圆度是指画笔在 Z 轴（垂直于画面，向屏幕内外延伸的轴向）上的旋转效果，如图 3-129 所示。

图 3-128　　　　　　　图 3-129

• 大小：通过设置数值或者移动滑块可以调整画笔笔尖的大小。在英文输入法状态下，可以按"["键和"]"键来减小或增大画笔笔尖的大小。

• 硬度：当使用圆形的画笔时，可以调整硬度数值。数值越大，画笔边缘越清晰；数值越小，画笔边缘越模糊，如图 3-130 所示。

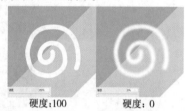

硬度：100　　　　　　　硬度：0

图 3-130

• "画笔设置"面板 📖 ：单击该按钮即可打开"画笔设置"面板。

• 模式：设置绘画颜色与下面现有像素的混合方法。

• 不透明度：设置画笔绘制出来的颜色的不透明度。数值越大，笔迹的不透明度越高；数值越小，笔迹的不透明度越低，如图 3-131 所示。

不透明度：80　　　　　　不透明度：0

图 3-131

• 🖌 ：在使用带有压感的手绘板时，启用该项则可以对"不透明度"使用压力。在关闭时，"画笔预设"控制压力。

• 流量：设置当将光标移到某个区域上方时应用颜色的速率。当在某个区域上方进行绘画时，如果一直按住

中文版 Photoshop 电商美工设计从入门到实战（全程视频版）（上册）

鼠标左键，颜色量将根据流动速率增大，直至达到"不透明度"设置。

- 平滑：用于设置所绘制的线条的流畅程度，数值越高，线条越平滑。

- 激活该按钮以后，可以启用喷枪功能，Photoshop 会根据鼠标左键的单击程度来确定画笔笔迹的填充数量。例如，当关闭喷枪功能时，每单击一次会绘制一个笔迹；而启用喷枪功能以后，按住鼠标左键不放即可持续绘制笔迹。

> 提示：使用"画笔工具"时，画笔的光标不见了怎么办？
>
> 　　在使用"画笔工具"绘画时，如果不小心按了 Caps Lock 大写锁定键，画笔光标就会由圆形○（或其他画笔的形状）变为无论怎么调整，大小都没有变化的"十字形"-¦-。这时再按 Caps Lock 大写锁定键即可恢复成可以调整大小的带有图形的画笔效果。

练习实例：补全产品图的局部

文件路径	资源包\第3章\练习实例：补全产品图的局部
难易指数	★★★★★
技术掌握	画笔工具、操控变形

扫一扫，看视频

案例效果

案例效果如图 3-132 所示。

图 3-132

操作步骤

步骤 01 执行"文件"→"打开"命令，在弹出的"打开"窗口中单击选择素材 1.jpg，然后单击"打开"按钮，如图 3-133 所示。随即素材在软件中打开，如图 3-134 所示。

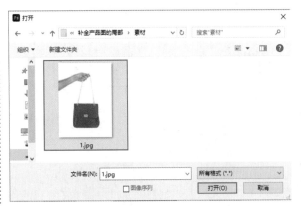

图 3-133

图 3-134

步骤 02 选中"背景"图层，使用快捷键 Ctrl+J 将"背景"图层复制一份，如图 3-135 所示。设置前景色为白色，然后选择工具箱中的"画笔工具"，打开"画笔预设选取器"，选中"硬边圆"画笔，设置"大小"为 90 像素，如图 3-136 所示。

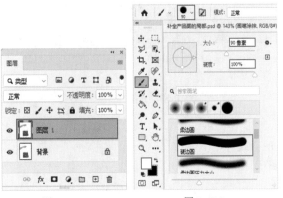

图 3-135　　　　　　　　图 3-136

步骤 03 将光标移动至手部位置按住鼠标左键拖动绘制，因为笔尖的颜色为白色，背景同样为白色，所以能够达到涂抹覆盖的效果，如图 3-137 所示。继续涂抹绘制，将人物整个手臂遮盖住，效果如图 3-138 所示。

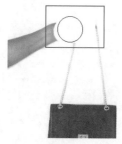

图 3-137   图 3-138

步骤 04 在将人物手臂涂抹掉的同时，导致手提包链条部分缺失，需要将其补齐。选择工具箱中的"套索工具"，在链条上方按住鼠标左键拖动绘制选区，如图 3-139 所示。使用快捷键 Ctrl+J 将选区中的像素复制到独立图层。选择复制得到的图层，使用快捷键 Ctrl+T 调出定界框，然后拖动控制按钮将其进行旋转，并移动到链条缺失的位置，如图 3-140 所示。变换完成后，按 Enter 键确定变换操作。

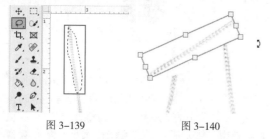

图 3-139   图 3-140

步骤 05 对复制得到的链条进行变形操作，将复制得到的链条图层选中，执行"编辑"→"操控变形"命令，接着在网格点上单击添加控制点，然后拖动控制点进行变形，如图 3-141 所示。在变形过程中可以根据需要添加控制点，如图 3-142 所示。

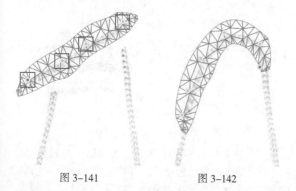

图 3-141   图 3-142

步骤 06 变形完成后按 Enter 键确定变形操作。本案例

制作完成，效果如图 3-143 所示。

图 3-143

重点 3.2.2 动手练：橡皮擦工具

扫一扫，看视频

既然 Photoshop 中有画笔可以绘画，那么有没有橡皮能擦除呢？当然有！Photoshop 中有 3 种可供擦除的工具："橡皮擦工具""魔术橡皮擦工具"和"背景橡皮擦工具"。"橡皮擦工具"是最基础也是最常用的擦除工具。直接在画面中按住鼠标左键并拖动就可以擦除对象；而"魔术橡皮擦工具"和"背景橡皮擦工具"则是基于画面中颜色的差异，擦除特定区域范围内的图像。

"橡皮擦工具" 位于橡皮擦工具组中，右击"橡皮擦工具"按钮，然后在弹出的工具组列表中单击选择"橡皮擦工具"。选择一个普通图层，在画面中按住鼠标左键进行拖动，光标经过的位置，其像素被擦除了，如图 3-144 所示。如果选择了"背景"图层，使用"橡皮擦工具"进行擦除，则擦除的像素将变成背景色，如图 3-145 所示。

图 3-144

图 3-145

练习实例: 使用"画笔工具"绘制广告背景

文件路径	资源包\第3章\练习实例:使用'画笔工具'绘制广告背景
难易指数	★★★★★
技术掌握	画笔工具、橡皮擦工具

扫一扫,看视频

案例效果

案例效果如图 3-146 所示。

图 3-146

操作步骤

步骤 01 执行"文件"→"打开"命令,将人物素材 1.jpg 打开,如图 3-147 所示。

图 3-147

步骤 02 选择"背景"图层,在其上方新建一个图层。接着将前景色设置为紫色,然后选择工具箱中的"画笔工具",在选项栏中选择"柔边圆"画笔,设置"大小"为 400 像素、"硬度"为 0%、"不透明度"为 50%,如图 3-148 所示。

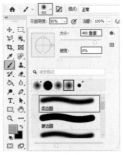

图 3-148

步骤 03 设置完成后在画面左侧、人物头顶位置按住鼠标左键拖动进行涂抹(由于涂抹位置不同,在操作过程中可以随时调整画笔大小,使效果更加自然),如图 3-149 所示。

图 3-149

步骤 04 在涂抹的过程中难免有些像素会遮住人像,可以使用"橡皮擦工具"进行擦除。选择工具箱中的"橡皮擦工具",在选项栏中选择"柔边圆"画笔,同时将画笔笔尖适当调大一些。设置完成后在人物上方以单击的方式进行擦除,效果如图 3-150 所示。

图 3-150

步骤 05 在文档中继续添加颜色。选择工具箱中的"画笔工具",将前景色设置为淡紫色,在选项栏中设置大小合适的"柔边圆"画笔,同时设置"不透明度"为 20%。设置完成后在人物边缘进行涂抹,使背景颜色更有层次感,如图 3-151 所示。

图 3-151

步骤 06 在人物素材左侧的空白位置添加文字,丰富细节效果。执行"文件"→"置入嵌入对象"命令，将文字素材 2.png 置入，调整大小，放在画面左侧位置并将图层栅格化。此时本案例制作完成，效果如图 3-152 所示。

图 3-152

练习实例:使用"画笔工具"制作柔和色调化妆品海报

扫一扫，看视频

文件路径	资源包 \ 第 3 章 \ 练习实例: 使用"画笔工具"制作柔和色调化妆品海报
难易指数	⭐⭐⭐⭐⭐
技术掌握	画笔工具、椭圆选框工具

案例效果

案例效果如图 3-153 所示。

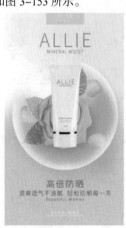

图 3-153

操作步骤

步骤 01 新建一个宽度为 1000 像素、高度为 1700 像素、分辨率为 72 像素 / 英寸的文档;然后单击"图层"面板底部的"创建新图层"按钮，创建一个新图层，如图 3-154 所示。

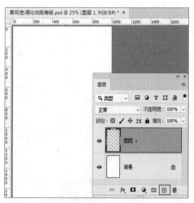

图 3-154

步骤 02 将前景色设置为淡粉色，然后选择工具箱中的"画笔工具"，在选项栏中选择"柔边圆"画笔，设置"大小"为 500 像素，同时设置"不透明度"为 100%，"流量"为 50%。设置完成后在画面中按住鼠标左键拖动涂抹，如图 3-155 所示。

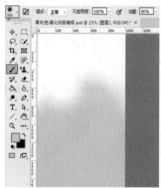

图 3-155

步骤 03 在"画笔工具"使用状态下，在选项栏中设置"不透明度"为 20%，设置完成后在画面上半部分进行涂抹，效果如图 3-156 所示。

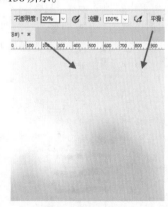

图 3-156

步骤 04 继续新建图层，将前景色设置为灰粉色。接着使用"画笔工具"，在选项栏中设置画笔大小为250像素，并设置"不透明度"为100%，"流量"为70%。设置完成后按住鼠标左键，并在版面中间位置拖动进行绘制，如图3-157所示。

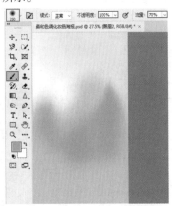

图 3-157

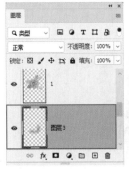 

图 3-159   图 3-160

步骤 06 将阴影图层选中，将其移动至玫瑰花图层下方，增强效果真实性。"图层"面板效果如图3-159所示，画面效果如图3-160所示。

步骤 07 在玫瑰花素材外围添加一个正圆边框，增强视觉聚拢感。新建一个图层，接着选择工具箱中的"椭圆选框工具"，在玫瑰花素材外侧按住Shift键拖动绘制一个正圆选区，如图3-161所示。

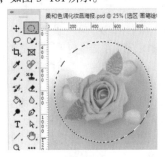

图 3-161

步骤 08 在当前正圆选区状态下，设置前景色为白色，接着选择工具箱中的"画笔工具"，在选项栏中选择"柔边圆"画笔，设置"大小"为600像素，"不透明度"为70%。设置完成后在选区边缘按住鼠标左键拖动进行涂抹，如图3-162所示。绘制完成后使用快捷键Ctrl+D取消选区的选择。

提示：制作背景的小技巧。

在绘制的过程中，首先要新建图层，这样便于后期修改，如果觉得效果不满意，可以使用"橡皮擦工具"，选择"柔边圆"画笔进行擦除。

步骤 05 执行"文件"→"置入嵌入对象"命令，将玫瑰花素材1.png置入到文档中，调整大小，放在版面中间位置，并将图层栅格化；接着在素材下方添加阴影。首先新建图层，并将前景色设置为粉灰色；然后选择"画笔工具"，在选项栏中选择"柔边圆"画笔，设置"大小"为90像素，同时适当降低画笔的不透明度。设置完成后在玫瑰花素材下方按住鼠标左键拖动进行绘制，如图3-158所示。

图 3-158

图 3-162

步骤 09 将产品和文字素材置入到文档中，并摆放在合适位置。此时本案例制作完成，效果如图 3-163 所示。

图 3-163

3.2.3 动手练：设置各种不同的笔触效果

扫一扫，看视频

画笔除了可以绘制出单色的线条外，还可以绘制出虚线、具有多种颜色的线条、带有图案叠加效果的线条、分散的笔触、透明度不均的笔触。

要想绘制出这些效果，需要借助"画笔设置"面板。在"画笔预设选取器"中能设置笔尖样式、画笔大小、角度以及硬度，但是各种绘制类工具的笔触形态属性可不仅仅是这些，执行"窗口"→"画笔设置"命令（快捷键为F5），打开"画笔设置"面板。在这里可以看到非常多的参数设置，最底部显示着当前笔尖样式的预览效果。此时默认显示的是"画笔笔尖形状"设置页面，如图 3-164 所示。

在面板左侧列表中还可以启用画笔的各种属性，如形状动态、散布、纹理、双重画笔、颜色动态、传递、画笔笔势等。要想启用某种属性，需要在这些选项名称前单击，使之呈现出启用状态☑。接着单击选项的名称，即可进入该选项设置页面，如图 3-165 所示。

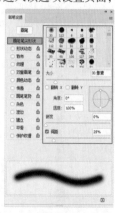

图 3-164

图 3-165

1. 画笔笔尖形状

默认情况下，"画笔设置"面板显示"画笔笔尖形状"设置页面，这里可以对画笔的形状、大小、硬度等常用参数进行设置，除此之外，还可以对画笔的角度、圆度以及间距进行设置。这些参数选项非常简单，随意调整数值，就可以在底部看到当前画笔的预览效果，如图 3-166 所示。通过设置当前页面的参数可以制作如图 3-167 所示的各种效果。

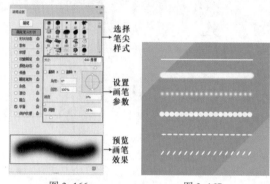

图 3-166   图 3-167

2. 形状动态

执行"窗口"→"画笔设置"命令，打开"画笔设置"面板。在左侧列表中单击"形状动态"前端的方框，使之变为启用状态☑，接着单击"形状动态"处，进入"形状动态"设置页面，如图 3-168 所示。通过调整"形状动态"设置页面中的各个参数，能够绘制出带有大小不同、角度不同、圆度不同笔触效果的线条。在"形状动态"设置页面中可以看到"大小抖动""角度抖动""圆度抖动"，此处的"抖动"就是指某项参数在一定范围内随机变化。数值越大，变化范围也就越大。图 3-169 所示为通过在当前设置页面中调整各个参数制作出的效果。

图 3-168

图 3-169

中文版 Photoshop 电商美工设计从入门到实战（全程视频版）（上册）

3. 散布

执行"窗口"→"画笔设置"命令,打开"画笔设置"面板。在左侧列表中单击"形状动态"前端的方框,使之变为启用状态☑,接着单击"散布"处,进入"散布"设置页面,如图 3-170 所示。"散布"设置页面用于设置描边中笔迹的数目和位置,使画笔笔迹沿着绘制的线条扩散。在"散布"设置页面中可以对散布的方式、数量和散布的随机性进行调整。数值越大,变化范围也就越大。在制作随机性很强的光斑、星光或树叶纷飞的效果时,"散布"选项是必须要设置的,图 3-171 所示为设置了"散布"选项制作出的效果。

图 3-170　　　　　图 3-171

4. 纹理

执行"窗口"→"画笔设置"命令,打开"画笔设置"面板。在左侧列表中单击"纹理"前端的方框,使之变为启用状态☑,接着单击"纹理"处,进入"纹理"设置页面,如图 3-172 所示。"纹理"设置页面用于设置画笔笔触的纹理,使之可以绘制出带有纹理的笔触效果。在"纹理"设置页面中可以对图案的大小、亮度、对比度、混合模式等选项进行设置。图 3-173 所示为添加了不同纹理的笔触效果。

图 3-172　　　　　图 3-173

5. 双重画笔

执行"窗口"→"画笔设置"命令,打开"画笔设置"面板,如图 3-174 所示。在左侧列表中单击"双重画笔"前端的方框,使之变为启用状态☑,接着单击"双重画笔"处,进入"双重画笔"设置页面。在"双重画笔"设置页面中可以设置参数使绘制的线条呈现出两种画笔混合的效果。在设置"双重画笔"前,需要先设置"画笔笔尖形状"主画笔参数,然后启用"双重画笔"选项。最顶部的"模式"是指在选择主画笔和双重画笔组合画笔笔迹时要使用的混合模式。然后从"双重画笔"选项中选择另外一个笔尖(即双重画笔)。其参数非常简单,大多与其他选项中的参数相同。图 3-175 所示为不同画笔制作出的效果。

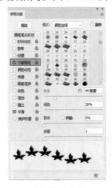 

图 3-174　　　　　图 3-175

6. 颜色动态

执行"窗口"→"画笔设置"命令,打开"画笔设置"面板。在左侧列表中单击"颜色动态"前端的方框,使之变为启用状态☑,接着单击"颜色动态"处,进入"颜色动态"设置页面,如图 3-176 所示。"颜色动态"设置页面用于设置绘制出颜色变化的效果,在设置"颜色动态"之前,需要设置合适的前景色与背景色,然后在"颜色动态"设置页面中进行其他参数的设置,如图 3-177 所示。

图 3-176　　　　　图 3-177

7. 传递

执行"窗口"→"画笔设置"命令,打开"画笔设置"面板。在左侧列表中单击"传递"前端的方框,使之变为启用状态☑,接着单击"传递"处,进入"传递"设置页面,如图 3-178 所示。"传递"设置页面用于设置笔触的不透明度、流量、湿度、混合等数值以控制油彩在描边路线中的变化方式。"传递"设置页面常用于光效的制作,在绘制光效时,光斑通常带有一定的透明度,所以需要勾选"传递"选项,并进行参数的设置,以增加光斑的透明度的变化,效果如图 3-179 所示。

图 3-178　　　　　　　图 3-179

8. 画笔笔势

执行"窗口"→"画笔设置"命令,打开"画笔设置"面板。在左侧列表中单击"画笔笔势"前端的方框,使之变为启用状态☑,接着单击"画笔笔势"处,进入"画笔笔势"设置页面。"画笔笔势"设置页面用于设置毛刷画笔笔尖、侵蚀画笔笔尖的角度。选择一个毛刷画笔,如图 3-180 所示。在"画笔设置"面板中的"画笔笔势"设置页面中进行参数的设置,如图 3-181 所示。设置完成后按住鼠标左键拖动进行绘制,效果如图 3-182 所示。

图 3-180

图 3-181　　　　　　　图 3-182

9. 杂色

"杂色"选项为个别画笔笔尖增加额外的随机性。在使用柔边圆画笔时,通过设置该选项能制作出很好的效果。图 3-183 所示为未启用"杂色"与启用"杂色"的对比效果。

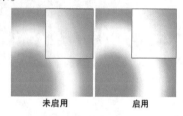

未启用　　　　　　启用

图 3-183

10. 湿边

"湿边"选项可以沿画笔描边的边缘增大油彩量,从而创建出水彩效果,图 3-184 所示为未启用"湿边"与启用"湿边"的对比效果。

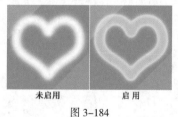

未启用　　　　　启用

图 3-184

11. 建立

"建立"选项模拟传统的喷枪技术,根据单击程度确定画笔线条的填充数量。

12. 平滑

"平滑"选项在画笔描边中生成更加平滑的曲线。

中文版 Photoshop 电商美工设计从入门到实战(全程视频版)(上册)

当使用压感笔进行快速绘画时，该选项最有效。

13. 保护纹理

　　"保护纹理"选项将相同图案和缩放比例应用于具有纹理的所有画笔预设。勾选该选项后，在使用多个纹理画笔绘画时，可以模拟出一致的画布纹理。

3.2.4　图案图章：绘制图案

　　使用"图案图章工具"能够使用"图案"进行绘制。打开一张图像，如果绘制图案的区域需要非常精准，那么可以先创建选区。

　　在工具箱中选择图章工具组中的"图案图章工具"　，为了让绘制的图案"融入"衣服，可以将"模式"设置为"柔光"。接着单击"图案"按钮，在下拉面板中单击 ❯ 按钮展开图案组，然后单击选择一个图案，同时勾选"对齐"选项，如图 3-185 所示。接着在选区中按住鼠标左键拖动进行绘制，如图 3-186 所示。继续进行绘制，绘制完成后按快捷键 Ctrl+D 取消选区的选择，效果如图 3-187 所示。

图 3-185

图 3-186

图 3-187

・对齐：勾选该选项后，可以保持图案与原始起点的连续性，即使多次单击也不例外；取消勾选该选项后，每次单击都重新应用图案。

・印象派效果：勾选该选项后，可以模拟出印象派效果的图案。

3.3　绘制矢量几何图形

　　在 Photoshop 中有两大类可以用于绘图的矢量工具："钢笔工具"和"形状工具"。"钢笔工具"用于绘制不规则的圆形，而"形状工具"则用于绘制规则的几何图形，如椭圆形、矩形、多边形等。右击工具箱中的"形状工具组"按钮 ，在弹出的工具组中可以看到 6 种形状工具，如图 3-188 所示。使用这些"形状工具"可以绘制出各种各样的常见形状，如图 3-189 所示。

扫一扫，看视频

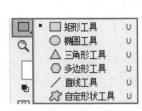
图 3-188

图 3-189

3.3.1　什么是矢量绘图

　　矢量绘图是一种比较特殊的绘图模式。与使用"画笔工具"绘图不同，"画笔工具"绘制出的内容为"像素"，是一种典型的位图绘图方式。而使用"钢笔工具"或"形状工具"绘制出的内容为路径和填色，是一种质量不受画面尺寸影响的矢量绘图方式。从画面上看，矢量绘图比较明显的特点有：画面内容多以图形出现，造型随意且不受限制，图形边缘清晰锐利，可供选择的色彩范围广，但颜色使用相对单一，放大、缩小图像不会变模糊。所以，矢量图经常用于户外大型喷绘或巨幅海报等印刷尺寸较大的项目中，如图 3-190 所示。

图 3-190

与矢量图相对应的是位图。位图由一个一个的像素点构成，将画面放大到一定比例，就可以看到这些小方块，每个"小方块"都是一个像素，如图 3-191 所示。通常所说的图片的尺寸为 500 像素 × 500 像素，就表明画面的长度和宽度上均有 500 个这样的小方块。位图的清晰度与尺寸和分辨率有关，如果强行将位图尺寸增大，会使图像变模糊，影响质量。

图 3-191

{重点}3.3.2　矢量绘图的几种模式

在使用"钢笔工具"或"形状工具"绘图前，要在工具选项栏中选择绘图模式："形状""路径"和"像素"，如图 3-192 所示。图 3-193 所示为 3 种绘图模式。注意，"像素"模式无法在"钢笔工具"状态下启用。

图 3-192

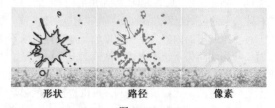

图 3-193

矢量绘图时经常使用"形状"模式进行绘制，因为可以方便、快捷地在选项栏中设置填充与描边属性。"路径"模式常用来创建路径后转换为选区。而"像素"模式则用于快速绘制常见的几何图形。

几种绘图模式的特点如下。

· 形状：带有路径，可以设置填充与描边。绘制时自动新建"形状"图层，绘制出的是矢量对象。"钢笔工具"与"形状工具"皆可使用此模式。常用于电商页面中

图形的绘制，不仅方便绘制完毕更改颜色，还可以轻松调整形态。

· 路径：只能绘制路径，不具有颜色填充属性。无须选中图层，绘制出的是矢量路径，无实体，打印输出不可见，可以转换为选区后填充。"钢笔工具"与"形状工具"皆可使用此模式。此模式常用于抠图。

· 像素：没有路径，以前景色填充绘制的区域。需要选中图层，绘制出的对象为位图对象。"形状工具"可使用此模式，"钢笔工具"不可使用此模式。

{重点}3.3.3　动手练：使用"形状"模式绘图

在使用"形状工具组"中的工具或"钢笔工具"时都可以将绘制模式设置为"形状"。在"形状"绘制模式下可以设置形状的填充方式，将其填充为"纯色""渐变""图案"，或者无填充，还可以设置描边的颜色、粗细以及描边样式，如图 3-194 所示。

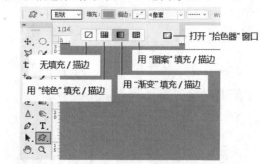

图 3-194

步骤 01 选择工具箱中的"矩形工具" ▢，在选项栏中设置绘制模式为"形状"，然后单击"填充"下拉面板中的"无"按钮 ▢，同样设置"描边"为"无"。"描边"下拉面板与"填充"下拉面板是相同的，如图 3-195 所示。接着按住鼠标左键拖动绘制出图形，效果如图 3-196 所示。

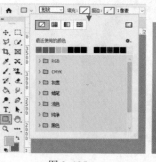

图 3-195

图 3-196

中文版 Photoshop 电商美工设计从入门到实战（全程视频版）（上册）

步骤 02 选择该矢量图形，单击"填充"按钮，在下拉面板中单击"纯色"按钮 ▆，在下拉面板中单击颜色组左侧的 〉按钮展开组，然后可以看到多种颜色色块，单击即可选中相应的颜色，如图3-197所示，效果如图3-198所示。

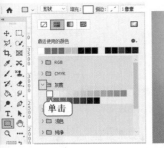

图 3-197　　　　　　　图 3-198

步骤 03 单击"拾色器"按钮 ▆，可以打开"拾色器（填充颜色）"对话框，自定义颜色，如图3-199所示。单色图形绘制完成后，还可以双击形状图层的缩览图，重新在弹出的"拾色器（填充颜色）"对话框中定义颜色，如图3-200所示。

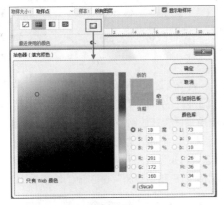

图 3-199

图 3-200

 提示：使用"形状工具"绘制图形时需要注意的小状况。

当绘制了一个形状，需要绘制第二个不同属性的形状时，如果直接在选项栏中设置参数，可能会更改第一个"形状"图层的属性。这时可以在更改属性之前，在"图层"面板中的空白位置单击，取消对任何图层的选择。然后在选项栏中设置参数，进行第二个图形的绘制，如图3-201所示。

图 3-201

步骤 04 如果要设置填充为"渐变"，可以单击"填充"按钮，在下拉面板中单击"渐变"按钮 ▆，然后编辑渐变颜色，如图3-202所示。渐变编辑完成后绘制图形，效果如图3-203所示。

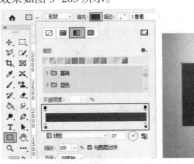

图 3-202　　　　　　　图 3-203

 提示：编辑渐变颜色。

在渐变色条上单击，可以打开"渐变编辑器"对话框，如图3-204所示。双击需要设置渐变填充的形状图层的缩览图，可以打开"渐变填充"对话框，在该对话框中能够进行渐变选项的编辑，如图3-205所示。

第3章　绘图

81

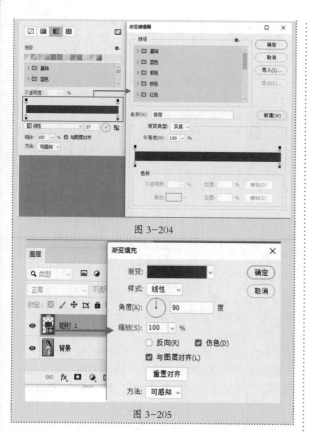

图 3-204

图 3-208

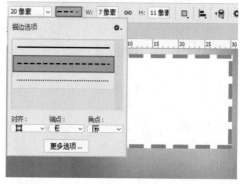

图 3-209

图 3-205

步骤 05 如果要设置填充为"图案",可以单击"填充"按钮,在下拉面板中单击"图案"按钮 ,接着在下拉面板中单击选择一个图案,如图 3-206 所示。然后绘制图形,该图形效果如图 3-207 所示。

图 3-206　　　　　图 3-207

步骤 06 设置描边颜色,然后调整描边宽度,如图 3-208 所示。单击"描边类型"按钮,在下拉列表中选择一种描边线条的样式,如图 3-209 所示。

步骤 07 "对齐"选项用来设置描边的位置,有"内部" □、"居中" □ 和"外部" □ 3 种,如图 3-210 所示。"端点"选项用来设置开放路径描边端点位置的类型,有"端面" □、"圆形" □ 和"方形" □ 3 种,如图 3-211 所示。"角点"选项用来设置路径转角处的转折样式,有"斜接" □、"圆形" □ 和"斜面" □ 3 种,如图 3-212 所示。

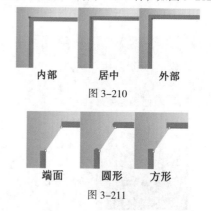

内部　　　　居中　　　　外部
图 3-210

端面　　　　圆形　　　　方形
图 3-211

中文版 Photoshop 电商美工设计从入门到实战(全程视频版)(上册)

斜接　　　圆角　　　斜面

图 3-212

步骤 08 单击"更多选项"按钮,弹出"描边"对话框。
在该对话框中,可以对描边选项进行设置,还可以勾选
"虚线"选项,然后在"虚线"与"间隙"数值框内
设置虚线的间距,如图 3-213 所示,效果如图 3-214
所示。

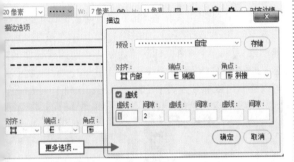

图 3-213

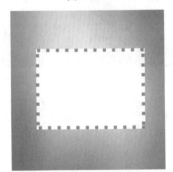

图 3-214

💡 提示:编辑形状图层。

　　形状图层带有 🔲 标志,它具有填充、描边等属
性。在形状绘制完成后,还可以进行修改。选择形
状图层,单击工具箱中的"直接选择工具""路径选
择工具""钢笔工具"或"形状工具组"中的工具,
随即会在选项栏中显示当前形状的属性,如图 3-215
所示。接着在选项栏中进行修改即可,如图 3-216
所示。

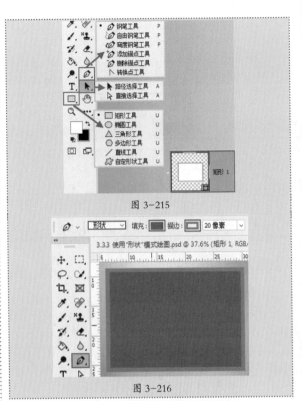

图 3-215

图 3-216

3.3.4　使用"像素"模式绘图

　　在"像素"模式下绘制的图形是以当前的前景色进
行填充的,并且是在当前所选的图层中绘制的。首先设
置一个合适的前景色,接着选择"形状工具组"中的任
意一个工具,在选项栏中设置绘制模式为"像素",同
时设置合适的混合模式与不透明度。然后选择一个图层,
按住鼠标左键拖动进行绘制,如图 3-217 所示。绘制完
成后只有一个纯色的图形,没有路径,也没有新出现的
图层,如图 3-218 所示。

图 3-217

图 3-218

图 3-220   图 3-221

3.3.5 动手练:"形状工具"的基本使用方法

1. 使用绘图工具绘制简单图形

这些绘图工具虽然能够绘制出不同类型的图形,但是它们的使用方法是比较接近的。首先单击工具箱中相应的工具按钮,以使用"矩形工具"为例。右击工具箱中的"形状工具组"按钮,在弹出的快捷菜单中选择"矩形工具"。在选项栏里设置绘制模式以及填充、描边等属性,设置完成后在画面中按住鼠标左键并拖动,可以看到出现了一个矩形,如图 3-219 所示。

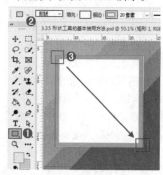

图 3-219

2. 绘制精确尺寸的图形

上面学习的绘制方法是比较"随意"的,如果想要得到精确尺寸的图形,首先需要在"矩形工具"使用状态下,在文档任意位置单击,接着在弹出的"创建矩形"对话框中设置合适的"宽度"和"高度"数值。设置完成后单击"确定"按钮,如图 3-220 所示。此时即可得到一个精确尺寸的图形,如图 3-221 所示。

3. 绘制"正"的图形

在绘制过程中,按住 Shift 键拖动鼠标,可以绘制正方形、正圆形等图形,如图 3-222 所示。按住 Alt 键拖动鼠标可以绘制由鼠标落点为中心点向四周延伸的矩形,如图 3-223 所示。同时按住 Shift 键和 Alt 键拖动鼠标可以绘制由鼠标落点为中心的正方形,如图 3-224 所示

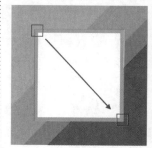
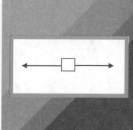

图 3-222   图 3-223

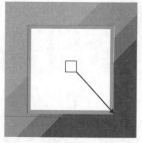

图 3-224

 提示:按住 Alt 键拖动鼠标绘制矩形时的注意事项。

按住 Alt 键拖动鼠标绘制矩形时,需要先按住鼠标左键拖动绘制,然后按住 Alt 键,这样才能完成以中心向四周延伸绘制矩形。如果先按下 Alt 键,则会切换到"吸管工具"。

中文版 Photoshop 电商美工设计从入门到实战(全程视频版)(上册)

重点 3.3.6 动手练：绘制长方形、正方形、圆角矩形

"矩形工具" ▢ 可以绘制出标准的矩形、正方形和圆角矩形。

（1）单击工具箱中的"矩形工具" ▢ 按钮，在画面中按住鼠标左键拖动，释放鼠标后即可完成一个矩形对象绘制，如图 3-225 和图 3-226 所示。在选项栏中单击 ⚙ 图标，打开"矩形工具"的设置选项，在这里可以设置矩形的绘制尺寸或绘制比例，如图 3-227 所示。

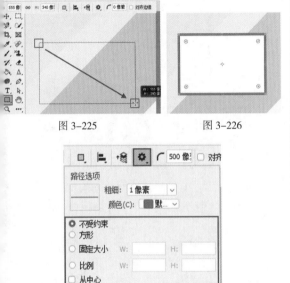

图 3-225 　　　　　　 图 3-226

图 3-227

- **不受约束**：勾选该选项，可以绘制出任意大小的矩形。
- **方形**：勾选该选项，可以绘制出任意大小的正方形。
- **固定大小**：勾选该选项，可以在其后面的数值输入框中输入宽度（W）和高度（H），然后在图像上单击即可创建出矩形。
- **比例**：勾选该选项，可以在其后面的数值输入框中输入宽度（W）和高度（H）比例，此后创建的矩形始终保持这个比例。
- **从中心**：无论以何种方式创建矩形，勾选该选项，鼠标单击点即为矩形的中心。

（2）使用"矩形工具"还能够绘制圆角矩形。选择"矩形工具"后，在选项栏中设置填充与描边，然后在"圆角半径" ⌒ 数值框中输入数值，接着在画面中按住鼠标左键拖动进行绘制，释放鼠标后完成圆角矩形的绘制操作，如图 3-228 所示。

图 3-228

（3）无论是矩形还是圆角矩形，在角的位置都有圆形的控制点 ⊙ ，向内拖动该控制点可以增大圆角半径，如图 3-229 所示。向外拖动圆形控制点可以减小圆角半径，如图 3-230 所示。

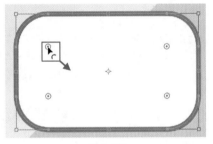

图 3-229

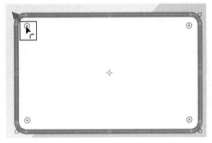

图 3-230

（4）选中"矩形"图层，在"属性"面板中可以对矩形的大小、位置、填充、描边等选项进行设置，还可以设置"半径"参数，如图 3-231 所示。当圆角半径处于"链接"状态 ⊚ 时，输入一个圆角数值，另外三个圆角半径都会改变，如图 3-232 所示。单击"链接"按钮取消链接状态，此时可以更改单个圆角的半径，如图 3-233 所示。

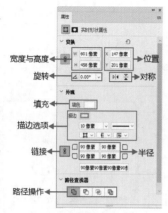

宽度与高度 — 变换
旋转 — 位置
填充 — 对称
描边选项 — 外观
链接 — 半径
路径操作 — 路径查找器

图 3-231

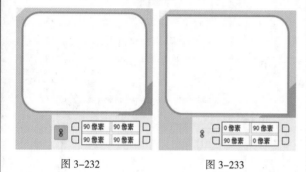

图 3-232　　　　图 3-233

【重点】3.3.7　动手练：绘制椭圆形、正圆形

使用"椭圆工具"可以绘制出椭圆形和正圆形。在"形状工具组"上右击，在弹出的快捷菜单中选择"椭圆工具"。如果要绘制椭圆形，可以在画面中按住鼠标左键并拖动，如图 3-234 所示。松开鼠标左键即可创建出椭圆形，如图 3-235 所示。如果要绘制正圆形，可以按住 Shift 键或快捷键 Shift+Alt（以鼠标单击点为中心）进行绘制。

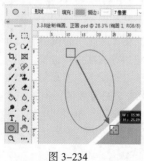

图 3-234　　　　图 3-235

3.3.8　动手练：绘制三角形

使用"三角形工具"可以绘制出尖角三角形和圆角三角形。在"形状工具组"上右击，在弹出的快捷菜单中选择"三角形工具"，在画面中按住鼠标左键并拖动，即可绘制出三角形，如图 3-236 所示。如果按住 Shift 键进行绘制，则可以绘制出等边三角形，如图 3-237 所示。如果在选项栏中进行圆角的设置，则可以绘制出圆角三角形，如图 3-238 所示。当圆角数值为 0 时，绘制出的为尖角三角形。

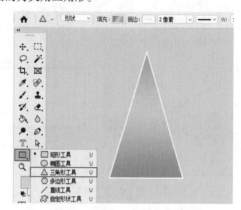

图 3-236

图 3-237　　　　图 3-238

3.3.9　动手练：绘制多边形

使用"多边形工具"可以绘制出各种边数的多边形（最少为 3 条边）。在"形状工具组"上右击，在弹出的快捷菜单中选择"多边形工具"。在选项栏中可以设置"边"数，还可以在"多边形工具"选项中设置半径、平滑拐点、星形等参数，如图 3-239 所示。设置完成后在画面中按住鼠标左键并拖动，松开鼠标左键完成绘制操作，如图 3-240 所示。

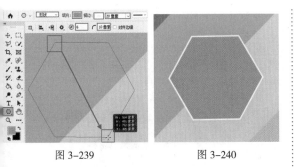

图 3-239   图 3-240

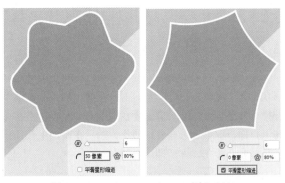

图 3-243   图 3-244

3.3.10　动手练：绘制星形

"多边形工具"还可以绘制星形，在选项栏中单击设置按钮✿，设置"星形比例"为50%（"星形比例"选项主要用来设置星形边缘向中心缩进的百分比，数值越高，缩进量越小），即可创建星形，如图3-241所示。图3-242所示分别是设置"星形比例"为30%和80%的缩进效果。

图 3-241

星形比例：30%　　　星形比例：80%

图 3-242

同时，还可以对星形的顶点状态以及缩进样式进行调整。将绘制的图形选中，在"属性"面板中设置"圆角半径"为50像素，即可将星形由尖角调整为圆角，如图3-243所示。如果勾选"平滑星形缩进"选项，可以使星形的每条边向中心平滑缩进，如图3-244所示。

3.3.11　动手练：绘制直线、箭头

使用"直线工具" ✏ 可以绘制出直线和带箭头的形状，如图3-245所示。在"形状工具组"上右击，在弹出的快捷菜单中选择"直线工具"，首先在选项栏中设置合适的填充、描边，"粗细"选项用来设置执行的宽度，设置完成后按住鼠标左键拖动进行绘制，如图3-246所示。使用"直线工具"还能够绘制箭头。单击✿按钮，在下拉面板中能够设置箭头的起点、终点、宽度、长度和凹度等参数。设置完成后按住鼠标左键拖动，即可绘制箭头形状，如图3-247所示。

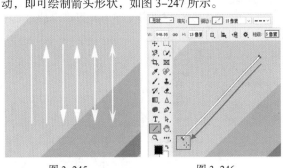

图 3-245   图 3-246

图 3-247

3.3.12 动手练：使用"自定形状工具"绘图

(1) 使用"自定形状工具" 可以绘制出非常多的形状。在"形状工具组"上右击，在弹出的快捷菜单中选择"自定形状工具"。在选项栏中单击"形状"按钮 ，在下拉面板中单击选择一种形状，然后在画面中按住鼠标左键拖动进行绘制，如图 3-248 所示。

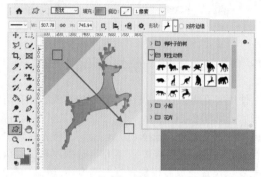

图 3-248

(2) 执行"窗口"→"形状"命令，打开"形状"面板，单击"面板菜单"按钮执行"旧版形状及其他"命令，如图 3-249 所示。接着会将"旧版形状及其他"导入到"形状"面板中，将该形状组打开会看到其他形状，如图 3-250 所示。

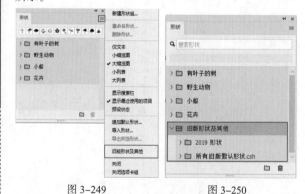

图 3-249   图 3-250

> 💡 提示：如何使用"形状"面板创建形状？
>
> 在"形状"面板中选中形状后，按住鼠标左键向画面中拖动，如图 3-251 所示。释放鼠标左键后即可将形状添加到画面中，此时形状带有定界框，拖动控制点能够进行变形，如图 3-252 所示。变形完成后按

Enter 键提交操作。

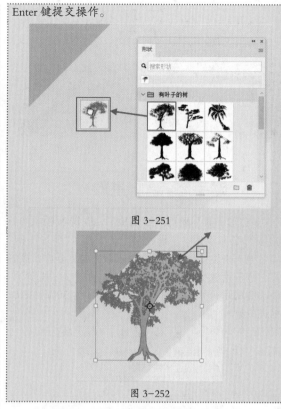

图 3-251

图 3-252

(3) 如果有其他可供使用的形状库文件，需要通过"形状"面板进行导入。单击"面板菜单"按钮，执行"导入形状"命令，如图 3-253 所示。在弹出的"载入"窗口中单击选择形状文件，然后单击"载入"按钮，如图 3-254 所示。接着形状将导入到"形状"面板中，如图 3-255 所示。

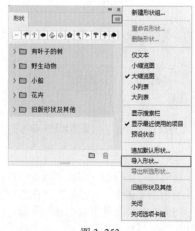

图 3-253

图 3-254

图 3-255

选中形状文件后按住鼠标左键向界面中拖动,如图 3-256 所示。释放鼠标后即可快速将形状文件导入到"形状"面板中,如图 3-257 所示。

图 3-256

图 3-257

3.4 绘制不规则的矢量图形

在使用"钢笔工具"进行精确绘图的过程中,要用到"钢笔工具组"和"选择工具组"。"钢笔工具组"中包括"钢笔工具""自由钢笔工具""弯度钢笔工具""添加锚点工具""删除锚点工具""转换点工具","选择工具组"中包括"路径选择工具"和"直接选择工具",如图 3-258 和图 3-259 所示。其中,"钢笔工具"和"自由钢笔工具"用于绘制路径,而其他工具用于调整路径形态。通常,我们会使用"钢笔工具"尽可能准确地绘制出路径,然后使用其他工具进行细节形态的调整。

扫一扫,看视频

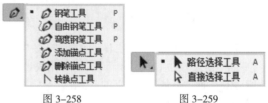

图 3-258   图 3-259

矢量图形是由"路径"组成的,而"路径"是由一些"锚点"连接而成的线段或曲线。当调整"锚点"位置或弧度时,路径形态也会随之发生变化,如图 3-260 和图 3-261 所示。

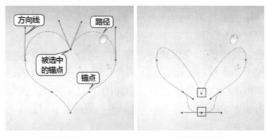

图 3-260   图 3-261

"锚点"可以决定路径的走向和弧度。"锚点"有两种：尖角锚点和平滑锚点。图3-262所示的平滑锚点上会显示一条或两条"方向线"（有时也被称为"控制棒"或"控制柄"），"方向线"两端为"方向点"，"方向线"和"方向点"的位置共同决定了这个锚点的弧度，如图3-263和图3-264所示。

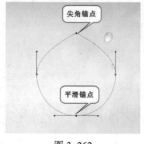

图3-262

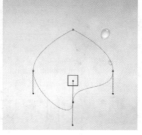

图3-263

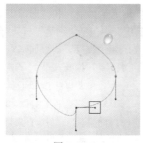

图3-264

3.4.1　动手练：使用"钢笔工具"绘图

"钢笔工具"是一种矢量工具，主要用于绘制矢量图。"路径"模式下的"钢笔工具"可以绘制出矢量路径，常用于抠图，而"形状"模式下的"钢笔工具"则可以绘制出带有填充和描边的图形，是矢量绘图所要使用的模式。使用"钢笔工具"绘制的路径可控性极强，而且可以在绘制完成后进行重复修改，所以非常适合绘制精确而复杂的路径和形状。

1. 绘制直线/折线路径

单击工具箱中的"钢笔工具"按钮 ，在选项栏中设置绘制"模式"为"路径"。设置完成后在画面中单击，此时画面中出现一个锚点，这个就是路径起点，如图3-265所示。接着在下一个位置单击，在两个锚点之间可以生成一段直线路径，如图3-266所示。继续以单击的方式进行绘制，可以绘制出折线路径，如图3-267所示。

图3-265　　　　　　　图3-266

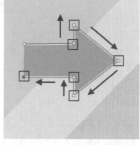

图3-267

提示：终止路径的绘制。

如果要终止路径的绘制，可以在使用"钢笔工具"的状态下按Esc键，或者单击工具箱中的其他任意一个工具，也可以终止路径的绘制。

2. 绘制曲线路径

曲线路径由平滑的锚点组成。使用"钢笔工具"直接在画面中单击，创建出的是尖角锚点。要想绘制平滑锚点，需要按住鼠标左键拖动，此时可以看到按下鼠标左键的位置生成了一个锚点，而拖动的位置显示了方向线，如图3-268所示。此时可以按住鼠标左键，同时上、下、左、右拖动方向线，调整方向线的角度，曲线的弧度也随之发生变化，如图3-269所示。

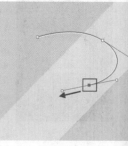

图3-268　　　　　　　图3-269

中文版 Photoshop 电商美工设计从入门到实战（全程视频版）（上册）

3. 绘制闭合路径

路径绘制完成后，将"钢笔工具"光标定位到路径的起点处，当它变为 ![icon] 形状时（见图 3-270），单击即可呈现出闭合路径，如图 3-271 所示。

图 3-270   图 3-271

> **提示：如何删除路径？**
>
> 路径绘制完成后，如果需要删除路径，可以在使用"钢笔工具"的状态下右击，在弹出的快捷菜单中选择"删除路径"命令。

4. 继续绘制未完成的路径

对于未闭合的路径，如果要继续绘制，可以将"钢笔工具"的光标移动到路径一个端点处，当它变为 ![icon] 形状时，单击该端点，如图 3-272 所示。接着将光标移动到其他位置进行绘制，可以看到在当前路径上向外产生了延伸的路径，如图 3-273 所示。

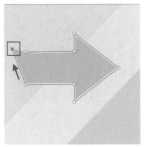

图 3-272   图 3-273

> **提示：继续绘制路径时的注意事项。**
>
> 需要注意的是，如果光标变为 ![icon]，那么此时绘制的是一条新的路径，而不是在之前路径的基础上继续绘制了。

5. 自由钢笔工具

"自由钢笔工具"也是一种绘制路径的工具，但并不适合绘制精确的路径。在使用"自由钢笔工具"状态下，在画面中按住鼠标左键随意拖动，光标经过的区域即可形成路径。

右击"钢笔工具组"中的任一工具按钮，在弹出的"钢笔工具组"中选择"自由钢笔工具" ![icon]，在画面中按住鼠标左键拖动（见图 3-274），即可自动添加锚点，绘制出路径，如图 3-275 所示。

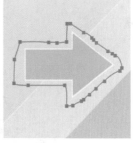

图 3-274   图 3-275

在选项栏中单击 ![icon] 按钮，在弹出的下拉列表框中可以设置"曲线拟合"数值，如图 3-276 所示。该数值用于控制绘制路径的精度。数值越小，锚点越多，路径越精确；数值越大，锚点越少，路径越平滑（见图 3-277）。

图 3-276

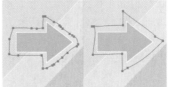

曲线拟合：2 像素   曲线拟合：10 像素

图 3-277

6. 弯度钢笔工具

选择工具箱中的"弯度钢笔工具"，在画面中单击创建一个锚点，然后将光标移动到下一个位置，单击创建第二个锚点，如图 3-278 所示。接着将光标移动至下一个位置，单击即可创建第三个锚点，并且三个锚点形成一段曲线路径，如图 3-279 所示。继续进行绘制，可以通过"弯度钢笔工具"轻松绘制正圆，如图 3-280 所示。

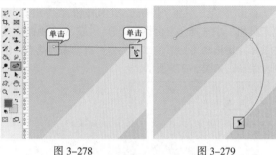

图 3-278　　　　　　图 3-279

图 3-280

提示："弯度钢笔工具"的使用技巧。

在使用"弯度钢笔工具"的过程中，可以按住鼠标左键并拖动调整曲线的弧度，确定后再释放鼠标左键。

3.4.2　动手练：编辑路径形态

1. 选择路径、移动路径

单击工具箱中的"路径选择工具"按钮 ▶，在需要选中的路径上单击，此时路径上出现锚点，表明该路径处于选中状态，如图 3-281 所示。接着按住鼠标左键拖动，即可移动该路径，如图 3-282 所示。

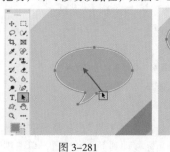

图 3-281　　　　　　图 3-282

提示："路径选择工具"使用技巧。

如果要移动复合形状对象中的一个路径，也需要使用"路径选择工具" ▶。按住 Shift 键并单击可以选择多个路径。按住 Ctrl 键并单击可以将当前工具转换为"直接选择工具" ▷。

2. 选择锚点、移动锚点

右击"选择工具组"，在弹出的"选择工具组"中选择"直接选择工具" ▷。使用"直接选择工具"可以选择路径上的锚点或方向线，选中之后可以移动锚点调整方向线。将光标移动到锚点位置，单击可以选中其中某一个锚点，如图 3-283 所示。框选可以选中多个锚点如图 3-284 所示。按住鼠标左键拖动，可以移动锚点位置如图 3-285 所示。

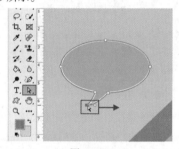

图 3-283

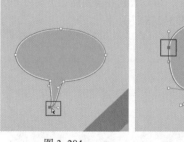

图 3-284　　　　　　图 3-285

提示：快速切换"直接选择工具"。

在使用"钢笔工具"状态下，按住 Ctrl 键可以切换为"直接选择工具"，松开 Ctrl 键会变回"钢笔工具"。

3. 添加锚点

如果路径上的锚点较少，细节就无法精细地刻画。此时可以使用"添加锚点工具" 在路径上添加锚点。

右击"钢笔工具组"中的任意一组工具按钮，在弹出的"钢笔工具组"中选择"添加锚点工具" 。将光示移动到路径上，当它变成 🖑 形状时单击，即可添加一个锚点，如图 3-286 所示，效果如图 3-287 所示。添加了锚点后，就可以使用"直接选择工具"调整锚点位置，如图 3-288 所示。

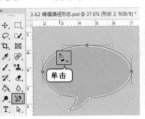

图 3-286　　　　　　　　　图 3-287

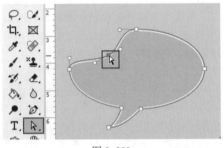

图 3-288

4. 删除锚点

要删除多余的锚点，可以使用"钢笔工具组"中的"删除锚点工具" 🖋 来完成。右击"钢笔工具组"，选择"删除锚点工具" 🖋，将光标放在锚点上单击，即可删除锚点，如图 3-289 和图 3-290 所示。

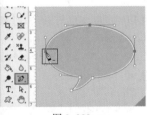

图 3-289　　　　　　　　　图 3-290

提示：添加锚点与删除锚点的其他方法。

在使用"钢笔工具"状态下，勾选选项栏中的 ☑ 自动添加/删除选项后，将光标放在路径上，光标也会变成 🖋₊ 形状，单击即可添加一个锚点，如图 3-291 所示。将光标移动到锚点上，当它变为 🖋₋ 形状时，单击可以删除锚点，如图 3-292 所示。

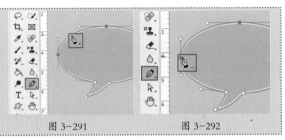

图 3-291　　　　　　　　　图 3-292

5. 转换锚点类型

"转换点工具" 🖊 可以将锚点在尖角锚点与平滑锚点之间进行转换。右击"钢笔工具组"中的任一工具按钮，在弹出的"钢笔工具组"中单击"转换点工具" 🖊，在平滑锚点上单击，可以将平滑锚点转换为尖角锚点，如图 3-293 所示。在尖角锚点上按住鼠标左键拖动，可以调整锚点形状，使其变得平滑，如图 3-294 所示。在使用"钢笔工具"状态下，按住 Alt 键可以切换为"转换点工具"，松开 Alt 键则会变回"钢笔工具"。

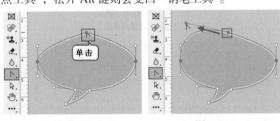

图 3-293　　　　　　　　　图 3-294

6. 对齐、分布路径

对齐与分布可以对路径或形状中的路径进行操作。如果是形状中的路径，则需要所有路径在一个图层内，接着使用"路径选择工具" 🖎 选择多个路径，然后单击选项栏中的"路径对齐方式"按钮，在弹出的菜单中可以对所选路径进行对齐、分布，如图 3-295 所示。图 3-296 所示为"垂直居中对齐"和"水平居中分布"效果。路径的对齐与分布和图层的对齐与分布的使用方法是一样的。

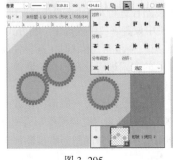

图 3-295　　　　　　　　　图 3-296

提示：删除路径。

在进行路径描边之后经常需要删除路径。使用"路径选择工具" ▶ 单击选择需要删除的路径。接着按 Delete 键进行删除，或者在使用"矢量工具"状态下右击执行"删除路径"命令。

7. 调整路径排列方式

当文档中包含多个路径，或者一个形状图层中包括多个路径时，可以调整这些路径的上、下排列顺序，不同的排列顺序会影响到路径的运算结果。选择路径，单击选项栏中的"路径排列方式"按钮 ■，在下拉列表中单击并执行相应命令，可以将选中的路径的层级关系进行相应排列，如图 3-297 所示。

图 3-297

提示：变换路径。

选择路径或形状对象，使用快捷键 Ctrl+T 调出定界框，接着可以进行变换。也可以右击，在弹出的快捷菜单中选择相应的变换命令。变换路径与变换图像的使用方法是相同的。

8. 路径的加、减运算

当我们想要制作一些中心镂空的对象时，或者想要制作由几个形状组合在一起的形状或路径时，或者是想要从一个图形中去除一部分图形时，都可以使用"路径操作"功能。

在"钢笔工具"或"形状工具"选项栏中可以看到"路径操作"按钮。单击该按钮，在下拉列表中可以看到多种路径操作方式。想要使路径进行"相加""相减"，需要在绘制之前就在选项栏中设置好"路径操作"的方式，然后进行绘制。（在绘制第一个路径 / 形状时，选择任何方式都会以"新建图层"的方式进行绘制；在绘制第二个图形时，才会以选定的方式进行运算。）

在"新建图层" ■ 状态下绘制第二个图形，生成一个新图层，如图 3-298 所示。若设置"路径操作"为"合并形状" ■，然后绘制图形，新绘制的图形将被添加到原有的图层中，如图 3-299 所示。

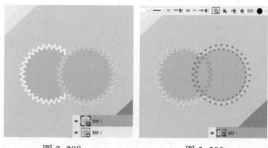

图 3-298　　　　　　图 3-299

若设置"路径操作"为"减去顶层形状" ■，然后绘制图形，可以从原有的图形中减去新绘制的图形，如图 3-300 所示。如果已经绘制了一个对象，然后设置"路径操作"，可能会直接产生路径运算效果。例如，先绘制了一个图形，然后设置"路径操作"为"减去顶层形状"即可得到反方向的内容，如图 3-301 所示。

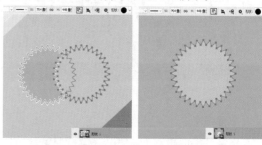

图 3-300　　　　　　图 3-301

若设置"路径操作"为"与形状区域相交" ■，然后绘制图形，可以得到新图形与原有图形交叉的区域，如图 3-302 所示。若设置"路径操作"为"排除重叠形状" ■，然后绘制图形，可以得到新图形与原有图形重叠部分以外的区域，如图 3-303 所示。

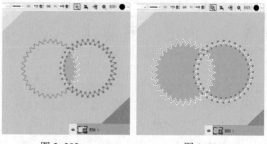

图 3-302　　　　　　图 3-303

提示：合并形状组件。

选中多个路径，在选项栏中选择"合并形状组件" ■，会弹出一个提示对话框，单击"是"按钮即可，如图 3-304 所示。此时就将多个路径合并为了一个路径，如图 3-305 所示。

图 3-304

图 3-305

3.4.3 动手练：描边路径

"描边路径"命令能够以设置好的绘图工具沿路径的边缘创建描边，如使用画笔、铅笔、橡皮擦、仿制图章等进行路径描边。

（1）设置绘图工具。选择工具箱中的"画笔工具"，设置合适的前景色和笔尖大小，如图 3-306 所示。接着新建一个图层，使用"钢笔工具"，在选项栏中设置绘制"模式"为"路径"，然后绘制路径。路径绘制完成后，右击执行"描边路径"命令，如图 3-307 所示。

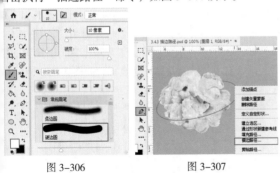

图 3-306　　　　　　　　图 3-307

（2）弹出"描边路径"对话框，单击"工具"下拉按钮，在下拉列表中可以看到多种绘图工具。在这里选择"画笔"，如图 3-308 所示。单击"确定"按钮，描边效果如图 3-309 所示。

图 3-308　　　　　　　　图 3-309

（3）"模拟压力"选项用来控制描边路径的渐隐效果，若取消勾选该选项，描边为线性、均匀的效果。"模拟压力"选项可以模拟手绘描边效果。若勾选"模拟压力"选项，需要在设置"画笔工具"时启用"画笔"面板中的"形状动态"选项，并设置"控制"为"钢笔压力"，如图 3-310 所示。接着在"描边路径"窗口中设置"工具"为"画笔"，勾选"模拟压力"选项，效果如图 3-311 所示。

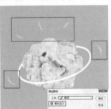

图 3-310　　　　　　　　图 3-311

> **提示：快速描边路径。**
>
> 如果设置好了画笔的参数，在使用画笔的状态下按 Enter 键可以直接为路径描边。

练习实例：使用矢量绘图工具制作网店广告

文件路径	资源包 \ 第 3 章 \ 练习实例：使用矢量绘图工具制作网店广告	
难易指数	★★★★★	
技术掌握	椭圆工具、自定形状工具、矩形工具、直线工具	扫一扫，看视频

95

案例效果

案例效果如图 3-312 所示。

图 3-312

操作步骤

步骤 01 执行"文件"→"新建"命令，新建一个大小合适的横向空白文档，如图 3-313 所示。接着将前景色设置为蓝色，然后使用快捷键 Alt+Delete 进行前景色填充，如图 3-314 所示。选择工具箱中的"椭圆工具"，在选项栏中设置绘制"模式"为"形状"，"填充"为黄色，"描边"为无。设置完成后在画面中按住 Shift 键并按住鼠标左键拖动绘制正圆，如图 3-315 所示。

图 3-313　　　　　图 3-314

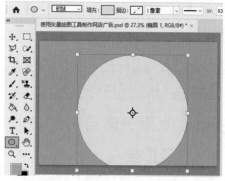

图 3-315

步骤 02 在正圆左侧添加水波纹形状。执行"窗口"→"形状"命令，打开"形状"面板，然后单击"面板菜单"按钮执行"旧版形状及其他"命令，将"旧版形状及其他"形状组导入到"形状"面板中，如图 3-316 所示。

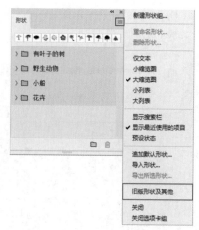

图 3-316

步骤 03 选择工具箱中的"自定形状工具"，在选项栏中设置绘制"模式"为"形状"，"填充"为白色，"描边"为无，接着单击"形状"按钮，在下拉面板中打开"旧版形状及其他"→"所有旧版默认形状"→"自然"形状组，然后选择"波浪"形状。设置完成后在黄色正圆左侧按住鼠标左键拖动进行绘制，如图 3-317 所示。使用同样的方式在右上角继续绘制形状，如图 3-318 所示。

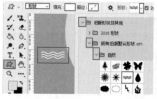

图 3-317　　　　　图 3-318

步骤 04 在版面中添加倾斜直线。选择工具箱中的"直线工具"，在选项栏中设置绘制"模式"为"形状"，"填充"为稍深一些的蓝色，"描边"为无，"粗细"为 5 像素。设置完成后在画面中按住鼠标左键拖动绘制一条直线，如图 3-319 所示。接着设置"粗细"为 2 像素，然后在画面右下角继续绘制一条直线，如图 3-320 所示。

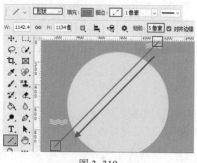

图 3-319

中文版 Photoshop 电商美工设计从入门到实战（全程视频版）（上册）

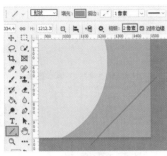

图 3-320

步骤 05 选择工具箱中的"钢笔工具",在选项栏中设置绘制"模式"为"形状","填充"为蓝色,"描边"为无。设置完成后在画面中的正圆右侧绘制图形,如图 3-321 所示。

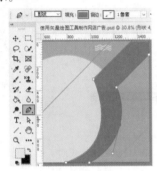

图 3-321

步骤 06 在画面中继续添加正圆。选择工具箱中的"椭圆工具",在选项栏中设置绘制"模式"为"形状","填充"为深蓝色,"描边"为无。设置完成后按住鼠标左键拖动,在黄色正圆上方绘制一个稍小一些的正圆,如图 3-322 所示。

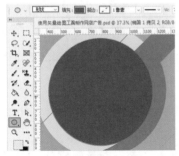

图 3-322

步骤 07 选择工具箱中的"矩形工具",在选项栏中设置绘制"模式"为"形状","填充"为黄色,"描边"为无,"圆角半径"为 50 像素。设置完成后在左侧水波纹形状上方按住鼠标左键拖动绘制圆角矩形,如图 3-323 所示。

选中"圆角矩形"图层,使用快捷键 Ctrl+J 将图层复制两份,并对其摆放位置进行调整,效果如图 3-324 所示。

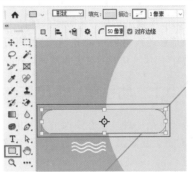

图 3-323

图 3-324

步骤 08 选中最右侧的"圆角矩形"图层,在选项栏中将"填充"设置为深蓝色,如图 3-325 所示。

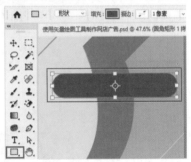

图 3-325

步骤 09 执行"文件"→"打开"命令,打开前景素材 1.psd,将其中的元素使用"移动工具"依次拖动到当前文档中,并摆放在合适位置上,效果如图 3-326 所示。

图 3-326

3.5 常用的绘图辅助工具

Photoshop 提供了多种非常方便的辅助工具：标尺、参考线、智能参考线、网格、对齐等，通过使用这些工具，可以轻松制作出尺寸精确的对象和排列整齐的版面。

【重点】3.5.1 动手练：标尺与参考线

"参考线"是一种显示在图像上方的虚拟对象（打印和输出时不会显示），用于辅助移动、变换过程中的精确定位。

（1）打开一张图片，执行"视图"→"标尺"命令（快捷键为 Ctrl+R），此时看到窗口顶部和左侧会出现标尺。将光标放置在水平标尺上，然后按住鼠标左键向下拖动即可拖出水平参考线，如图 3-327 所示。将光标放置在左侧的垂直标尺上，然后按住鼠标左键向右拖动即可拖出垂直参考线，如图 3-328 所示。

图 3-327

图 3-328

（2）如果要移动参考线，单击工具箱中的"移动工具"按钮 ⊕ ，然后将光标放置在参考线上，当光标变成分隔符形状 ⊹ 时，按住鼠标左键即可移动参考线，如图 3-329 所示。移动至合适位置时释放鼠标左键，如

图 3-330 所示。

图 3-329

图 3-330

（3）当文档中包含参考线时，绘制选区、图形或移动图层到参考线附近时，会自动"吸附"到参考线的位置上，如图 3-331 所示。

图 3-331

> 👓 提示：删除参考线。
>
> 如果使用"移动工具"将参考线拖动到工作区之外，可以删除这条参考线。如果需要删除画布中所有的参考线，可以执行"视图"→"清除参考线"命令。

（4）在标尺上方右击，在弹出的菜单中选择相应的单位即可设置标尺的单位，如图 3-332 所示。

中文版 Photoshop 电商美工设计从入门到实战（全程视频版）（上册）

图 3-332

（5）虽然标尺只能在窗口的左侧和上方，但是可以更改原点（也就是 0 刻度线）的位置。默认情况下，标尺的原点位于窗口的左上方，将光标放置在原点上，然后按住鼠标左键拖动原点，画面中会显示出十字线，释放鼠标左键以后，释放处便成了原点的新位置，并且此时的原点数字也会发生变化，如图 3-333 和图 3-334 所示。想要使标尺原点恢复到默认状态，可以在左上角两条标尺交界处双击。

图 3-333

图 3-334

默认情况下，参考线为青色，智能参考线为洋红色，网格为灰色。如果正在编辑的文档与这些辅助对象的颜色非常相似，则可以更改参考线、网格的颜色。执行"编辑"→"首选项"→"参考线、网格和切片"命令，可以在各项下拉列表中选择合适的颜色，还可以选择线条类型，如图 3-335 所示。

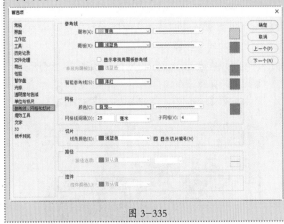

图 3-335

3.5.2　智能参考线

智能参考线是一种会在绘制、移动、变换等情况下自动出现的参考线，可以帮助我们对齐特定对象。例如，当我们使用"移动工具"移动某个图层时（见图 3-336），在移动过程中与其他图层对齐时就会显示出洋红色的智能参考线，而且还会提示图层之间的间距，如图 3-337 所示。执行"视图"→"显示"→"智能参考线"命令即可切换智能参考线的显示或隐藏。

图 3-336

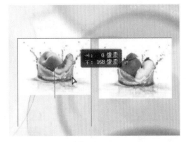

图 3-337

3.5.3 网格

网格主要用来对齐对象，借助网格可以更精准地确定绘制对象的位置，尤其是在制作标志、绘制像素画时，网格是必不可少的辅助工具。网格在默认情况下显示为不打印出来的线条。执行"视图"→"显示"→"网格"命令，就可以在画布中显示出网格，如图 3-338 所示。

图 3-338

提示：对齐。

在我们进行移动、变换或创建新图形时，经常会感受到对象自动被"吸附"到另一个对象的边缘或某些特定位置，这是因为开启了"对齐"功能。"对齐"有助于精确地放置选区、裁剪框、切片、形状和路径等。执行"视图"→"对齐"命令可以切换"对齐"功能的开启与关闭。执行"视图"→"对齐到"命令可以设置可对齐的对象，如图 3-339 所示。

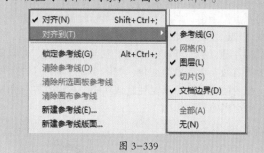

图 3-339

Chapter
04
第4章

扫一扫，看视频

文字与排版

本章内容简介:

文字是网店店铺美化过程中必不可少的元素，文字不仅用于网店产品信息的传达，很多时候也起到美化版面的作用。Photoshop 中有着非常强大的文字创建与编辑功能，不仅有多种文字工具可供使用，更有多个参数设置面板可以用来修改文字的效果。本章主要讲解多种类型文字的创建、编辑，以及为文字添加丰富的图层样式的方法。

重点知识掌握:

- 熟练掌握文字工具的使用方法。
- 熟练使用"字符"面板与"段落"面板进行文字属性的更改。
- 熟练使用图层样式美化文字。

通过本章学习，我能做什么？

通过本章的学习，结合文字工具以及图层样式功能的使用，能够在产品图片上添加文字信息，不仅可以制作出带有创意文字的网店广告，也可以制作出包含大量文字信息的产品详情页，还可以结合前面所学的各种绘图工具制作出有趣的艺术字效果。

4.1 创建文字

在 Photoshop 的工具箱中右击"横排文字工具"按钮 **T** ,打开"文字工具组"。其中包括 4 种工具,即"横排文字工具" **T** 、"直排文字工具" **↓T** 、"直排文字蒙版工具" **↓T** 和"横排文字蒙版工具" **T** ,如图 4-1 所示。"横排文字工具"和"直排文字工具"主要用来创建实体文字,如点文字、段落文字、路径文字、区域文字,如图 4-2 所示;而"直排文字蒙版工具"和"横排文字蒙版工具"则主要用来创建文字形状的选区,如图 4-3 所示。

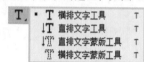

图 4-1

图 4-2   图 4-3

【重点】4.1.1 认识文字工具

"横排文字工具" **T** 和"直排文字工具" **↓T** 的使用方法相同,区别在于输入文字的排列方式不同。"横排文字工具"输入的文字是横向排列的,是目前最为常用的文字排列方式,如图 4-4 所示;而"直排文字工具"输入的文字是纵向排列的,常用于古典感文字以及日文版面的编排,如图 4-5 所示。

图 4-4   图 4-5

在输入文字前,需要对文字的字体、大小、颜色等属性进行设置。这些设置都可以在文字工具的选项栏中进行。单击工具箱中的"横排文字工具"按钮,其选项

图 4-6

提示:设置文字选项。

想要设置文字属性,可以先在选项栏中设置好合适的参数,再输入文字;也可以在文字制作完成后,选中文字对象,然后在选项栏中更改参数。

- 切换文字取向 **T** :单击该按钮,横排文字将变为直排,直排文字将变为横排。其功能与执行"文字"→"取向"→"水平/垂直"命令相同。图 4-7 所示为对比效果。

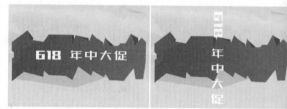

图 4-7

- 设置字体 Arial :在选项栏中单击'设置字体'下拉按钮,并在下拉列表中单击可选择合适的字体。图 4-8 所示为设置不同字体的效果。

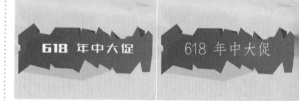

图 4-8

- 设置字体样式 Regular :字体样式只针对部分英文字体有效。输入文字后,可以在该下拉列表中选择需要的字体样式,包含 Regular(规则)、Italic(斜体)、Bold(粗体)和 Bold Italic(粗斜体)等。
- 设置字体大小 **T** 35点 :如果要设置文字的大小,可以直接输入数值,也可以在下拉列表中选择预设的字体大小。图 4-9 所示为设置不同大小的对比效果。如果要改变部分文字的大小,则需要选中需要更改的文字后进行设置。

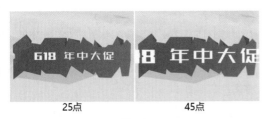

25点　　　　　　　　45点

图 4-9

- 设置消除锯齿的方法 ：输入文字后，可以在该下拉列表中为文字指定一种消除锯齿的方法。选择"无"时，Photoshop 不会消除锯齿，文字边缘会呈现出不平滑的效果；选择"锐利"时，文字的边缘最为锐利；选择"犀利"时，文字的边缘比较锐利；选择"浑厚"时，文字的边缘会变粗一些；选择"平滑"时，文字的边缘会非常平滑。图 4-10 所示为不同方式的对比效果。

无　　　锐利　　　犀利　　　浑厚　　　平滑

图 4-10

- 设置文字对齐方式 ：根据输入字符时光标的位置设置文字对齐方式。图 4-11 所示为不同对齐方式的对比效果。

左对齐文字　　　居中对齐文字　　　右对齐文字

图 4-11

- 设置文字颜色 ▇：单击该颜色块，在弹出的"拾色器"对话框中可以设置文字颜色。如果要修改已有文字的颜色，可以先在文档中选择文字，然后在选项栏中单击颜色块，在弹出的对话框中设置需要的颜色。图 4-12 所示为不同颜色的对比效果。

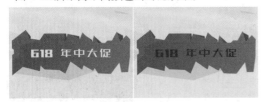

图 4-12

- 创建文字变形 ：选中文字，单击该按钮，在弹出的对话框中可以为文字设置变形效果。
- 切换字符和段落面板 ：单击该按钮，可在"字符"面板或"段落"面板之间进行切换。
- 取消当前编辑 ：在文字输入或编辑状态下显示该按钮，单击即可取消当前的编辑操作。
- 提交当前编辑 ✓：在文字输入或编辑状态下显示该按钮，单击即可确定并完成当前的文字输入或编辑操作。文字输入或编辑完成后，需要单击该按钮，或者按快捷键 Ctrl+Enter 完成操作。
- 从文字创建 3D ：单击该按钮，可将文字对象转换为带有立体感的 3D 对象。

提示："直排文字工具"选项栏。

"直排文字工具"与"横排文字工具"的选项栏参数基本相同，区别在于"对齐方式"。其中，▥表示顶对齐文字，▥表示居中对齐文字，▥表示底对齐文字，如图 4-13 所示。

图 4-13

【重点】4.1.2　动手练：创建"点文本"

"点文本"是最常用的文本形式。在"点文本"输入状态下输入的文字会一直沿着横向或纵向进行排列，如果输入过多甚至会超出画面显示区域，此时需要按 Enter 键才能换行。"点文本"常用于较短文字的输入，如主图上的商品品牌文字、通栏广告上少量的标题文字、艺术字等。

扫一扫，看视频

（1）"点文本"的创建方法非常简单。单击工具箱中的"横排文字工具"按钮 T，在其选项栏中设置字体、字号、颜色等文字属性。然后在画面中单击（单击处为文字的起点），随即会显示占位符，按 Backspace 键或 Delete 键将占位符删除，如图 4-14 所示。接着输入文字，文字会沿横向进行排列，如图 4-15 所示。

图 4-14

图 4-15

在文字编辑状态下将光标移动至文字的附近，当光标变为 状后按住鼠标左键拖动，即可移动文字位置，如图 4-16 所示。

图 4-16

（2）在需要换行时，按 Enter 键，然后输入文字，如图 4-17 所示。继续输入文字，文字输入完成后单击选项栏中的 按钮（或按快捷键 Ctrl+Enter），完成文字的输入，如图 4-18 所示。

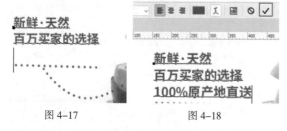

图 4-17　　　　　　图 4-18

使用快捷键 Ctrl+K 打开"首选项"对话框，在"文字"选项卡中取消勾选"使用占位符文本填充新文字图层"选项，再次输入文字时就不会出现占位符，如图 4-19 所示。

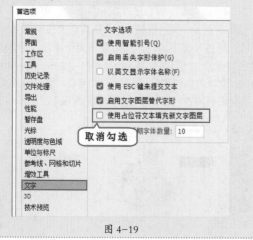

图 4-19

（3）此时在"图层"面板中出现了一个新的文字图层。如果要修改整个文字图层的字体、字号等属性，可以在"图层"面板中单击选中该文字图层（见图 4-20）然后在"选项栏"或"字符"面板、"段落"面板中更改文字属性，如图 4-21 所示。

图 4-20　　　　　　图 4-21

（4）如果要修改部分文字的属性，可以在文字上按住鼠标左键拖动，选择要修改属性的文字，如图 4-22 所示。然后在选项栏或"字符"面板中修改相应的属性（如字号、颜色等）。完成属性的修改后，可以看到只有选中的文字发生了变化，如图 4-23 所示。

图 4-22　　　　　　图 4-23

在多行文字的输入状态下，单击 2 次可以选择一行文字；单击 5 次可以选择整个段落的文字；按快捷键 Ctrl+A 可以选择所有的文字，双击文字图层缩览图也可以选择所有的文字，如图 4-24 和图 4-25 所示。

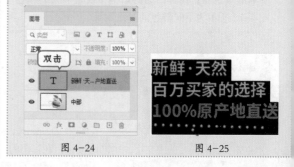

图 4-24　　　　　　图 4-25

（5）文字对象是比较特殊的对象，无法直接更改其形状或内部像素。而想要进行这些操作就需要将文字对象转换为普通图层。在"图层"面板中选择文字图层，然后在图层名称上右击，在弹出的快捷菜单中选择"栅格化文字"命令，如图4-26所示，就可以将文字图层转换为普通图层，如图4-27所示。接着便可以在文字图层上进行局部的删除、绘制等操作，如图4-28所示。

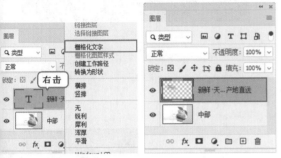

图4-26   图4-27

图4-28

练习实例：简单店铺标志

文件路径	资源包\第4章\练习实例：简单店铺标志
难易指数	★★★★★
技术掌握	横排文字工具、画笔工具

扫一扫，看视频

案例效果

案例效果如图4-29所示。

图4-29

操作步骤

步骤 01 执行"文件"→"打开"命令，将背景素材打开，如图4-30所示。

图4-30

步骤 02 选择工具箱中的"横排文字工具"，在选项栏中设置合适的字体、字号。在画面中单击插入光标，然后输入文字，如图4-31所示。文字输入完成后按快捷键Ctrl+Enter提交操作。

图4-31

步骤 03 选中文字图层，执行"窗口"→"字符"命令，调出"字符"面板，然后单击"仿斜体"按钮，如图4-32所示。文字效果如图4-33所示。

图4-32   图4-33

步骤 04 继续使用"横排文字工具"输入另外一行文字，如图4-34所示。

图 4-34

步骤 05 选择工具箱中的"自定形状工具",在选项栏中设置绘制"模式"为"形状","填充"为白色,选择合适的形状,接着在文字的右下角按住鼠标左键拖动进行绘制,如图 4-35 所示。在"图层"面板中按住 Ctrl 键依次单击加选两个文字和形状图层,使用快捷键 Ctrl+G 将其进行编组,如图 4-36 所示。

图 4-35

图 4-36

步骤 06 制作文字上的花纹。新建一个图层,将前景色设置为淡粉色,选择工具箱中的"画笔工具",设置合适的笔尖大小,在文字上方按住鼠标左键拖动进行绘制,如图 4-37 所示。接着更改前景色,调整笔尖硬度为 0,继续通过单击的方式多次绘制,如图 4-38 所示。

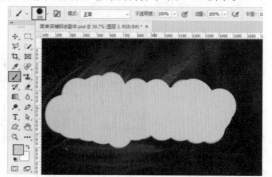

图 4-37

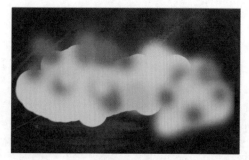

图 4-38

步骤 07 选择绘制的图层,右击执行"创建剪贴蒙版"命令,如图 4-39 所示。此时文字效果如图 4-40 所示。

图 4-39

图 4-40

【重点】4.1.3 动手练:修改文字属性

虽然在文字工具的选项栏中可以进行一些文字属性的设置,但其并未包括所有的文字属性。执行"窗口"-"字符"命令,打开"字符"面板。该面板是专门用来定义页面中的字符属性的。在"字符"面板中,除了能对常见的字体系列、字体样式、字体大小、文字颜色和消除锯齿的方法等进行设置,还可以对行距、字距等字符属性进行设置,如图 4-41 所示。

图 4-41

· 设置行距：行距就是上一行文字基线与下一行文字基线之间的距离。选择需要调整的文字图层,然后在"设置行距"文本框中输入行距值或在下拉列表中选

中文版 Photoshop 电商美工设计从入门到实战(全程视频版)(上册)

择预设的行距值，然后按 Enter 键。图 4-42 所示为不同参数的对比效果。

行距: 12点   行距: 30点

图 4-42

- 字距微调 VA: 用于设置两个字符之间的字距微调。在设置时，要先将光标插入到需要进行字距微调的两个字符之间，然后在该文本框中输入所需的字距微调值（也可以在下拉列表中选择预设的字距微调值）。输入正值时，字距会扩大；输入负值时，字距会缩小。图 4-43 所示为不同参数的对比效果。

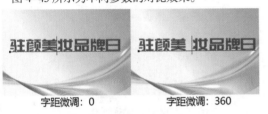

字距微调: 0   字距微调: 360

图 4-43

- 字距调整 VA: 用于设置所选字符的字距调整。输入正值时，字距会扩大；输入负值时，字距会缩小。图 4-44 所示为不同参数的对比效果。

字距调整: -100   字距调整: 0   字距调整: 100

图 4-44

- 比例间距: 比例间距是按指定的百分比来减少字符周围的空间，因此字符本身并不会被伸展或挤压，而是字符之间的间距被伸展或挤压了。图 4-45 所示为不同参数的对比效果。

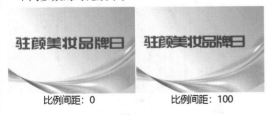

比例间距: 0   比例间距: 100

图 4-45

- 垂直缩放 ⅠT / 水平缩放 T: 用于设置文字的垂直或

水平缩放比例，以调整文字的高度或宽度。图 4-46 所示为不同参数的对比效果。

垂直缩放: 100%   垂直缩放: 200%   垂直缩放: 100%
水平缩放: 100%   水平缩放: 100%   水平缩放: 150%

图 4-46

- 基线偏移 Aa: 用于设置文字与文字基线之间的距离。输入正值时，文字会上移；输入负值时，文字会下移。图 4-47 所示为不同参数的对比效果。

基线偏移: 0   基线偏移: 50   基线偏移: -50

图 4-47

- 文字样式 T T TT Tr T¹ T₁ T T: 用于设置文字的特殊效果，包括仿粗体 T、仿斜体 T、全部大写字母 TT、小型大写字母 Tr、上标 T¹、下标 T₁、下划线 T、删除线 T，如图 4-48 所示。

图 4-48

- Open Type 功能 fi ʊ st A aa T 1st ½: 包括标准连字 fi、上下文替代字 ʊ、自由连字 st、花样字 A、替代样式 aa、标题替代字 T、序数字 1st、分数字 ½。
- 语言设置: 对所选字符进行有关联字符和拼写规则的语言设置。
- 消除锯齿: 输入文字后，可以在该下拉列表中为文字指定一种消除锯齿的方法。

作系统的字体文件夹下即可。市面上常见的字体安装文件的形式有很多，安装方式也略有区别。安装好字体文件以后，重新启动 Photoshop 就可以在"文字工具"选项栏中的"字体系列"中查找到新安装的字体。

　　下面列举几种比较常见的字体文件安装方法。

　　很多时候我们使用到的字体文件是 EXE 格式的可执行文件，这种字体文件的安装比较简单，双击运行并按照提示进行操作即可。

　　当遇到后缀名为 .ttf、.fon 等的没有自动安装程序的字体文件时，需要打开"控制面板"（右击计算机桌面左下角的开始按钮，在其中单击"控制面板"），然后在"控制面板"中打开"字体"窗口，接着将 .ttf、.fon 格式的字体文件复制到打开的"字体"窗口中即可。

练习实例：古风店铺标志

文件路径	资源包 \ 第 4 章 \ 练习实例：古风店铺标志
难易指数	★★★★★
技术掌握	横排文字工具、椭圆工具、自定形状工具

扫一扫，看视频

案例效果

　　案例效果如图 4-49 所示。

图 4-49

操作步骤

步骤 01 新建一个空白文档，将前景色设置为灰色，然后使用快捷键 Alt+Delete 进行填充，如图 4-50 所示。

图 4-50

步骤 02 选择工具箱中的"椭圆工具"，在选项栏中设置绘制"模式"为"形状"，"填充"为无，"描边"为深灰色，设置描边粗细为 10 像素，设置完成后在画面中按住 Shift 键的同时按住鼠标左键拖动绘制正圆，如图 4-51 所示。选中形状图层，右击执行"栅格化图层"命令，如图 4-52 所示，将形状图层转换为普通图层。

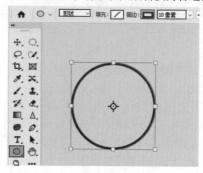

图 4-51

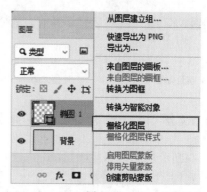

图 4-52

步骤 03 选择工具箱中的"橡皮擦工具"，在选项栏中选择一个硬边缘笔尖，设置"大小"为 90，然后在正圆上方按住鼠标左键拖动进行擦除，如图 4-53 所示。

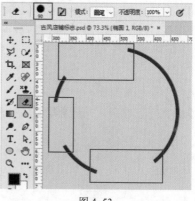

图 4-53

中文版 Photoshop 电商美工设计从入门到实战（全程视频版）（上册）

步骤 04 选择工具箱中的"横排文字工具",在选项栏中设置合适的字体、字号,颜色为深灰色,设置完成后在画面中单击插入光标,然后输入文字。文字输入完成后按快捷键 Ctrl+Enter,如图 4-54 所示。选择工具箱中为"移动工具",选中文字图层,在画面中按住 Alt 键并使用鼠标左键向右下方拖动进行移动并复制,释放鼠标左键即可完成复制操作,如图 4-55 所示。

图 4-54   图 4-55

步骤 05 选择工具箱中的"横排文字工具",在文字的一侧按住鼠标左键向另外一侧拖动即可将文字选中,如图 4-56 所示。在选项栏中减小字号,数值为 40 点,然后更改文字,如图 4-57 所示。文字输入完成后按快捷键 Ctrl+Enter。

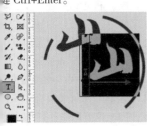 

图 4-56   图 4-57

步骤 06 使用相同的方法制作另外一个文字,并在选项栏中设置字号为 50 点,文字颜色设置为深青色,如图 4-58 所示。

图 4-58

步骤 07 继续使用"横排文字工具"添加三行文字,文字输入完成后单击选项栏中的"右对齐文本"按钮,如图 4-59 所示。接着继续添加文字,如图 4-60 所示。

图 4-59   图 4-60

步骤 08 选择工具箱中的"自定形状工具",在选项栏中设置绘制"模式"为"形状","填充"为深灰色,"描边"为无,单击"形状"按钮,在下拉面板中选择合适的形状。接着在画面中按住鼠标左键拖动进行绘制,如图 4-61 所示。接着使用快捷键 Ctrl+T 调出定界框,然后将其进行旋转,如图 4-62 所示。

图 4-61

图 4-62

步骤 09 变换完成后按 Enter 键确定变换操作。案例完成效果如图 4-63 所示。

图 4-63

扫一扫，看视频

顾名思义，"段落文字"是一种用来制作大段文字的常用方式。"段落文字"可以使文字限定在一个矩形区域中，在这个矩形区域中，文字会自动换行，而且文字区域的大小还可以进行调整。配合对齐方式的设置，可以制作出整齐排列的效果。所以，"段落文字"常用于产品详情页等包含大量文字信息的版面中。

（1）单击工具箱中的"横排文字工具"按钮，在其选项栏中设置合适的字体、字号、文字颜色、对齐方式，然后在画布中按住鼠标左键拖动，绘制出一个矩形的文本框，如图 4-64 所示。在其中输入文字，文字会自动排列在文本框中，如图 4-65 所示。

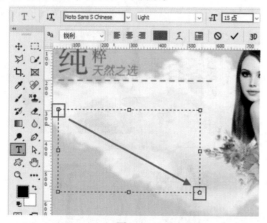

图 4-64

图 4-65

（2）如果要调整文本框的大小，可以将光标移动到文本框边缘处，按住鼠标左键拖动，如图 4-66 所示。随着文本框大小的改变，文字也会重新排列。当文本框较小而不能显示全部文字时，其右下角的控制点会变为 形状，如图 4-67 所示。

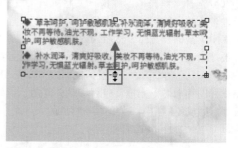

图 4-66

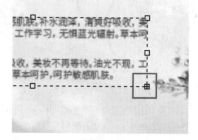

图 4-67

（3）文本框还可以进行旋转。将光标放在文本框一角处，当其变为弯曲的双向箭头 时，按住鼠标左键拖动，即可旋转文本框，文本框中的文字也会随之旋转（如果在旋转过程中按住 Shift 键，能够以 15° 为增量进行旋转），如图 4-68 所示。单击工具选项栏中的 ✓ 按钮或者按快捷键 Ctrl+Enter 完成文本编辑。如果要放弃对文本的修改，可以单击工具选项栏中的 ◎ 按钮或者按 Esc 键。

图 4-68

 提示："点文本"和"段落文本"的转换。

如果当前选择的是"点文本"，执行"文字"→"转换为段落文本"命令，可以将"点文本"转换为"段落文本"；如果当前选择的是"段落文本"，执行"文字"→"转换为点文本"命令，可以将"段落文本"转换为"点文本"。

练习实例: 不遮挡主体物的水印

文件路径	资源包 \ 第 4 章 \ 练习实例: 不遮挡主体物的水印
难易指数	★★★★★
技术掌握	横排文字工具、段落文本、橡皮擦工具

扫一扫, 看视频

案例效果

案例效果如图 4-69 所示。

图 4-69

操作步骤

步骤 01 将商品素材打开。选择工具箱中的"横排文字工具",在画面中按住鼠标左键拖动绘制文本框,然后在选项栏中设置合适的字体、字号,设置"对齐方式"为左对齐文字,设置"颜色"为白色,如图 4-70 所示。

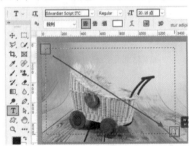

图 4-70

步骤 02 输入文字,如图 4-71 所示。接着按住鼠标左键向文字方向拖动选中文字,如图 4-72 所示。

图 4-71

图 4-72

步骤 03 使用快捷键 Ctrl+C 将文字进行复制,然后多次按快捷键 Ctrl+V 将文字进行粘贴,如图 4-73 所示。

图 4-73

步骤 04 拖动文本框的控制点将文本框放大,然后继续粘贴文字(因为下一步需要将文本框旋转,所以需要大量的文字),如图 4-74 所示。

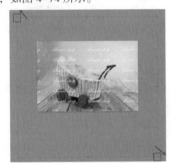

图 4-74

步骤 05 将光标移动至文本框的控制点外部,然后按住鼠标左键拖动将文本进行旋转,如图 4-75 所示。变换完成后按快捷键 Ctrl+Enter 确定操作。

图 4-75

步骤 06 通常水印是半透明的,可以选中文字图层,在"图层"面板中设置"不透明度"为 60%,如图 4-76 所示。此时画面效果如图 4-77 所示。

图 4-76

图 4-77

步骤 07 此时水印会影响商品展示，可以将这部分内容擦除。选中文字图层，右击执行"栅格化文字"命令，如图4-78所示。接着选择工具箱中的"橡皮擦工具"，选择一个硬边缘笔尖，然后将商品上方的水印擦除，如图4-79所示。

图4-78   图4-79

提示：擦除水印的注意事项。

在擦除水印的过程中，需要考虑商品与文字的关系，在擦除商品边缘位置的水印时需要精细，这样才能制作出水印包围商品的效果，如图4-80所示。

图4-80

步骤 08 擦除完成后，案例完成效果如图4-81所示。

图4-81

【重点】4.1.5 动手练：修改段落属性

"段落"面板用于设置文字段落的属性，如文字的对齐方式、缩进方式、避头尾法则设置、间距组合设置、连字等。在文字工具选项栏中单击"切换字符"和"段落"

面板按钮或者执行"窗口"→"段落"命令，打开"段落面板，如图4-82所示。

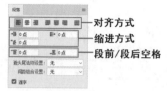
对齐方式
缩进方式
段前/段后空格

图4-82

· 左对齐文字 ：文字左对齐，段落右端参差不齐，如图4-83所示。
· 居中对齐文字 ：文字居中对齐，段落两端参差不齐，如图4-84所示。
· 右对齐文字 ：文字右对齐，段落左端参差不齐，如图4-85所示。

左对齐文字   居中对齐文字

图4-83   图4-84

右对齐文字

图4-85

· 最后一行左对齐 ：最后一行左对齐，其他行左右两端强制对齐。"段落文本"和"区域文字"可用，"点文本"不可用，如图4-86所示。
· 最后一行居中对齐 ：最后一行居中对齐，其他行左、右两端强制对齐。"段落文本"和"区域文字"可用。"点文本"不可用，如图4-87所示。

- **最后一行右对齐** ≣：最后一行右对齐，其他行左、右两端强制对齐。"段落文本"和"区域文字"可用，"点文本"不可用，如图4-88所示。
- **全部对齐** ≣：在字符间添加额外的间距，使文本左、右两端强制对齐。"段落文本""区域文字"和"路径文字"可用，"点文本"不可用，如图4-89所示。

最后一行左对齐

图4-86

最后一行居中对齐

图4-87

最后一行右对齐

图4-88

全部对齐

图4-89

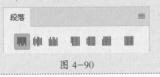

提示：直排文字的对齐方式。

当文字纵向排列（即直排）时，对齐按钮会发生一些变化，如图4-90所示。

图4-90

- **左缩进** ⇥：用于设置"段落文本"向右（横排文字）或向下（直排文字）的缩进量，如图4-91所示。
- **右缩进** ⇤：用于设置"段落文本"向左（横排文字）或向上（直排文字）的缩进量，如图4-92所示。
- **首行缩进** ⇥：用于设置"段落文本"中每个段落的第1行文字向右（横排文字）或第1列文字向下（直

排文字）的缩进量，如图4-93所示。

图4-91   图4-92

图4-93

- **段前添加空格** ⁺≣：设置光标所在段落与前一个段落之间的间隔距离，如图4-94所示。
- **段后添加空格** ⁺≣：设置光标所在段落与后一个段落之间的间隔距离，如图4-95所示。

图4-94   图4-95

- **避头尾法则设置**：在中文书写习惯中，标点符号通常不会位于每行文字的第一位（日文的书写也遵循相同的规则），如图4-96所示。在Photoshop中可以通过设置"避头尾法则设置"来设定不允许出现在行首或行尾的字符。"避头尾"功能只对"段落文本"或"区域文字"起作用。默认情况下"避头尾法则设置"为"无"；单击右侧的下拉按钮，在弹出的下拉列表中选择"JIS严格"或"JIS宽松"，即可使位于行首的标点符号位置发生改变，如图4-97所示。

图 4-96　　　　　　　　图 4-97

图 4-99　　　　　　　　图 4-100

- 间距组合设置：为日语字符、罗马字符、标点、特殊字符、行开头、行结尾和数字的间距指定文字编排方式。选择"间距组合1"选项，可以对标点使用半角间距；选择"间距组合2"选项，可以对行中除最后一个字符外的大多数字符使用全角间距；选择"间距组合3"选项，可以对行中的大多数字符和最后一个字符使用全角间距；选择"间距组合4"选项，可以对所有字符使用全角间距。

- 连字：勾选"连字"选项后，在输入英文单词时，如果段落文本框的宽度不够，英文单词将自动换行，并在单词之间用连字符连接起来，如图4-98所示。

（2）单击路径，此时路径上方会显示闪烁的光标，接着输入文字，文字将会沿着路径进行排列，如图4-10所示。当改变路径形状时，文字的排列方式也会随之发生改变，如图4-102所示。

图 4-101　　　　　　　　图 4-102

Excepteur sint occaecat cupidatat non proident, sunt in culpa qui officia deserunt mollit anim id est laborum. Sed ut perspiciatis unde omnis iste natus error sit voluptatem accusa-tium doloremque laudantium. Nemo enim ipsam voluptatem quia voluptas sit aspernatur aut odit aut

图 4-98

（3）在创建路径时，使用"横排文字工具"在路径上单击的位置为路径文字的起点，带有✄标志；路径的末端为路径文字的终点，带有○标志，如图4-103所示。如果要更改路径文字的起点或终点的位置，可以使用"直接选择工具"，将光标放在起点或终点的位置，按住鼠标左键拖动即可更改路径文字的起点位置或终点位置。例如，将光标放在起点位置，当光标变为▶状后按住鼠标左键向后拖动，可以更改路径文字的起点位置，如图4-104所示。

4.1.6　动手练：创建沿路径排列的文字

如果需要使文字围绕在某个图形周围、使文字像波浪线一样排布。可以使用"路径文字"功能。"路径文字"比较特殊，它是使用"横排文字工具"或"直排文字工具"创建出的依附于路径上的一种文字类型。依附于路径上的文字会按照路径的形态进行排列。

（1）为了制作路径文字，需要先绘制路径，如图4-99所示。接着单击工具箱中的"横排文字工具"，将光标移动至路径上方，此时光标变为♪的状态，如图4-100所示。

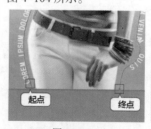

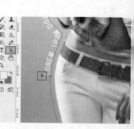

图 4-103　　　　　　　　图 4-104

中文版 Photoshop 电商美工设计从入门到实战（全程视频版）（上册）

4.1.7 动手练：在特定范围内创建文字

"区域文字"与"段落文本"较为相似，都是被限定在某个特定的区域内。"段落文本"处于一个矩形的文本框内，而"区域文字"的外框可以是任何图形。

（1）首先绘制一条闭合路径，然后单击工具箱中的"横排文字工具"按钮，在其选项栏中设置合适的字体、字号及文字颜色，将光标移动至路径内，当它变为形状时见图 4-105，单击即可插入光标，如图 4-106 所示。

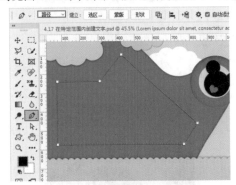

图 4-105

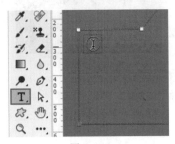

图 4-106

（2）输入文字，可以看到文字只在路径内排列。文字输入完成后，单击选项栏中的"提交当前编辑"按钮，即可完成"区域文字"的制作，如图 4-107 所示。单击其他图层即可隐藏路径，如图 4-108 所示。

图 4-107

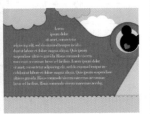

图 4-108

4.2 制作变形文字

4.2.1 特定样式的变形文字

在制作网店标志或网页广告上的主题文字时，经常需要对文字进行变形。可以利用 Photoshop 提供的"变形文字"功能满足这一需求。

选中需要变形的文字图层，在使用文字工具的状态下，在选项栏中单击"创建变形文字"按钮，打开"变形文字"对话框；在该对话框中，从"样式"下拉列表框中选择变形文字的方式，然后分别设置文本扭曲的"方向""弯曲""水平扭曲""垂直扭曲"等参数，然后单击"确定"按钮，即可完成文字的变形，如图 4-109 所示。图 4-110 所示为选择不同变形方式产生的文字效果。

图 4-109　　　　　图 4-110

- 水平 / 垂直：选中"水平"单选按钮时，文字扭曲的方向为水平方向；选中"垂直"单选按钮时，文字扭曲的方向为垂直方向，如图 4-111 所示。

水平　　　　　　垂直

图 4-111

- 弯曲：用来设置文字的弯曲程度。图 4-112 所示为设置不同参数值时的变形效果。

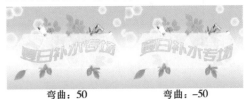

弯曲：50　　　　　弯曲：-50

图 4-112

115

- 水平扭曲：用来设置水平方向的透视扭曲变形的程度。图 4-113 所示为设置不同参数值时的变形效果。

水平扭曲：-100　　　　　水平扭曲：100

图 4-113

- 垂直扭曲：用来设置垂直方向的透视扭曲变形的程度。图 4-114 所示为设置不同参数值时的变形效果。

垂直扭曲：-100　　　　　垂直扭曲：100

图 4-114

 提示：为什么"变形文字"不可用？

　　如果所选的文字对象被添加了"仿粗体"样式 **T**，那么在使用"变形文字"功能时就可能会出现不可用的提示，如图 4-115 所示。此时只需单击"确定"按钮，即可去除"仿粗体"样式，并继续使用"变形文字"功能。

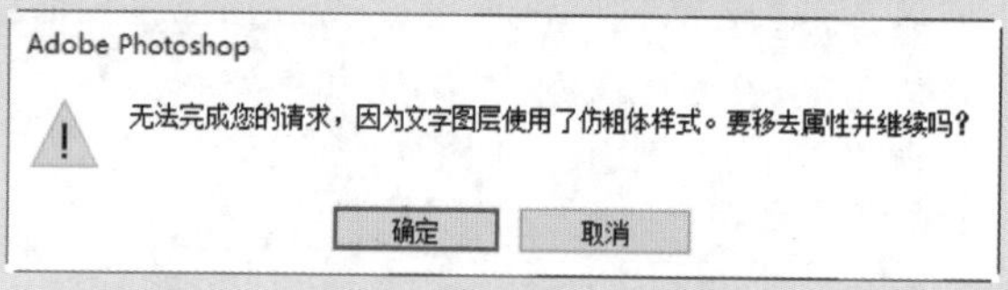

Adobe Photoshop

！ 无法完成您的请求，因为文字图层使用了仿粗体样式。要移去属性并继续吗？

确定　　　取消

图 4-115

练习实例：摩登感店铺水印

文件路径	资源包 \ 第 4 章 \ 练习实例：摩登感店铺水印
难易指数	★★★★★
技术掌握	横排文字工具、变形文字

案例效果

案例效果如图 4-116 所示。

图 4-116

操作步骤

步骤 01 执行"文件"→"打开"命令，打开人物素材如图 4-117 所示。

图 4-117

步骤 02 执行"图层"→"新建调整图层"→"黑白"命令，在弹出的"新建图层"对话框中单击"确定"按钮。在"属性"面板中使用默认参数即可，如图 4-118 所示。此时画面效果如图 4-119 所示。

图 4-118　　　　　图 4-119

步骤 03 新建图层，将前景色设置为蓝灰色，使用快捷

中文版 Photoshop 电商美工设计从入门到实战（全程视频版）（上册）

键 Alt+Delete 进行填充，如图 4-120 所示。

图 4-120

步骤 04 设置该图层的不透明度为 70%，如图 4-121 所示。此时画面效果如图 4-122 所示。

图 4-121　　　　　　　　　图 4-122

步骤 05 选择工具箱中的"横排文字工具"，在画面中单击插入光标，然后删除占位符，接着在选项栏中设置合适的字体、字号，颜色设置为白色，接着输入文字。如图 4-123 所示。文字输入完成后按快捷键 Ctrl+Enter 提交操作。接着继续使用"横排文字工具"在标题文字上方添加文字，如图 4-124 所示。

图 4-123　　　　　　　　　图 4-124

步骤 06 选中英文文字图层，单击选项栏中的"创建变形文字"按钮，在弹出的"变形文字"对话框中设置"样式"为"扇形"，选中"水平"单选按钮，设置"弯曲"

为 80%，设置完成后单击"确定"按钮，如图 4-125 所示。此时文字效果如图 4-126 所示。

图 4-125　　　　　　　　　图 4-126

步骤 07 选择工具箱中的"形状工具"，在选项栏中设置绘制模式为"形状"，"填充"为白色，"描边"为无，单击"形状"按钮，在下拉面板中选择雪花图形，接着在文字左侧按住鼠标左键拖动绘制图形，如图 4-127 所示。接着选中形状图层，使用快捷键 Ctrl+J 将形状图层复制一份，然后将图形向右移动，如图 4-128 所示。

图 4-127　　　　　　　　　图 4-128

步骤 08 继续使用"自定形状工具"，设置"填充"为白色，展开"旧版形状及其他 - 所有旧版默认形状 .csh- 横幅和奖品"组，选择合适的形状，然后在文字下方按住鼠标左键拖动绘制条幅形状，如图 4-129 所示。选中条幅形状图层，右击执行"栅格化图层"命令，将形状图层转换为普通图层，如图 4-130 所示。

图 4-129　　　　　　　　　图 4-130

步骤 09 使用"横排文字工具"在图形上方添加文字，如图 4-131 所示。接着按住 Ctrl 键单击文字图层缩览图载入文字选区，然后将此文字图层隐藏，如图 4-132 所示。

图 4-131 　　　　　　　图 4-132

步骤 10 选中条幅形状图层，按 Delete 键删除选区中的像素，使用快捷键 Ctrl+D 取消选区的选择，如图 4-133 所示。最后使用"自定形状工具"在图形的最下方绘制白色蝴蝶结，案例完成效果如图 4-134 所示。

图 4-133 　　　　　　　图 4-134

4.2.2　动手练：创意电商文字设计

"转换为形状"命令可以将文字对象转换为矢量的形状图层。转换为形状图层后，就可以使用"钢笔工具组"和"路径选择工具组"中的工具对文字的外形进行编辑。由于文字对象变为了矢量对象，所以在变形的过程中，文字是不会变模糊的。通常在制作一些变形艺术字的时候，需要将文字对象转换为形状图层。

（1）选择文字图层，然后在图层名称上右击，在弹出的快捷菜单中选择"转换为形状"命令，如图 4-135 所示，文字图层就变为了形状图层，如图 4-136 所示。

图 4-135 　　　　　　　图 4-136

（2）使用"直接选择工具"调整锚点位置，或者使用"钢笔工具组"中的工具在形状上添加锚点并调整锚点形态（与矢量制图的方法相同），制作出形态各异的艺术字效果，如图 4-137 和图 4-138 所示。

图 4-137 　　　　　　　图 4-138

练习实例：将文字转换为形状制作网页广告

文件路径	资源包\第 4 章\练习实例：将文字转换为形状制作网页广告
难易指数	★★★★★
技术掌握	横排文字工具、将文字转换为形状

扫一扫，看视频

案例效果

案例效果如图 4-139 所示。

图 4-139

操作步骤

步骤 01 执行"文件"→"新建"命令，新建一个文档。新建图层，接着单击工具箱中的"矩形选框工具"按钮，绘制一个矩形选区，如图 4-140 所示。然后将前景色设置为黑色，使用快捷键 Alt+Delete 进行前景色的填充。填充完成后使用快捷键 Ctrl+D 取消选区，画面效果如图 4-141 所示。

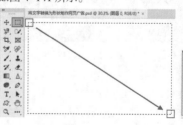

图 4-140 　　　　　　　图 4-141

步骤 02 单击工具箱中的"三角形工具"按钮 △。在选项栏中选择"路径"模式，如图 4-142 所示。

图 4-142

步骤 03 新建图层。在画面中按住鼠标左键拖动绘制三角形路径，然后将光标放在控制框四角的任意位置进行旋转，摆放到合适位置，如图 4-143 所示。按快捷键 Ctrl+Enter 将路径转换为选区，然后将前景色设置为柠檬黄色。接着使用快捷键 Alt+Delete 进行前景色的填充，完成填充后按快捷键 Ctrl+D 取消选区，如图 4-144 所示。

图 4-143　　　　　　　图 4-144

步骤 04 由于三角形超出了黑色矩形的范围，所以需要将超出的部分删除。使用"矩形选框工具"绘制矩形选区，如图 4-145 所示。按 Delete 键将其删除，效果如图 4-146 所示。

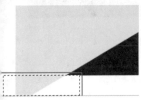

图 4-145　　　　　　　图 4-146

步骤 05 在"图层"面板中单击该图层，并将"不透明度"调至 63%，如图 4-147 所示。此时画面效果如图 4-148 所示。

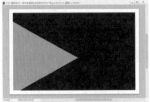

图 4-147　　　　　　　图 4-148

步骤 06 复制该图层，适当向左侧移动，删除多余部分，并将其"不透明度"设置为 33%。此时画面效果如

图 4-149 所示。

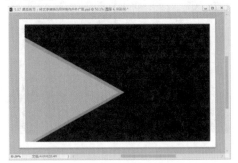

图 4-149

步骤 07 单击工具箱中的"椭圆工具" ○，在选项栏中选择"形状"模式，并在选项栏中将"填充"设置为青色，绘制出一个大小合适的正圆，按 Enter 键结束绘制，如图 4-150 所示。

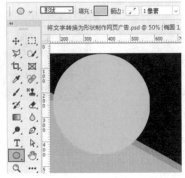

图 4-150

步骤 08 选中正圆图层，在"图层"面板中设置"不透明度"为 50%，如图 4-151 所示。此时画面效果如图 4-152 所示。

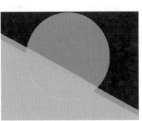

图 4-151　　　　　　　图 4-152

步骤 09 置入素材 1.png，然后按 Enter 键确定置入操作，然后再将图层栅格化，如图 4-153 所示。

图 4-153

图 4-158

步骤 10 将人像的"不透明度"调至50%,如图4-154所示。体现出画面层次感和人物的穿透感。此时画面效果如图4-155所示。

图 4-154 　　　　　　　　图 4-155

步骤 11 在画面中绘制虚线。单击"钢笔工具"按钮,在选项栏中将绘制模式切换为"形状",将"填充"设置为无,"描边"设置为白色,如图4-156所示。接着在"描边选项"中选择虚线,并单击"更多选项"按钮,在"描边"对话框中设置合适的数值,然后单击"确定"按钮,如图4-157所示。

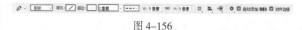

图 4-156

图 4-157

步骤 12 按住 Shift 键绘制一条水平虚线,绘制效果如图4-158所示。

步骤 13 选择工具箱中的"横排文字工具" T,在选项栏中设置合适的字体、字号,并设置文字颜色为白色。接着在画面左上方单击,删除占位符并输入文字,效果如图4-159所示。

图 4-159

步骤 14 将文字转换为形状,制作艺术字体。复制文字图层,并在"图层"面板中的复制图层上右击,选择"转换为形状"命令,如图4-160所示。此时文字将转换为路径,如图4-161所示。

图 4-160 　　　　　图 4-161

步骤 15 隐藏原始的文字图层,单击工具箱中的"直接选择工具"按钮 ,在画面中单击文字,此时文字会出现锚点,将鼠标放在锚点位置拖动,进行文字变形,如图4-162所示。继续对文字的其他部分进行调整,变形效果如图4-163所示。

中文版 Photoshop 电商美工设计从入门到实战(全程视频版)(上册)

图 4-162　　　　　　　图 4-163

步骤 16 使用"横排文字工具",在右下角绘制一个文字框,并在选项栏中设置合适的字体和字号,如图 4-164 所示。继续输入文字,最终效果如图 4-165 所示。

图 4-164

图 4-165

练习实例:添加复杂水印

文件路径	资源包\第 4 章\练习实例:添加复杂水印
难易指数	★★★★★
技术掌握	横排文字工具、直排文字工具、矩形工具、不透明度

扫一扫,看视频

案例效果

案例效果如图 4-166 所示。

图 4-166

操作步骤

步骤 01 执行"文件"→"打开"命令,将商品素材打开,如图 4-167 所示。

图 4-167

步骤 02 单击工具箱中的"横排文字工具",在画面中单击插入光标,接着删除占位符,在选项栏中设置合适的字体、字号,颜色设置为白色,接着输入文字。文字输入完成后按快捷键 Ctrl+Enter 提交操作,如图 4-168 所示。选择工具箱中的"直排文字工具",在画面中添加文字,当与现有文字重叠时,可以按空格键避免文字重叠,如图 4-169 所示。

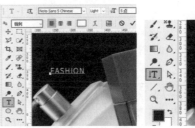

图 4-168　　　　　　　图 4-169

步骤 03 选择工具箱中的"矩形工具",在选项栏中设置绘制模式为"形状",设置"填充"为白色,"描边"为无,设置完成后在文字右侧绘制一个矩形线条,如图 4-170 所示。使用快捷键 Ctrl+J,复制出另外三个矩形线条,如图 4-171 所示。

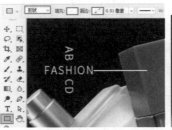
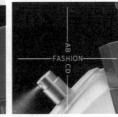

图 4-170　　　　　　　图 4-171

步骤 04 加选两个文字图层,使用快捷键 Ctrl+J 将图层复制,然后将文字向右移动,如图 4-172 所示。同样将文字复制一份，然后移动位置，如图4-173所示。

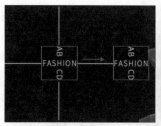
图4-172

图4-173

步骤 05 此时一组水印就制作完成了，可以加选除了"背景"图层以外的所有图层，使用快捷键Ctrl+G进行编组，如图4-174所示。

图4-174

步骤 06 选中图层组，使用快捷键Ctrl+J复制一份，然后向右移动，如图4-175所示。使用相同的方法复制水印图层，并移动位置，如图4-176所示。

图4-175

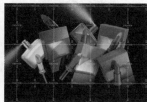
图4-176

步骤 07 此时可以加选所有水印图层，使用快捷键Ctrl+G进行编组。选择图层组，使用快捷键Ctrl+T调出定界框，然后旋转。旋转完成后按Enter键确定变换操作，如图4-177所示。

图4-177

步骤 08 选中图层组，设置"不透明度"为50%，如图4-178所示。此时水印效果如图4-179所示。

图4-178

图4-179

4.3 丰富文字效果

图层样式是一种附加在图层上的"特殊效果"，如浮雕、描边、光泽、发光、投影等。这些样式可以单独使用，也可以多种样式共同使用。

扫一扫，看视频

图层样式在网店美工设计制图中的应用非常广泛。图层样式不仅可以用于文字效果的增强，也可以针对图形、产品等的对象进行操作。例如，制作带有凸起感的艺术字、为商品添加描边使其更突出、为商品添加投影效果增强其立体感、制作水晶质感的按钮、模拟向内凹陷的效果、制作闪闪发光的效果等，如图4-180和图4-181所示。

图4-180

图4-181

中文版Photoshop电商美工设计从入门到实战（全程视频版）（上册）

Photoshop 中共有 10 种图层样式：斜面和浮雕、描边、内阴影、内发光、光泽、颜色叠加、渐变叠加、图案叠加、外发光与投影。从名称就能够猜到这些样式是用来实现什么效果的。图 4-182 所示为不同图层样式的对比效果。

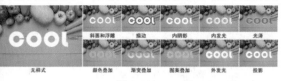

图 4-182

重点 4.3.1 动手练：使用图层样式

1. 添加图层样式

（1）想要使用图层样式，首先需要选中图层（不能是空图层），如图 4-183 所示。接着执行"图层"→"图层样式"命令，在子菜单中可以看到图层样式的名称以及图层样式的相关命令，如图 4-184 所示。单击某一项图层样式命令，即可弹出"图层样式"对话框。

图 4-183

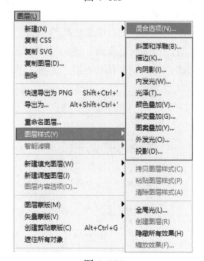

图 4-184

（2）窗口左侧区域为图层样式列表，在某一项样式前单击，样式名称前面的复选框内有 ✓ 标记，表示在图层中添加了该样式。接着单击样式的名称，才能进入该样式的参数设置页面。调整好相应的设置以后单击"确定"按钮，如图 4-185 所示，即可为当前图层添加该样式，如图 4-186 所示。

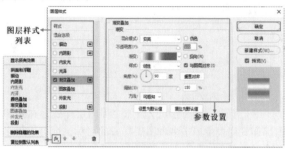

图 4-185

图 4-186

提示：显示所有效果。

如果"图层样式"对话框左侧的列表中只显示了部分样式，那么可以单击左下角的 fx 按钮，执行"显示所有效果"命令，如图 4-187 所示，即可显示其他未启用的命令，如图 4-188 所示。

图 4-187

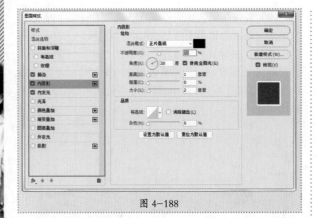

图 4-188

（3）对同一个图层可以添加多种图层样式，在左侧图层样式列表中单击多种图层样式的名称，即可启用多种图层样式，如图 4-189 和图 4-190 所示。

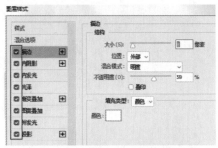

图 4-189

图 4-190

（4）单击样式名称即可打开相对应的参数设置页面，如图 4-191 所示。

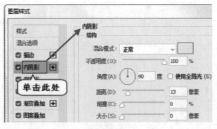

图 4-191

（5）有的图层样式名称后方带有一个 ⊞，表明该样式可以被多次添加。例如，单击"描边"样式后方的 ⊞，在图层样式列表中出现了另一个"描边"样式，同样可以设置不同的描边大小和颜色，如图 4-192 所示。此时该图层出现了两层描边，如图 4-193 所示。

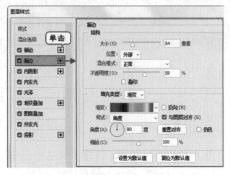

图 4-192

图 4-193

（6）图层样式也会按照上下堆叠的顺序显示，上方的样式会遮挡下方的样式。在图层样式列表中可以对多个相同样式的上下排列顺序进行调整。例如，选中该图层三个描边样式中的一个，单击底部的"向上移动效果"按钮 ⬆ 可以将该样式向上移动一层，单击"向下移动效果"按钮 ⬇ 可以将该样式向下移动一层，如图 4-194 所示。

图 4-194

提示：为图层添加样式的其他方法。

在选中图层后，单击"图层"面板底部的"添加图层样式"按钮 *fx*，接着在弹出的菜单中可以选择合适的样式，如图 4-195 所示。在"图层"面板中双击需要添加样式的图层缩览图，也可以打开"图层样式"对话框。

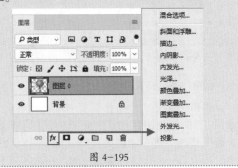

图 4-195

2. 编辑已添加的图层样式

为图层添加了图层样式后，在"图层"面板中的该图层上会出现已添加的样式列表，单击向下的小箭头即可展开图层样式堆栈，如图 4-196 所示。在"图层"面板中双击该样式的名称，弹出"图层样式"对话框，进行参数的修改即可，如图 4-197 所示。

图 4-196   图 4-197

3. 复制和粘贴图层样式

当我们已经制作好了一个图层的样式，而其他图层或其他文件中的图层也需要使用相同的样式，可以使用"拷贝图层样式"命令快速赋予该图层相同的样式。选择需要复制图层样式的图层，在图层名称上右击，执行"拷贝图层样式"命令，如图 4-198 所示。接着选择目标图层，右击，执行"粘贴图层样式"命令，如图 4-199 所示。此时另外一个图层也出现了相同的样式，如图 4-200 所示。

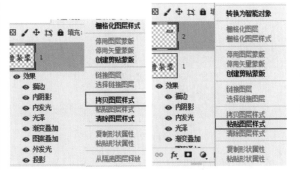

图 4-198   图 4-199

图 4-200

4. 缩放图层样式

图层样式的参数大小很大程度上能够影响图层的显示效果。有时为一个图层赋予了某个图层样式后，可能会发现该样式的尺寸与本图层的尺寸不成比例，那么此时就可以对该图层样式进行"缩放"。展开图层样式列表，在图层样式上右击，执行"缩放效果"命令，如图 4-201 所示。然后可以在弹出的对话框中设置缩放数值，如图 4-202 所示。经过缩放的图层样式尺寸会产生相应的放大或缩小，如图 4-203 所示。

图 4-201   图 4-202

图 4-203

5. 隐藏图层效果

展开图层样式列表，在每个图层样式前都有一个可用于切换显示或隐藏的图标 ◉，如图 4-204 所示。单击"效果"前的该按钮可以隐藏该图层的全部样式，如图 4-205 所示。单击单个样式前的该图标，则可以隐藏部分样式，如图 4-206 所示。

图 4-204   图 4-205

图 4-206

6. 去除图层样式

想要清除图层的样式，可以在该图层上右击，执行"清除图层样式"命令，如图 4-207 所示。如果只想删除众多样式中的一种，可以展开样式列表，将某一样式拖动到"删除图层"按钮上，就可以删除该图层样式，

如图 4-208 所示。

 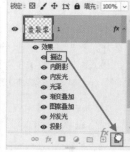

图 4-207   图 4-208

7. 栅格化图层样式

与栅格化文字、栅格化智能对象、栅格化矢量层相同，"栅格化图层样式"可以将"图层样式"变为普通图层的一部分，使图层样式部分可以像普通图层中的其他部分一样进行编辑处理。在该图层上右击，执行"栅格化图层样式"命令，如图 4-209 所示。此时该图层的图层样式就会出现在图层本身的内容中，如图 4-210 所示。

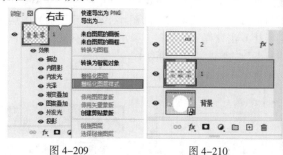

图 4-209   图 4-210

【重点】4.3.2 动手练：斜面和浮雕

使用"斜面和浮雕"样式可以为图层赋予从表面凸起的立体感。在"斜面和浮雕"样式中包含多种凸起效果，如"外斜面""内斜面""浮雕效果""枕状浮雕""描边浮雕"。"斜面和浮雕"样式主要通过为图层添加高光与阴影，使图像产生立体感，常用于制作立体感的文字或带有厚度感的对象。选中图层，执行"图层"→"图层样式"→"斜面浮雕"命令，打开"斜面和浮雕"参数设置页面，如图 4-211 所示。并设置合适的参数，然后单击"确定"按钮，所选图层就会产生凸起效果，如图 4-212 所示。

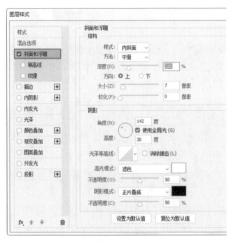

图 4-211

图 4-212

在样式列表中的"斜面浮雕"样式下方还有另外两种样式:"等高线"和"纹理"。单击"斜面和浮雕"样式下面的"等高线"选项，即可切换到"等高线"参数设置页面，如图 4-213 所示。使用"等高线"可以在浮雕中创建凹凸起伏的效果。而"纹理"样式则可以在图层表面模拟凹凸效果，如图 4-214 所示。

图 4-213　　　　　　　图 4-214

"描边"样式能够在图层的边缘处添加纯色、渐变以及图案的边缘。通过设置参数可以使描边处于图层边缘以内的部分、图层边缘以外的部分，或者使描边出现在图层边缘内外。选中图层，如图 4-215 所示。执行"图层"→"图层样式"→"描边"命令，在"描边"参数

设置页面中可以对描边大小、位置、混合模式、不透明度、填充类型以及填充内容进行设置，如图 4-216 所示。

图 4-215　　　　　　　图 4-216

图 4-217 所示为纯色描边、渐变描边、图案描边效果。

纯色　　　　　　渐变　　　　　　图案

图 4-217

"内阴影"样式可以为图层添加从边缘向内产生的阴影，这种效果会使图层内容产生凹陷效果。选中图层，执行"图层"→"图层样式"→"内阴影"命令，在"内阴影"参数设置页面中可以对"内阴影"的结构和品质进行设置，如图 4-218 所示。图 4-219 所示为添加了"内阴影"样式后的效果。

图 4-218　　　　　　　图 4-219

"内发光"样式可以使图层产生从边缘向内发光的效果。选中图层，执行"图层"→"图层样式"→"内发光"命令，如图 4-220 所示。在"内发光"参数设置页面中可以对"内发光"的结构、图素和品质进行设置，效果如图 4-221 所示。

图 4-220 图 4-221

4.3.6 动手练：光泽

"光泽"样式可以为图层添加一种被光线照射后产生的映射效果。"光泽"模式通常用来制作具有光泽质感的按钮和金属。选中图层，执行"图层"→"图层样式"→"光泽"命令，如图 4-222 所示。在"光泽"参数设置页面中可以对"光泽"的混合模式、不透明度、角度、距离、大小、等高线进行设置，效果如图 4-223 所示。

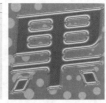

图 4-222 图 4-223

4.3.7 动手练：颜色叠加

"颜色叠加"样式可以为图层整体赋予某种颜色。选中图层，执行"图层"→"图层样式"→"颜色叠加"命令，如图 4-224 所示。在"颜色叠加"参数设置页面中可以通过调整颜色的混合模式与不透明度来调整该图层的效果，效果如图 4-225 所示。

图 4-224 图 4-225

4.3.8 动手练：渐变叠加

"渐变叠加"样式与"颜色叠加"样式非常接近，都是以特定的混合模式与不透明度使某种色彩混合作用于所选图层，但是"渐变叠加"样式是以渐变颜色对图层进行覆盖的，所以该样式主要是为了让图层产生某种渐变色的效果。

选中图层，执行"图层"→"图层样式"→"渐变叠加"命令，如图 4-226 所示。"渐变叠加"不仅能够制作带有多种颜色的对象，更能够通过巧妙的渐变色设置制作出凸起、凹陷等三维效果以及带有反光的质感效果。在"渐变叠加"参数设置页面中可以对"渐变叠加"的混合模式、不透明度、渐变颜色和样式、角度、缩放等参数进行设置，效果如图 4-227 所示。

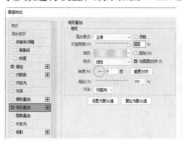

图 4-226 图 4-227

练习实例：使用图层样式制作质感广告字

扫一扫，看视频

文件路径	资源包 \ 第 4 章 \ 练习实例：使用图层样式制作质感广告字
难易指数	★★★★★
技术掌握	横排文字工具、图层样式

案例效果

案例效果如图 4-228 所示。

图 4-228

操作步骤

步骤 01 新建一个空白文档，将前景色设置为绿色，然后使用快捷键 Alt+Delete 进行填充，如图 4-229 所示。新建图层，选择工具箱中的"多边形套索工具"，在画面的左侧绘制一个四边形选区，如图 4-230 所示。

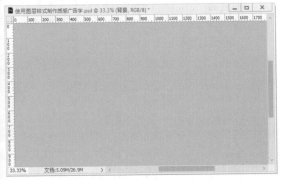

图 4-229

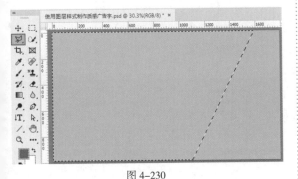

图 4-230

步骤 02 将选区填充为白色，然后使用快捷键 Ctrl+D 取消选区的选择，如图 4-231 所示。

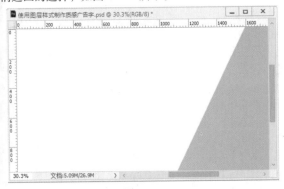

图 4-231

步骤 03 执行"窗口"→"图案"命令打开"图案"面板，接着找到素材文件夹，选中素材 1，按住鼠标左键向"图案"面板中拖动，释放鼠标后完成图案的载入操作，如图 4-232 所示。载入成功后会在"图案"面板的底部看

到载入的图案，如图 4-233 所示。

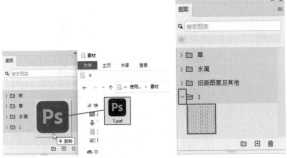

图 4-232　　　　　　　　图 4-233

步骤 04 选中白色四边形图层，执行"图层"→"图层样式"→"图案叠加"命令，在弹出的"图层样式"对话框中设置图案叠加的"混合模式"为"正常"，"不透明度"为 5%，选择新载入的图案，设置"缩放"为80%，设置完成后单击"确定"按钮，如图 4-234 所示。此时画面效果如图 4-235 所示。

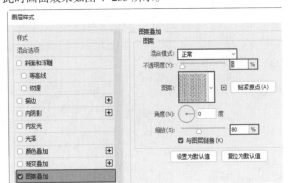

图 4-234

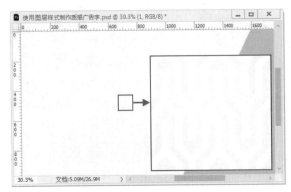

图 4-235

步骤 05 置入素材 2.png，调整大小后移到合适位置，然后按 Enter 键确定置入操作，如图 4-236 所示。

图 4-236

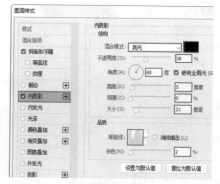

图 4-239

步骤 06 使用"横排文字工具"添加文字，然后将其进行旋转，如图 4-237 所示。选中文字图层，执行"图层"→"图层样式"→"斜面和浮雕"命令，在弹出的"图层样式"对话框中设置"斜面和浮雕"的"样式"为"枕状浮雕"，"方法"为"平滑"，"深度"为 120%，"方向"为"上"，"大小"为 23 像素，"软化"为 2 像素，"角度"为 60 度，"高度"为 30 度，设置合适的"光泽等高线"，"高光模式"为"实色混合"，颜色为白色，"不透明度"为 40%，"阴影模式"为正常，颜色为黑色，"不透明度"为 0%，参数设置如图 4-238 所示。

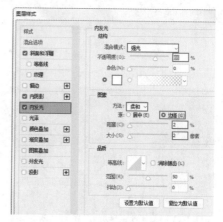

图 4-240

步骤 08 单击样式列表中的"渐变叠加"，设置"混合模式"为"正常"，"不透明度"为 100%，"渐变"为橘黄色系的渐变颜色，"样式"为"线性"，"角度"为 177 度，"缩放"为 147%，参数设置如图 4-241 所示。单击样式列表中的"外发光"，设置"混合模式"为"排除"，"不透明度"为 74%，颜色为白色，"方法"为"柔和"，"大小"为 9 像素，"范围"为 74%，"抖动"为 94%，参数设置如图 4-242 所示。设置完成后单击"确定"按钮，此时文字效果如图 4-243 所示。

图 4-237　　　　　　图 4-238

步骤 07 勾选样式列表中的"内阴影"，设置"混合模式"为"亮光"，颜色为黑色，"不透明度"为 38%，"角度"为 60 度，"距离"为 5 像素，"阻塞"为 0%，"大小"为 21 像素，设置合适的"等高线"，"杂色"为 2%，参数设置如图 4-239 所示。单击样式列表中的"内发光"，设置"混合模式"为"强光"，"不透明度"为 66%，颜色为白色，"方法"为"柔和"，"源"为"边缘"，"阻塞"为 2%，"大小"为 2 像素，参数设置如图 4-240 所示。

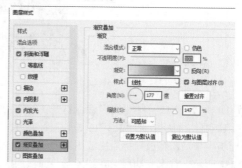

图 4-241

中文版 Photoshop 电商美工设计从入门到实战（全程视频版）（上册）

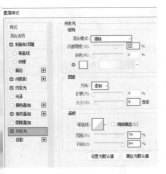

图 4-242   图 4-243

图 4-248

步骤 09 继续输入第二个文字，如图 4-244 所示。

图 4-244

步骤 10 在"图层"面板中，将光标移动至图层样式图标的位置，然后按住 Alt 键的同时按住鼠标左键拖动，此时光标变为 状，然后向另外一个文字图层上方拖动，如图 4-245 所示。释放鼠标后完成图层样式的复制操作，如图 4-246 所示。

步骤 13 选中文字图层，执行"图层"→"图层样式"→"描边"命令，设置"大小"为 8 像素，"位置"为"外部"，"混合模式"为"正常"，"不透明度"为 100%，"填充类型"为"颜色"，"颜色"为白色，参数设置如图 4-249 所示。单击样式列表中的"投影"，设置"混合模式"为"正片叠底"，颜色为黑色，"不透明度"为 30%，"角度"为 60 度，"距离"为 14 像素，"扩展"为 0%，"大小"为 0 像素，参数设置完成后单击"确定"按钮，如图 4-250 所示。此时文字效果如图 4-251 所示。

图 4-245   图 4-246

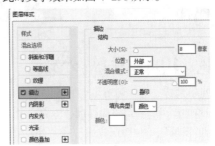

图 4-249

步骤 11 使用相同的方法制作另外一个文字，如图 4-247 所示。

图 4-247

图 4-250   图 4-251

步骤 14 继续使用"横排文字工具"添加文字，如图 4-252 所示。然后将顶部红色小文字的图层样式粘贴给绿色小文字，案例完成效果如图 4-253 所示。

第 4 章 文字与排版

图 4-252　　　　　　　　图 4-253

4.3.9　动手练：图案叠加

"图案叠加"样式与前两种"叠加"样式的原理相似，"图案叠加"样式可以在图层上叠加图案。选中图层，执行"图层"→"图层样式"→"图案叠加"命令，如图 4-254 所示。在"图案叠加"参数设置页面中可以对"图案叠加"的混合模式、不透明度等参数进行设置，效果如图 4-255 所示。

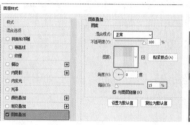

图 4-254　　　　　　　　图 4-255

【重点】4.3.10　动手练：外发光

"外发光"样式与"内发光"非常相似，"外发光"样式可以沿图层内容的边缘向外创建发光效果。选中图层，执行"图层"→"图层样式"→"外发光"命令，如图 4-256 所示。在"外发光"参数设置页面中可以对"外发光"的结构、图素和品质进行设置，效果如图 4-257 所示。"外发光"效果可用于制作自发光效果以及人像或其他对象的梦幻般的光晕效果。

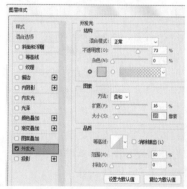

图 4-256　　　　　　　　图 4-257

【重点】4.3.11　动手练：投影

"投影"样式与"内阴影"样式比较相似，"投影"样式用于制作图层边缘向后产生的阴影效果。选中图层，执行"图层"→"图层样式"→"投影"命令，如图 4-258 所示。接着可以通过设置参数来增强层次感和立体感效果如图 4-259 所示。

图 4-258　　　　　　　　图 4-259

练习实例：促销活动主图

扫一扫，看视频

文件路径	资源包\第 4 章\练习实例：促销活动主图
难易指数	★★★★★
技术掌握	横排文字工具、图层样式

案例效果

案例效果如图 4-260 所示。

图 4-260

操作步骤

步骤 01 执行"文件"→"打开"命令，将背景素材打开，如图 4-261 所示。选择工具箱中的"横排文字工具"在画面中插入光标，然后输入文字，如图 4-262 所示。

中文版 Photoshop 电商美工设计从入门到实战（全程视频版）（上册）

图 4-261   图 4-262

步骤 02 选中文字图层,执行"图层"→"图层样式"→"描边"命令,在弹出的"图层样式"对话框中设置"大小"为 2 像素,"位置"为"内部","混合模式"为"正常","不透明度"为 100%,"填充类型"为"颜色","颜色"为白色,如图 4-263 所示。然后单击样式列表中的"图案叠加",设置"混合模式"为"颜色加深","不透明度"为 60%,并设置合适的图案,如图 4-264 所示。

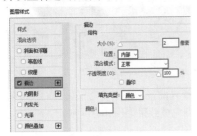

图 4-263

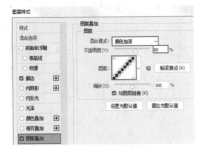

图 4-264

步骤 03 单击样式列表中的"投影",设置"混合模式"为"正常",颜色为深紫色,"不透明度"为 100%,"角度"为 89 度,"距离"为 5 像素,如图 4-265 所示。单击投影后侧的 ➕ 按钮,然后选择底部的"投影"样式,设置"混合模式"为"正片叠底",颜色为稍浅的紫色,"不透明度"为 60%,"角度"为 89 度,"距离"为 10 像素,"大小"为 7 像素,参数设置如图 4-266 所示。设置完成后单击"确定"按钮,文字效果如图 4-267 所示。

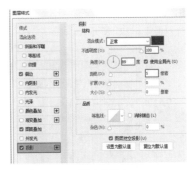

图 4-265

图 4-266   图 4-267

步骤 04 选中文字图层,使用快捷键 Ctrl+J 将文字复制一层,然后向右移动,如图 4-268 所示。选中工具箱中的"横排文字工具",在复制文字的一侧按住鼠标左键向另一侧拖动将其选中,如图 4-269 所示。

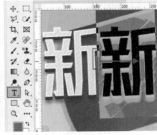

图 4-268   图 4-269

步骤 05 将文字进行更改,接着使用快捷键 Ctrl+Enter 提交操作,如图 4-270 所示。

图 4-270

步骤 06 使用相同的方法制作第三个文字，然后将文字更改为黄色，如图 4-271 所示。

图 4-271

步骤 07 更改投影的颜色。在"图层"面板中双击顶部的"投影"图层样式，在弹出的"图层样式"对话框中将投影的颜色更改为土黄色，其他参数不变。设置完成后单击"确定"按钮，如图 4-272 所示。此时文字效果如图 4-273 所示。

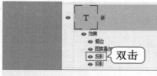

图 4-272　　　　　图 4-273

步骤 08 继续以相同的方法制作另外两个文字，如图 4-274 所示。

图 4-274

步骤 09 按住 Ctrl 键依次单击加选五个文字图层，然后使用"自由变换"快捷键 Ctrl+T 进行旋转，旋转完成后单击"确定"按钮 ✓，如图 4-275 所示。

图 4-275

步骤 10 继续使用"横排文字工具"添加文字，并进行旋转，如图 4-276 所示。

图 4-276

步骤 11 置入前景装饰素材 2.png，按 Enter 键确定置入操作。案例完成效果如图 4-277 所示。

图 4-277

Chapter 05
第5章

商品图像的基本处理

本章内容简介:

网店平台对于卖家所上传的商品照片以及网页图像都是有大小或尺寸的要求的,超过限定大小的图像可能无法上传,而与要求比例不符的图像也可能会造成无法正确显示的问题,这时就需要修改图像大小或尺寸。另外,对于图像细节的处理在商品图像的美化、修改中也是非常重要的,瑕疵去除、形态调整、模糊、锐化等操作都是图像处理的最基本的操作,也是本章的重点之一。在此基础上,本章还学习了针对大量图像进行快速处理的功能。

重点知识掌握:

- 掌握图像大小的调整方法。
- 掌握画面瑕疵去除的常用工具。
- 掌握对画面进行模糊锐化的工具和滤镜。
- 掌握图像批处理功能。

通过本章学习,我能做什么?

通过本章的学习,我们可以对商品照片中不美观的瑕疵进行去除,简单地处理商品照片中局部明暗不合理的问题,并且能够对画面进行模糊和锐化。例如,去除地面上的杂物或者不应入镜的人物,去除人物面部的斑点、痘印、皱纹、眼袋、杂乱发丝以及服装上多余的褶皱等。还可以对照片局部的明暗以及虚实程度进行调整,以实现突出强化主体物、弱化环境背景的目的。利用批处理功能,还可以帮助我们轻松应对大量重复的工作。例如,为一批商品照片进行批量的风格化调色,将大量图像转换为特定尺寸、特定格式,为大量的商品照片添加水印或促销信息,等等。

5.1 调整商品图像的尺寸及方向

在上传图像的过程中，通常会限定指定图像的尺寸和大小。例如，某电商平台的主图的尺寸要求分辨率为800像素×800像素，大小在500KB内。这时就需要将图像的长度和宽度尺寸调整为800像素，并将存储之后的文件大小调整为小于500KB，使之符合上传条件。

{重点}5.1.1 动手练：图像裁剪

扫一扫，看视频

想要裁剪掉画面中的部分内容，最便捷的方法就是在工具箱中选择"裁剪工具" 4.，直接在画面中绘制出需要保留的区域。图5-1所示为该工具的选项栏。

图5-1

（1）选择工具箱中的"裁剪工具" 4.，此时画板边缘会显示控制点，如图5-2所示。接着在画面中按住鼠标左键拖动，绘制一个需要保留的区域，如图5-3所示。释放鼠标得到裁剪框，如图5-4所示。

图5-2　　　　　图5-3

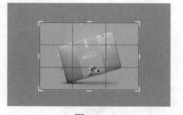

图5-4

（2）对这个区域进行调整，将光标移动到裁剪框的边缘或四角处，按住鼠标左键拖动，即可调整裁剪框的大小，如图5-5所示。

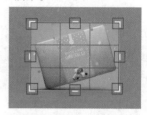

图5-5

（3）若要旋转裁剪框，可将光标放置在裁剪框外侧，当它变为带弧线的箭头形状时，按住鼠标左键拖动即可，如图5-6所示。调整完成后，按Enter键确认，如图5-7所示。

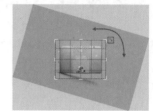 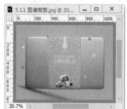

图5-6　　　　　　　　图5-7

（4）"裁剪工具"也能够用于放大画布。当需要放大画布时，若在选项栏中勾选"内容识别"复选框，则会自动补全由于裁剪造成的画面的局部空缺，如图5-8所示。若取消勾选该复选框，原图层为"背景"图层，且勾选了"删除裁剪的像素"复选框时会以背景色进行填充，如图5-9所示（取消勾选"内容识别"和"删除裁剪的像素"复选框或当所选图层为普通图层时，空缺部分保留为透明）。

图5-8

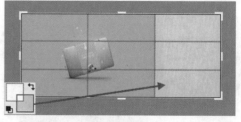

图5-9

中文版 Photoshop 电商美工设计从入门到实战（全程视频版）（上册）

（5）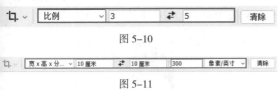：该下拉列表框用于设置裁剪的约束方式。如果想要按照特定比例进行裁剪，可以在该下拉列表中选择"比例"选项，然后在右侧文本框中输入比例数值，如图5-10所示。如果想要按照特定的尺寸进行裁剪，则可以在该下拉列表中选择"宽 × 高 × 分辨率"选项，在右侧文本框中输入宽、高和分辨率的数值，如图5-11所示。当想要随意裁剪时，则需要单击"清除"按钮，清除长宽比。

图5-10

图5-11

（6）在工具选项栏中单击"拉直" 按钮，在图像上按住鼠标左键画出一条直线，松开鼠标后，即可通过将这条线校正为直线来拉直图像，如图5-12和图5-13所示。

图5-12　　　　　图5-13

（7）如果在工具选项栏中勾选"删除裁剪的像素"复选框，裁剪之后会彻底删除裁剪框外部的像素数据，如图5-14所示。如果取消勾选该复选框，多余的区域将处于隐藏状态，如图5-15所示。如果想要还原到裁剪之前的画面，只需要再次选择"裁剪工具"，然后随意操作，即可看到原图像中的内容。

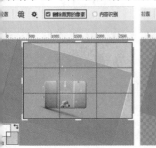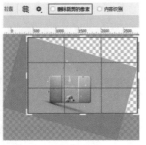

图5-14　　　　　图5-15

【重点】5.1.2　动手练：调整图像尺寸

（1）要想调整图像尺寸，可以使用"图像大小"命令来完成。选择需要调整尺寸的图像文件，执行"图像"→"图像大小"命令，打开"图像大小"对话框，如图5-16所示。

扫一扫，看视频

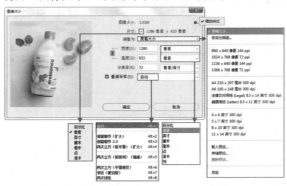

图5-16

· 尺寸：显示当前文件的尺寸。单击下拉按钮，在弹出的下拉列表中可以选择尺寸单位。

· 调整为：在该下拉列表中可以选择多种常用的预设图像大小。

· 宽度、高度：在文本框中输入数值，即可设置图像的宽度或高度。输入数值之前，需要在右侧的单位下拉列表中选择合适的单位，其中包括"像素""英寸""厘米"等。

· 约束长宽比 ：当启用"约束长宽比"时，在对图像大小进行调整后，图像还会保持之前的长宽比；当未启用时，可以分别调整宽度和高度的数值。

· 分辨率：用于设置分辨率大小。输入数值之前，也需要在右侧的单位下拉列表中选择合适的单位。需要注意的是，即使增大"分辨率"数值，也不会使模糊的图片变清晰，因为原本就不存在的细节只通过增大分辨率是无法"画出"的。

· 重新采样：在该下拉列表中可以选择重新采样的方式。

· 缩放样式：单击窗口右上角的 按钮，在弹出的菜单中选择"缩放样式"命令，此后，当对图像大小进行调整时，其原有的样式会按照比例进行缩放。

（2）在调整图像大小时，首先一定要设置好正确的单位，接着在"宽度"和"高度"文本框中输入数值。默认情况下启用"约束长宽比" ，当修改"宽度"数值或"高度"数值时，另一个数值也会随之发生变化。该按钮适用于需要将图像尺寸限定在某个特定范围内的情况。例如，作品要求尺寸最大边长不超过 1000 像素。首先设置单位为"像素"；然后将"宽度"（也就是最长的边）数值改为 1000 像素，"高度"数值也会随之发生变化；最后单击"确定"按钮，如图 5-17 所示。

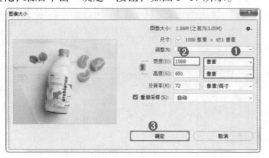

图 5-17

（3）如果要输入的长宽比与现有图像的长宽比不同，则需要单击 ⑧ 按钮，使之处于未启用的状态。此时可以分别调整"宽度"和"高度"的数值；但修改了数值之后，可能会造成图像比例错误的情况。

例如，要求照片尺寸为宽 300 像素、高 500 像素（宽高比为 3∶5），而原始图像宽度为 600 像素、长度为 800 像素（宽高比为 3∶4），那么修改了图像大小之后，照片比例会变得很奇怪，如图 5-18 所示。此时应该先启用"约束长宽比" ⑧ ，按照要求输入较长的边（也就是"高度"）数值，使照片大小缩放到比较接近的尺寸，然后利用"裁剪工具"进行裁剪，如图 5-19 所示。

图 5-18

图 5-19

练习实例：将商品主图裁剪为正方形

扫一扫，看视频

文件路径	资源包\第 5 章\练习实例：将商品主图裁剪为正方形
难易指数	⭐⭐⭐⭐⭐
技术掌握	裁剪工具、"图像大小"命令

案例效果

案例效果如图 5-20 所示。

图 5-20

操作步骤

步骤 01 执行"文件→打开"命令，将素材打开，如图 5-21 所示。

图 5-21

步骤 02 选择工具箱中的"裁剪工具"，在选项栏中设置预设长宽比为"1∶1（方形）"，勾选"内容识别"复选框，接着拖动控制点调整裁剪框的大小，如图 5-22 所示。完成后按 Enter 键，多余的部分被裁掉，空缺的部分被自动填充，如图 5-23 所示。

图 5-22

图 5-23

步骤 03 虽然图像的比例为 1：1，但目前图像尺寸不符合要求。执行"图像"→"图像大小"命令，打开"图像大小"对话框。设置单位为"像素"，"宽度"和"高度"设置为 800，然后单击"确定"按钮，如图 5-24 所示，即可得到尺寸合适的主图。

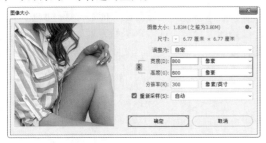

图 5-24

[重点] 5.1.3 **动手练：修改画布大小**

执行"图像"→"画布大小"命令，在弹出的"画布大小"对话框中可以调整可编辑的画面范围。在"宽度"和"高度"文本框中输入数值，可以设置修改后的画布尺寸。如果勾选"相对"复选框，"宽度"和"高度"数值将代表实际增大或减小的区域的大小，而不再代表整个文档的大小。

输入正值表示增大画布，输入负值则表示减小画布。图 5-25 所示为原始图片，图 5-26 所示为"画布大小"对话框。

图 5-25

图 5-26

· **定位**：主要用来设置当前图像在新画布上的位置。图 5-27 所示为不同定位位置的对比效果。

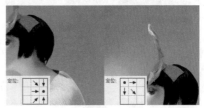

图 5-27

· **画布扩展颜色**：当"新建大小"大于"当前大小"（即原始文档尺寸）时，在此处可以设置扩展区域的填充颜色。图 5-28 所示分别为使用前景色与背景色填充扩展区域的效果。

图 5-28

提示：画布大小与图像大小。

"画布大小"与"图像大小"的概念不同，"画布"指的是整个可以绘制的区域而非部分图像区域。例如，增大"图像大小"，会将画面中的内容按一定比例放大；而增大"画布大小"，则在画面中增大了部分空白区域。

原始图像并没有变大，如图 5-29 所示。如果缩小"图像大小"，画面内容会按一定比例缩小；缩小"画布大小"，图像则会被裁掉一部分，如图 5-30 所示。

图 5-29

图 5-30

动手练：旋转画布到正常的角度

在使用相机拍摄商品照片时，有时会由于相机的朝向使照片产生横向或竖向效果。这些问题可以通过"图像"→"图像旋转"子菜单中的相应命令来解决，如图 5-31 所示。图 5-32 所示为原图、"180 度""顺时针 90 度""逆时针 90 度""水平翻转画布""垂直翻转画布"的对比效果。

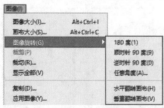

图 5-31

原图　　　　180度　　　顺时针90度

逆时针90度　　水平翻转画布　　垂直翻转画布

图 5-32

执行"图像"→"图像旋转"→"任意角度"命令，在弹出的"旋转画布"对话框中输入特定的旋转角度，并设置旋转方向为"度顺时针"或"度逆时针"，如图 5-33 所示。图 5-34 所示为顺时针旋转 60 度的效果。旋转之后画面中多余的部分被填充为当前的背景色。

图 5-33

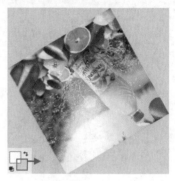

图 5-34

5.1.5　动手练：内容识别缩放——保留主体物并调整图片比例

在变换图像时我们经常要考虑是否等比的问题，因为很多不等比的变形是不美观、不专业、不能用的。但是对于一些图形，等比缩放确实能够保证画面效果不变形，但是图像尺寸可能就不尽如人意了。那有没有一种既能保证画面效果不变形，又能不等比地调整大小的方法呢？答案是有的，可以使用"内容识别缩放"命令进行缩放操作。

（1）在图 5-35 中，可以看到画面非常宽，是常见的通栏广告的比例。但是如果想要将画面的宽度收缩一些，按快捷键 Ctrl+T 调出定界框，然后横向缩放，画面中的图形就变形了，如图 5-36 所示。

图 5-35

中文版 Photoshop 电商美工设计从入门到实战（全程视频版）（上册）

图 5-36

（2）执行"编辑"→"内容识别缩放"命令，单击选项栏中的"保持长宽比"按钮取消保持长宽比，接着拖动控制点进行横向的收缩，随着拖动可以看到画面中的主体并未发生变形，而颜色较为统一的背景区域则进行了压缩，如图 5-37 所示。

图 5-37

（3）如果要缩放人像图片，如图 5-38 所示。可以在执行完"内容识别缩放"命令之后单击选项栏中的"保护肤色"按钮，然后进行缩放。这样可以最大限度地保证人物比例，如图 5-39 所示。

图 5-38   图 5-39

提示：选项栏中的"保护"选项的用法。

选择要保护区域的 Alpha 通道。如果要在缩放图像时保留特定的区域，"内容识别缩放"允许在调整大小的过程中使用 Alpha 通道来保护内容。

练习实例：内容识别缩放——拉长腿部

文件路径	资源包\第 5 章\练习实例：内容识别缩放——拉长腿部	
难易指数	★★★★★	
技术掌握	内容识别缩放	扫一扫，看视频

案例效果

案例效果对比如图 5-40 和图 5-41 所示。

图 5-40   图 5-41

操作步骤

步骤 01 执行"文件"→"打开"命令将人物素材打开，如图 5-42 所示。选中"背景"图层，使用快捷键 Ctrl+J 将"背景"图层复制一份，如图 5-43 所示。

图 5-42   图 5-43

步骤 02 选择复制的图层，选择工具箱中的"矩形选框工具"，在人物腰部以下位置绘制矩形选区，如图 5-44 所示。接着执行"编辑"→"内容识别缩放"命令，默认情况下为等比例缩放，所以需要在底部按住 Shift 键的同时按住鼠标左键拖动控制框，进行不等比拉长，如图 5-45 所示。

图 5-44 图 5-45

步骤 03 变形完成后按 Enter 键确定变换操作, 然后使用快捷键 Ctrl+D 取消选区的选择。案例完成效果如图 5-46 所示。

图 5-46

练习实例: 拉伸画面制作店招

扫一扫, 看视频

文件路径	资源包 \ 第 5 章 \ 练习实例: 拉伸画面制作店招
难易指数	⭐⭐⭐⭐⭐
技术掌握	内容识别缩放、横排文字工具、矩形工具

案例效果

案例效果如图 5-47 所示。

图 5-47

操作步骤

步骤 01 新建一个宽度为 1920 像素、高度为 120 像素的空白文档。接着将背景素材置入文档, 并将其栅格化, 如图 5-48 所示。

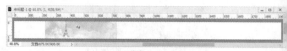

图 5-48

步骤 02 选中背景素材, 执行 "编辑" → "内容识别缩放" 命令, 默认情况下为等比例缩放, 所以需要按住 Shift 键拖动一侧的控制点进行横向放大, 如图 5-49 所示。

图 5-49

步骤 03 按住 Shift 键拖动左侧控制点, 将画面填满, 如图 5-50 所示。变换完成后按 Enter 键确定变换操作。

图 5-50

步骤 04 选中工具箱中的 "横排文字工具", 在画面中单击插入光标, 在选项栏中设置合适的字体、字号、颜色设置为粉红色。然后删除占位符, 输入文字。文字输入完成后按快捷键 Ctrl+Enter 提交操作, 如图 5-51 所示。

图 5-51

步骤 05 单击工具箱中的 "椭圆工具", 在选项栏中设置绘制模式为 "形状", "填充" 为粉红色, "描边" 为无, 然后在文字的右侧按住 Shift 键拖动绘制正圆, 如图 5-52 所示。选中正圆图层, 使用快捷键 Ctrl+J 将其复制一份, 然后向右移动, 继续复制一份并向右移动, 如图 5-53 所示。

图 5-52 图 5-53

步骤 06 使用"横排文字工具"在正圆上方和主体文字下方添加文字，如图 5-54 和图 5-55 所示。

图 5-54　　　　　　图 5-55

步骤 07 选择工具箱中的"矩形工具"，在选项栏中设置绘制模式为"形状"，"填充"为粉红色。在粉红色主体文字的下方按住鼠标左键拖动绘制一条细长的矩形。绘制完成后选中矩形，设置 H 为 2 像素，如图 5-56 所示。

图 5-56

步骤 08 选择工具箱中的"形状工具"，在选项栏中设置绘制模式为"形状"，"填充"为粉红色，单击"形状"按钮，展开"旧版形状及其他 – 所有旧版形状 .csh– 动物"组，在其中选择蜗牛，接着在直线的末端绘制图形，如图 5-57 所示。

图 5-57

步骤 09 选择工具箱中的"矩形工具"，在选项栏中设置绘制模式为"形状"，"填充"为粉红色，接着在文字的底部按住鼠标左键拖动绘制矩形，如图 5-58 所示。

图 5-58

步骤 10 使用"横排文字工具"在矩形上方添加文字，案例完成效果如图 5-59 所示。

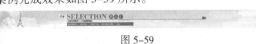

图 5-59

5.1.6　动手练：使用"透视裁剪工具"矫正商品图像的透视问题

"透视裁剪工具"　可以在对图像进行裁剪的同时调整图像的透视效果，常用于去除图像中的透视感，或者在带有透视感的图像中提取局部，也可以为图像添加透视感。

（1）选择"透视裁剪工具"，在一角处单击，如图 5-60 所示。接着在其他转折位置单击，如图 5-61 所示。

图 5-60　　　　　　图 5-61

（2）在最后一个位置单击完成透视裁剪框的绘制，如图 5-62 所示。按 Enter 键完成裁剪，如图 5-63 所示。

图 5-62　　　　　　图 5-63

5.2　去除图像瑕疵

"修图"一直是 Photoshop 最为人所熟知的强项之一，通过 Photoshop 可以轻松去除模特面部的斑斑点点、环境中的杂乱物体、商品上的小瑕疵，或者去除图片上的水印。

扫一扫，看视频

Photoshop 中包含多种可以用于去除瑕疵的工具，但在实际的图像处理过程中并不是每种工具都会用到。我们可以在了解了每种工具的特性后选择适合的工具进行操作。实际上，只要能够实现去除瑕疵的目的，无论是去除瑕疵，还是用正确内容覆盖，甚至是用画笔进行绘制等方法，都是可以的。

{重点}5.2.1 动手练：修复商品图像的瑕疵

Photoshop 中提供了多种修复画面瑕疵的工具，选择修复瑕疵的工具时，需要根据工具的特性和瑕疵的特点选择工具。

（1）打开一张需要修复瑕疵的图片，可以看到环境中有杂物，如图 5-64 所示。

图 5-64

（2）"污点修复画笔工具"可以去除较小面积的瑕疵。例如，去除人物面部的斑点、皱纹、凌乱发丝，或者去除画面中细小的杂物等。选择"污点修复画笔工具" <img/>。在选项栏中设置合适的笔尖大小，设置"模式"为"正常"，"类型"为"内容识别"，然后在需要去除的位置单击或者按住鼠标左键拖动，如图 5-65 所示。松开鼠标后可以看到涂抹位置的瑕疵消失了，如图 5-66 所示。

图 5-65   图 5-66

> 💡 **提示："污点修复画笔"的类型。**
>
> "类型"选项用来设置修复的方法。选择"近似匹配"选项，可以使用选区边缘周围的像素来查找要用作选定区域修补的图像区域；选择"创建纹理"选项，可以使用选区中的所有像素创建一个用于修复该区域的纹理；选择"内容识别"选项，可以使用选区周围的像素进行修复。

（3）"修复画笔工具"可以用图像中的像素作为样本进行绘制，以修复画面中的瑕疵。选择"修复画笔工具"

<img/>，设置合适的笔尖大小，在选项栏中设置"源"为"取样"，在没有瑕疵的位置按住 Alt 键单击取样，如图 5-67 所示。在缺陷位置单击或按住鼠标左键拖动进行涂抹，松开光标，画面中多余的内容会被去除，效果如图 5-68 所示。继续在杂物上方按住鼠标左键涂抹，效果如图 5-69 所示。

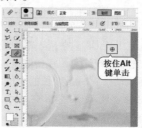

图 5-67   图 5-68

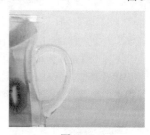

图 5-69

（4）"修补工具"可以利用画面中的部分内容作为样本，修复所选图像区域中不理想的部分。"修补工具"通常用来去除画面中的部分内容。单击"修补工具" <img/>，将光标移动至瑕疵的位置，按住鼠标左键拖动，沿着瑕疵边缘绘制，如图 5-70 所示。松开鼠标得到一个选区，将光标放置在选区内，并向其他位置拖动，拖动的位置是将选区中的像素替换的位置，如图 5-71 所示。移动到目标位置后松开鼠标，稍等片刻就可以看到修补效果。

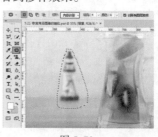 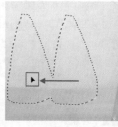

图 5-70   图 5-71

（5）"仿制图章工具"可以将图像的一部分通过涂抹的方式"复制"到图像中的另一个位置上。打开一张图片，在工具箱中单击"仿制图章工具" <img/>，接着设置合适的笔尖大小，然后在需要修复位置的附近按住 Alt 键单击，进行像素样本的拾取，如图 5-72 所示。接着将光标移动至瑕疵的位置单击或按住鼠标左键拖动涂抹，将拾取的像素覆盖在瑕疵位置，如图 5-73 所示。继续进行涂抹，效果如图 5-74 所示。

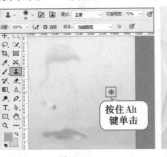 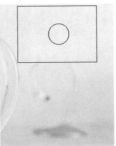

图 5-72　　　　　　　　　图 5-73

图 5-74

 提示：使用"仿制图章工具"进行操作会遇到的问题。

在修补的过程中，如果遇到细长或成片的瑕疵，可按住鼠标左键拖动进行修复。继续使用"仿制图章工具"进行修复。

在使用"仿制图章工具"时，经常会出现绘制出重叠的效果，如图 5-75 所示。遇到这种问题可能是由于取样的位置太接近需要修补的区域，此时可以重新取样并进行覆盖操作。

图 5-75

（6）选择工具箱中的"套索工具"，在瑕疵位置绘制选区，如图 5-76 所示。接着执行"编辑→内容识别填充"命令，随即会进入内容识别填充界面，选区以外被半透明的绿色覆盖，在预览窗口中能查看填充效果，在窗口右侧能够进行选项的设置，通常使用默认参数即可，如图 5-77 所示。单击"确定"按钮提交操作，效果如图 5-78 所示。

图 5-76

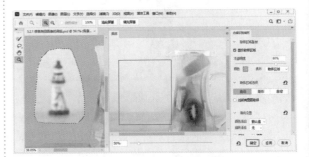

图 5-77

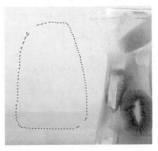

图 5-78

 提示："内容识别填充"操作技巧。

在内容识别填充界面中还可以进行选区的运算，控制填充的区域。单击选择"套索工具"，单击选项栏中的"添加到选区"按钮，接着在另一个瑕疵位置绘制选区，如图 5-79 所示。按 Enter 键提交操作，效果如图 5-80 所示。

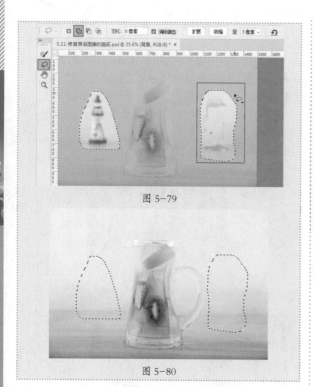

图 5-79

图 5-80

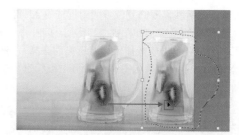

图 5-82

图 5-83　　　　　图 5-84

（7）使用"内容感知移动工具" 移动选区中的对象，被移动的对象将会自动将影像与四周的景物融合，对原始的区域则会进行智能填充。当需要改变画面中某一对象的位置时，可以尝试使用该工具。选择"内容感知移动工具"，接着在选项栏中设置"模式"为"移动"，然后使用该工具在需要移动的对象上方按住鼠标左键拖动绘制选区，如图 5-81 所示。接着将光标移动至选区内部，按住鼠标左键向目标位置拖动，松开鼠标即可移动该对象，并带有一个定界框，如图 5-82 所示。最后按 Enter 键确定移动操作，然后使用快捷键 Ctrl+D 取消选区的选择，移动效果如图 5-83 所示。如果在选项栏中设置"模式"为"扩展"，则会将选区中的内容复制一份，并融入画面，效果如图 5-84 所示。

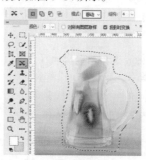

图 5-81

练习实例：去除人物面部细纹

文件路径	资源包\第 5 章\练习实例：去除人物面部细纹
难易指数	⭐⭐⭐⭐⭐
技术掌握	仿制图章工具、污点修复画笔工具

扫一扫，看视频

案例效果

案例对比效果如图 5-85 和图 5-86 所示。

图 5-85

图 5-86

操作步骤

步骤 01 执行"文件"→"打开"命令将素材打开，如

图 5-87 所示。选中"背景"图层,使用快捷键 Ctrl+J 将"背景"图层复制一份,如图 5-88 所示。

图 5-87

图 5-88

步骤 02 选中复制的图层,选择工具箱中的"仿制图章工具",选择一个柔边圆画笔,设置合适的笔尖大小,然后在左眼下方按住 Alt 键单击进行取样,如图 5-89 所示。接着在选项栏中降低笔尖的"不透明度",设置为 80%,然后在眼底细纹和黑眼圈的位置按住鼠标左键拖动涂抹,将拾取的像素覆盖住不美观的部分,如图 5-90 所示。

图 5-89   图 5-90

步骤 03 使用相同的方法在右眼底部光滑皮肤的位置单击取样,然后在眼底涂抹,效果如图 5-91 所示。

图 5-91

步骤 04 去除眼尾的细纹。选择工具箱中的"污点修复画笔工具",在选项栏中设置合适的笔尖大小,单击"内容识别"按钮,在细纹上方按住鼠标左键拖动,如图 5-92 所示。释放鼠标即可看到细纹被去除了,如图 5-93 所示。

图 5-92   图 5-93

步骤 05 去除内眼角颜色较深的位置。选择工具箱中的"仿制图章工具",选择一个柔边圆画笔,设置合适的笔尖大小,在鼻梁上按住 Alt 键单击进行取样,降低工具的不透明度,如图 5-94 所示。然后在颜色较深的位置按住鼠标左键涂抹,效果如图 5-95 所示。

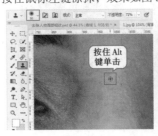
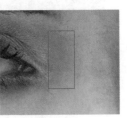

图 5-94   图 5-95

步骤 06 去除鼻梁和右眼内眼角颜色较深的位置,如图 5-96 所示。此时画面效果如图 5-97 所示。

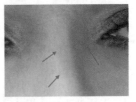

图 5-96

图 5-97

步骤 07 提高画面亮度。执行"图层"→"新建调整图层"→"曲线"命令，在"属性"面板中的"中间调"位置单击添加控制点，并向上拖动，曲线形状如图5-98所示。此时画面效果如图5-99所示。

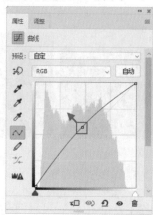

图5-98

图5-99

5.2.2　动手练：去除模特的"红眼"

"红眼"是指当在暗光下拍摄人物、动物时，瞳孔会放大让更多的光线通过，当闪光灯照射到人眼、动物眼的时候，瞳孔会出现变红的现象。使用"红眼工具"可以去除"红眼"。打开带有"红眼"的图片，在修复工具组上右击，在工具列表中选择"红眼工具" 。然后使用选项栏中的默认值，接着将光标移动至眼睛的上方单击，如图5-100所示，即可去除"红眼"，在另外一个眼睛上单击，完成去除"红眼"的操作，效果如图5-101所示。

图5-100

图5-101

提示："红眼工具"的使用误区

"红眼工具"只能够去除"红眼"，而由于闪光灯闪烁产生的白色光点是无法使用该工具去除的。

5.2.3　修复带有透视的画面

"消失点"滤镜可以在包含透视平面（如建筑物的侧面、墙壁、地面或任何矩形对象）的图像中进行细节的修补。

（1）打开一张带有透视关系的图片，如图5-102所示。接着执行"滤镜"→"消失点"命令，在修补之前首先要让Photoshop"知道"图像的透视方式。单击"创建平面工具"按钮 ，然后在要修饰对象所在的透视平面的一角处单击，接着将光标移动到下一个位置单击，如图5-103所示。

图5-102　　　　　　图5-103

（2）沿着透视平面对象边缘位置单击绘制出带有透视的网格，如图5-104所示。在绘制的过程中若有错误操作，可以按Backspace键删除控制点，也可以单击工具箱中的"编辑平面工具" ，拖动控制点调整网格形状，如图5-105所示。

（3）单击工具箱中的"选框工具" ，这里的"选框工具"是用于限定修补区域的工具。使用该工具，在网格中按住鼠标左键拖动绘制选区，绘制出的选区也带有透视效果，如图5-106所示。

图5-104

图5-105

中文版 Photoshop 电商美工设计从入门到实战（全程视频版）（上册）

图 5-106

（4）单击"图章工具" 🏫 ，然后在需要仿制的位置按住 Alt 键单击进行拾取，然后在空白位置单击按住鼠标左键涂抹，可以看到绘制出的内容与当前平面的透视相符合，如图 5-107 所示。继续进行涂抹，仿制效果如图 5-108 所示。

图 5-107　　　　　　图 5-108

（5）制作完成后，单击"确定"按钮，效果如图 5-109 所示。

图 5-109

重点 **5.2.4　动手练：复制并变换修复瑕疵**

除了使用几种常规工具去除照片上的瑕疵，还可以观察一下瑕疵周围是否有与之相似的像素，如果有，可以尝试通过复制、粘贴相似的像素的方式覆盖住瑕疵。

（1）打开一张需要去除水印的图片，可以看到水印遮挡住了肩膀边缘的部分，如图 5-110 所示。可以尝试使用下方没有水印的皮肤覆盖，在肩膀下方位置绘制矩形选区，如图 5-111 所示。

图 5-110　　　　　　图 5-111

（2）使用快捷键 Ctrl+J 将选区中的内容复制为独立的图层。接着移动、旋转，使复制的对象覆盖住有水印的区域，如图 5-112 所示。此时覆盖图层的边缘比较生硬，需要使用"橡皮擦工具"将生硬的边缘擦除，使之与整体效果融合在一起，如图 5-113 所示。

 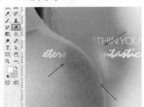

图 5-112　　　　　　图 5-113

（3）选择工具箱中的"污点修复画笔工具"在皮肤位置的文字上方按住鼠标左键拖动，释放鼠标即可去除此处水印，如图 5-114 所示。使用"吸管工具"在人物投影的位置单击拾取颜色，然后使用"画笔工具"在水印文字上方涂抹进行覆盖，如图 5-115 所示。

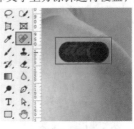 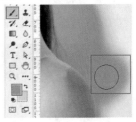

图 5-114　　　　　　图 5-115

（4）此时水印已经去除，但是肩膀颜色不均匀，可以设置前景色为肤色，然后使用"画笔工具"，在选项栏中降低"不透明度"，设置为 20% 左右，然后在颜色较深的位置涂抹，如图 5-116 所示，效果如图 5-117 所示。

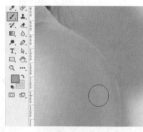

图 5-116　　　　　　　图 5-117

[重点]5.3　动手练：液化——调整人物、商品形态

　　"液化"滤镜主要用于制作图形的变形效果，使用"液化"滤镜后的图片就如同刚画好的油画，用手指"推"一下画面中的油彩，就能使图像内容发生变形。"液化"滤镜主要应用于两个方面：一个是更改图形的形态，另一个是修饰人像面部结构以及身形，如图 5-118 所示。

液化前　　　　　　液化后

图 5-118

　　（1）打开一张图片，如图 5-119 所示。执行"滤镜"→"液化"命令，打开"液化"对话框。单击"向前变形"按钮，然后在对话框的右侧设置合适的"画笔大小"，通常我们会将笔尖调大一些，这样变形后的效果会更加自然。接着在人物腰部按住鼠标左键向内拖动，如图 5-120 所示。

图 5-119　　　　　　　图 5-120

　　🔵 提示："向前变形"工具的工具选项。

・**画笔大小**：用来设置扭曲图像的画笔的大小。

・**画笔密度**：控制画笔边缘的羽化范围。画笔中心产生的效果最强，边缘处最弱。
・**画笔压力**：控制画笔在图像上产生扭曲的速度。
・**画笔速率**：设置使工具（如旋转扭曲工具）在预览图像中保持静止时扭曲所应用的速度。
・**光笔压力**：当计算机配有压感笔或数位板时，勾选该选项可以通过压感笔的压力来控制工具。
・**固定边缘**：勾选该选项，在对画面边缘进行变形时不会出现透明的缝隙，如图 5-121 所示。

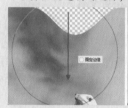

图 5-121

　　（2）在进行变形时难免会影响周边的像素，可以使用"冻结蒙版工具"将变形区域周围的像素"保护"起来，以免被"破坏"。单击工具箱中的"冻结蒙版工具"，设置合适的笔尖大小，在需要保护的位置涂抹，如图 5-122 所示。接着继续使用"向前变形工具"进行变形，如图 5-123 所示。此时若有错误操作，可以使用"重建工具"在错误操作处涂抹，将其进行还原。当不需要蒙版时，可以使用"解冻蒙版工具"将蒙版擦除。

图 5-122　　　　　　　图 5-123

　　🔵 提示："重建工具"与"恢复全部"按钮。

　　"重建工具"用于恢复变形的图像。在变形区域单击或拖动鼠标进行涂抹时，可以使变形区域的图像恢复到原来的效果。在"画笔重建选项"选项组下单击"恢复全部"按钮，可以取消所有的变形效果，如图 5-124 所示。

▼ 画笔重建选项

重建(U)...	恢复全部(A)

图 5-124

（3）将眼睛放大。单击工具箱中的"膨胀工具" 该工具可以使像素向画笔区域中心以外的方向移动，使图像产生向外膨胀的效果。接着设置合适的笔尖大小，在眼睛上方单击即可将眼睛放大，如图 5-125 所示。继续使用"前景变形工具"进行瘦脸，液化完成后单击"确定"按钮，效果如图 5-126 所示。

图 5-125　　　　图 5-126

提示：液化工具箱中的其他工具。

- "平滑工具" 可以对变形的像素进行平滑处理。
- "顺时针旋转扭曲工具" 可以旋转像素。将光标移动到画面中，按住鼠标左键拖动即可进行顺时针旋转像素，如图 5-127 所示。如果按住 Alt 键进行操作，则可以逆时针旋转像素，如图 5-128 所示。

图 5-127　　　　图 5-128

- "褶皱工具" 可以使像素向画笔区域的中心移动，使图像产生内缩效果，如图 5-129 所示。

图 5-129

- "左推工具" ：使用该工具时，按住鼠标左键从上至下拖动，像素会向右移动，如图 5-130 所示。反之，像素向左移动，如图 5-131 所示。

图 5-130　　　　图 5-131

5.4 商品图像的模糊处理

在画面中进行适度的模糊可以增加画面的层次感。例如，模特在外拍时，街上有很多人，那么可以通过虚化背景的方式将模特从大环境中凸显出来。在傍晚或灯光昏暗光线下拍摄的照片会产生噪点，那么可以通过模糊处理的方式进行降噪。本节主要讲解一些简单的模糊处理方法。

扫一扫，看视频

【重点】5.4.1 动手练：对图像局部进行模糊处理

"模糊工具"可以轻松对画面局部进行模糊处理，其使用方法非常简单，单击工具箱中的"模糊工具"按钮 ，接着在选项栏中设置工具的"模式"和"强度"，如图 5-132 所示。"模式"包括"正常""变暗""变亮""色相""饱和度""颜色"和"明度"。如果仅需要使画面局部模糊一些，那么选择"正常"即可。选项栏中的"强度"选项是比较重要的选项，该选项用来设置"模糊工具"的模糊强度。图 5-133 所示为不同参数下在画面中涂抹一次的效果。

图 5-132

强度：50　　　　强度：100

图 5-133

除了设置强度外，如果想要使画面变得更模糊，也可以多次在某个区域中涂抹以加强效果，如图 5-134 所示。

涂抹一次　　　涂抹多次

图 5-134

"涂抹工具"可以模拟手指划过湿油漆时所产生的效果。选择工具箱中的"涂抹工具" ，其选项栏与"模糊工具"选项栏相似，设置合适的"模式"和"强度"，接着在需要变形的位置按住鼠标左键拖动进行涂抹，光标经过的位置，图像发生了变形，如图 5-135 所示。图 5-136 所示为不同"强度"的对比效果。若在选项栏中勾选"手指绘图"选项，可以使用前景色进行涂抹绘制。

图 5-135

强度：50%　　　强度：100%

图 5-136

[重点]5.4.2　动手练：高斯模糊

模糊滤镜的应用十分广泛，如制作景深效果、制作模糊的投影效果等。其中，"高斯模糊"滤镜在"模糊"滤镜组中的使用频率最高。打开一张图片（也可以绘制一个选区，在选区内操作），如图 5-137 所示。接着执行"滤镜"→"模糊"→"高斯模糊"命令，在弹出的"高斯模糊"对话框中设置合适的参数，然后单击"确定"按

钮，如图 5-138 所示。此时画面效果如图 5-139 所示。"高斯模糊"滤镜的工作原理是在图像中添加低频细节，使图像产生一种朦胧的模糊效果。

图 5-137　　　　　　　　图 5-138

图 5-139

半径：调整用于计算指定像素平均值的区域大小。数值越大，产生的模糊效果越强烈。图 5-140 所示为不同参数的对比效果。

半径：15像素　　　半径：60像素

图 5-140

5.4.3　减少画面噪点/细节

"表面模糊"滤镜能将接近的颜色融合为一种颜色，从而实现减少画面的细节或降噪的目的。打开一张图片如图 5-141 所示。执行"滤镜"→"模糊"→"表面模糊"命令，如图 5-142 所示。此时在保留边缘的同时模糊了图片，如图 5-143 所示。

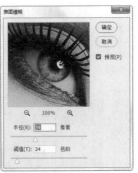

图 5-141   图 5-142

图 5-143

"半径"用于设置模糊取样区域的大小。图 5-144
所示为半径为 3 像素和半径为 15 像素的对比效果。色
调值差小于"阈值"的像素将被排除在模糊之外。图 5-145
所示为阈值 30 色阶和阈值 100 色阶的对比效果。

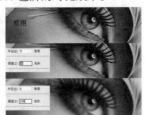

图 5-144   图 5-145

在使用"表面模糊"进行画面降噪时，经常会出现
本应清晰的区域变模糊的情况，所以通常需要复制图层
进行"表面模糊"，然后为该图层添加图层蒙版，将不
需要模糊的部分隐藏，如图 5-146 和图 5-147 所示。

图 5-146   图 5-147

在 Photoshop 中，"锐化"与"模糊"
是相反的关系。"锐化"就是使图像"看起
来更清晰"，而这里所说的"看起来更清晰"
并不是增加了画面的细节，而是使图像中像
素与像素之间的颜色反差增大，利用对比增强视觉冲击，
产生一种"锐利"的视觉感受。

图 5-148 所示的两张图像，看起来右侧会比较"清
晰"一些，放大查看一下细节，左侧图中大面积红色区
域中每个方块（像素）颜色都比较接近，甚至红、黄两
色之间带有一些橙色像素，这样柔和的过渡带来的结果
就是图像会显得比较模糊。而右图中原有的像素数量没
有变，原有的内容也没有增加，红色还是红色，黄色还
是黄色，但是图像中原本色相、饱和度、明度都比较相
近的像素之间的颜色反差被增强了。例如，分割线处的
暗红色变得更暗，橙红色变成了红色，中黄色变成了更
亮的柠檬黄，如图 5-149 所示。从这里就能看出，利用"锐
化"功能制作出来的"清晰感"并不是增加了更多的细节，
而是增强了像素与像素之间的颜色反差。

图 5-148

图 5-149

"锐化"操作能够增强颜色的边缘的对比，使模糊
的图像变得清晰。但是过度锐化也会造成噪点、色斑的
出现，所以在使用时，锐化数值的设置要适当。在图 5-150
中，我们可以看到同一图像中模糊、正常与锐化过度的
三种效果。

执行"滤镜"→"锐化"命令，可以在子菜单中看到多种用于锐化的滤镜，如图5-151所示。这些滤镜适合应用的场合不同，其中"USM锐化""智能锐化"是最为常用的锐化图像的滤镜，参数可调整性强。而"进一步锐化""锐化""锐化边缘"都属于"无参数"滤镜，无参数可供调整，适合于轻微锐化的情况。"防抖"滤镜则用于处理带有抖动的照片。

模糊　　正常　锐化过度

图5-150

USM 锐化...

防抖...

进一步锐化

锐化

锐化边缘

智能锐化...

图5-151

图5-152　　　　　　　图5-153

意的是，如果反复涂抹，可能会造成锐化过度，使画面产生噪点和晕影，如图5-153所示。

【重点】5.5.2　动手练：智能锐化

"智能锐化"滤镜是"锐化滤镜组"中最为常用的滤镜之一，"智能锐化"滤镜具有"USM锐化"滤镜所没有的锐化控制功能，如控制阴影和高光区域中的锐化量。

（1）打开一张图片，如图5-154所示。接着执行"滤镜"→"锐化"→"智能锐化"命令，打开"智能锐化"对话框。首先设置"数量"，增加锐化强度，使效果看起来更加锐利。接着设置"半径"，该选项用来设置边缘像素受锐化影响的锐化数量。通常，数值无须调太大，否则会产生白色晕影。此时我们在预览图中查看一下效果，如图5-155所示。

 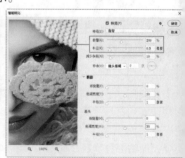

图5-154　　　　　　　图5-155

（2）设置"减少杂色"，该选项数值越高，效果越强烈，画面效果越柔和（注意：在锐化中设置该选项数值时需要适度）。接着设置"移去"为"镜头模糊"，该方式用来区分影像边缘与杂色噪点，重点在于提高中间调的锐度和分辨率，如图5-156所示。设置完成后单击"确定"按钮，锐化前后的对比效果如图5-157所示。

【重点】5.5.1　对图像局部进行锐化处理

"锐化工具"可以通过增强图像中相邻像素之间的颜色对比来提高图像的清晰度。"锐化工具"与"模糊工具"的大部分选项相同，操作方法也相同。右击工具组按钮，在工具列表中选择工具箱中的"锐化工具" ▲。在选项栏中设置"模式"与"强度"，勾选"保护细节"复选框后，在进行锐化处理时，将对图像的细节进行保护。接着在画面中按住鼠标左键涂抹锐化。涂抹的次数越多，锐化的效果就越强烈，如图5-152所示。值得注

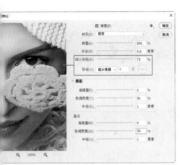

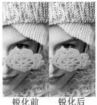

锐化前　　　锐化后

图 5-156　　　　　　　　图 5-157

- **数量**：用来设置锐化的精细程度。数值越高，越能强化边缘之间的对比度。图 5-158 所示为不同参数的对比效果。
- **半径**：用来设置受锐化影响的边缘像素的数量。数值越高，受影响的边缘就越宽，锐化的效果也就越明显。图 5-159 所示为不同参数的对比效果。

数量：100%　数量：500%　　半径：5　　半径：20

图 5-158　　　　　　　　图 5-159

- **减少杂色**：用来消除锐化产生的杂色。
- **移去**：选择锐化图像的算法。选择"高斯模糊"选项，可以使用"USM 锐化"滤镜的方法锐化图像；选择"镜头模糊"选项，可以查找图像中的边缘和细节，并对细节进行更加精细的锐化，以减少锐化的光晕；选择"动感模糊"选项，可以激活下面的"角度"选项，通过设置"角度"值可以减少由于相机或对象移动而产生的模糊效果。
- **渐隐量**：用于设置阴影或高光中的锐化程度。
- **色调宽度**：用于设置阴影或高光中色调的修改范围。
- **半径**：用于设置每个像素周围的区域的大小。

练习实例：使用模糊与锐化展现商品细节

文件路径	资源包\第 5 章\练习实例：使用模糊与锐化展现商品细节
难易指数	⭐⭐⭐⭐⭐
技术掌握	智能锐化、移轴模糊

扫一扫，看视频

案例效果

案例对比效果如图 5-160 和图 5-161 所示。

图 5-160　　　　　　　　图 5-161

操作步骤

步骤 01 执行"文件"→"打开"命令将商品素材打开，如图 5-162 所示。选中"背景"图层，使用快捷键 Ctrl+J 将"背景"图层复制一份，如图 5-163 所示。

图 5-162　　　　　　　　图 5-163

步骤 02 选择复制的图层，执行"滤镜"→"锐化"→"智能锐化"命令，在弹出的"智能锐化"对话框中设置"数量"为 70%，"半径"为 2.5 像素，"减少杂色"为 10%，"移去"为"高斯模糊"，设置完成后单击"确定"按钮，如图 5-164 所示。锐化效果如图 5-165 所示。

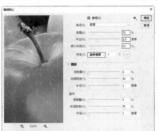

图 5-164　　　　　　　　图 5-165

步骤 03 执行"滤镜"→"模糊画廊"→"移轴模糊"命令，先向下拖动控制点，然后在对话框右侧设置"模糊"为 40 像素，如图 5-166 所示。设置完成后单击"确定"按钮，此时画面中间部分清晰，上下区域模糊，观者的视线会不自觉地集中在画面中清晰的区域，案例完成效果如图 5-167 所示。

图 5-166

图 5-167

练习实例：服饰产品钻石展位广告

扫一扫，看视频

文件路径	资源包 \ 第 5 章 \ 练习实例：服饰产品钻石展位广告
难易指数	★★★★★
技术掌握	高斯模糊、矩形工具、横排文字工具

案例效果

案例效果如图 5-168 所示。

图 5-168

操作步骤

步骤 01 执行"文件"→"新建"命令，创建一个空白文件，如图 5-169 所示。

图 5-169

步骤 02 执行"文件"→"置入嵌入对象"命令，置入素材 1，调整至合适的大小，按 Enter 键完成置入，如图 5-170 所示。

图 5-170

步骤 03 为背景素材制作模糊感。在选中素材的状态下执行"滤镜"→"模糊"→"高斯模糊"命令，在弹出的"高斯模糊"对话框中设置"半径"为 4.5 像素，设置完成后单击"确定"按钮，如图 5-171 所示，效果如图 5-172 所示。

图 5-171

图 5-172

步骤 04 单击工具箱中的"画笔工具"按钮，在选项栏中单击打开"画笔预设选取器"，在下拉面板中选择"柔边圆"画笔，设置"画笔大小"为600像素，"硬度"为28%，如图5-173所示。

图 5-173

步骤 05 在工具箱底部设置前景色为黑色，单击选中"图层"面板中素材图层下方的"滤镜效果蒙版缩览图"，在左侧位置单击，将不需要模糊的地方清晰地展现出来，如图5-174所示。

图 5-174

步骤 06 单击工具箱中的"矩形工具"，在选项栏中设置绘制模式为"形状"，"填充"为无，"描边"为白色，描边粗细为16点。设置完成后在画面中间绘制矩形边框，如图5-175所示。

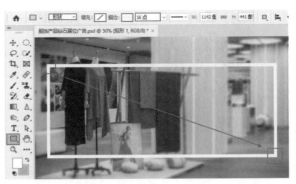

图 5-175

步骤 07 在"图层"面板中选中矩形图层，右击，在弹出的菜单中执行"栅格化图层"命令，如图5-176所示，此时此图层变为普通图层，接着单击工具箱中的"矩形选框工具"，在矩形左下方绘制选区，如图5-177所示。选区绘制完成，在选中矩形图层的状态下，按Delete键将选区中不需要的像素删除，然后按快捷键Ctrl+D取消选区，如图5-178所示。

图 5-176　　　　　　　图 5-177

图 5-178

步骤 08 继续使用同样的方法将矩形右上角不需要的部分删除，如图5-179所示。

图 5-179

步骤 09 单击工具箱中的"矩形工具",在选项栏中设置绘制模式为"形状","填充"为白色,"描边"为无,在右侧绘制一个白色矩形,如图 5-180 所示。在"图层"面板中选中白色矩形图层,使用复制图层快捷键 Ctrl+J 复制出一个相同的图层,按住 Shift 键将其向下拖动,进行垂直移动的操作,如图 5-181 所示。

图 5-180

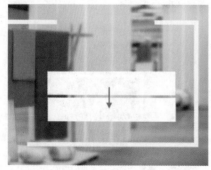

图 5-181

步骤 10 单击工具箱中的"横排文字工具",在选项栏中设置合适的字体、字号,文字颜色设置为白色,设置完成后在画面中的合适位置单击,建立文字输入的起点,接着输入文字,文字输入完成后按快捷键 Ctrl+Enter,如图 5-182 所示。

图 5-182

步骤 11 继续使用同样的方法在白色矩形上方输入文字,如图 5-183 所示。在"图层"面板中选中刚绘制的白色文字图层,执行"窗口"→"字符"命令,在弹出的"字符"面板中单击"仿粗体"按钮,将文字加粗,如图 5-184 所示。

图 5-183

图 5-184

步骤 12 单击工具箱中的"横排文字工具",在字母"后方单击,并按住鼠标左键向前拖动选择"i",如图 5-185 所示。在"字符"面板中设置"颜色"为红色,画面效果如图 5-186 所示。

图 5-185

图 5-186

步骤 13 继续使用同样的方法制作画面中其他的文字。案例完成效果如图 5-187 所示。

图 5-187

5.6 商品图像自动化处理

"动作"是一个非常方便的功能，使用"动作"可以快速为不同的图像进行相同的操作。例如，处理一组婚纱照时，想要使这些照片以相同的色调出现，使用"动作"功能最合适不过了。"录制"其中一张照片的处理流程，然后对其他照片进行"播放"，快速又准确。

5.6.1 动手练：使用"动作"自动处理图像

在制作详情页时，需要大量的图片，一个详情页中所用的图片应该是一种色调，而且为了防止同行盗图，都会添加水印。如果一张一张地处理，工作量将会非常大，而且很容易出错。此时可以通过"动作"面板录制动作，然后将录制的动作进行播放，快速处理图片。

（1）打开一张用于定义动作的图片，如图 5-188 所示。执行"窗口"→"动作"命令或按快捷键 Alt+F9，打开"动作"面板，如图 5-189 所示。

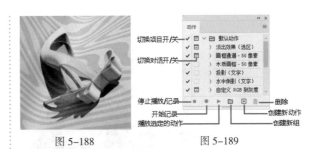

图 5-188   图 5-189

> **提示：** "动作"面板能够录制的功能。
>
> Photoshop 中能够被记录的内容有很多，如绝大多数的图像调整命令，部分工具（选框工具、套索工具、魔棒工具、裁剪、切片、魔术橡皮擦、渐变、油漆桶、文字、形状、注释、吸管和颜色取样器），以及部分面板操作（历史记录、色板、颜色、路径、通道、图层和样式）等。

（2）如果想要删除已有的动作，可以单击选择动作或动作组，按住鼠标左键向"删除"按钮上方拖动，释放鼠标后即可将动作删除，如图 5-190 所示。如果要调出默认动作，可以单击"面板菜单"按钮，执行"复位动作"命令。

图 5-190

（3）单击"创建新动作"按钮，然后在弹出的"新建动作"对话框中设置"名称"，为了便于查找，也可以设置"颜色"，单击"记录"按钮，开始记录动作，如图 5-191 所示。此时"动作"面板中的"开始记录"按钮变为红色，这代表此时为记录状态，如图 5-192 所示。

图 5-191   图 5-192

（4）执行"图层"→"新建调整图层"→"自然饱和度"命令，设置"自然饱和度"为 +100，"饱和度"为 +15，参数设置如图 5-193 所示。画面效果如图 5-194 所示。

图 5-193 　　　　　　图 5-194

（5）执行"图层"→"新建调整图层"→"自然饱和度"命令，设置"亮度"为 23，"对比度"为 46，参数设置如图 5-195 所示。画面效果如图 5-196 所示。

图 5-195 　　　　　　图 5-196

（6）执行"文件"→"置入嵌入对象"命令，将水印素材置入文档，如图 5-197 所示。然后单击"动作"面板中的"停止播放/记录"按钮，如图 5-198 所示。

图 5-197 　　　　　　图 5-198

（7）将素材 2 打开，如图 5-199 所示。然后在"动作"面板中选择"动作 1"，单击"播放选定的动作"按钮，如图 5-200 所示。随即会播放动作，动作播放完成后画面效果如图 5-201 所示。

图 5-199 　　　　　　图 5-200

图 5-201

（8）也可以只播放动作中的某一个命令。单击"动作 1"前方的 ﹥ 按钮展开动作，然后单击选择一个条目，接着单击"播放选定的动作"按钮 ▶，会从选定条目进行动作的播放，如图 5-202 所示。

图 5-202

 提示：将已有"动作"存储为可随时调用的"动作库"。

当动作录制完成后，如果要经常使用这个动作，我们可以将其保存为可以随时调用的"动作库"文件。在"动作"面板中选择动作组，然后单击"面板菜单"按钮执行"存储动作"命令，如图 5-203 所示。接着在弹出的"另存为"窗口中找到合适的存储位置，然后单击"保存"按钮，如图 5-204 所示。动作的格式是".atn"，如图 5-205 所示。如果要载入动作，可以在"动作"面板中单击"面板菜单"按钮执行"载入动作"命令，在弹出的"载入"窗口中找到动作文档，单击"载人"按钮即可完成载入操作。

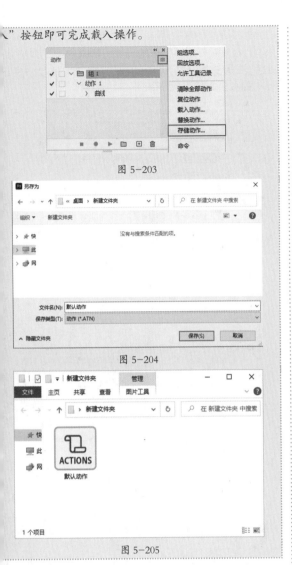

图 5-203

图 5-204

图 5-205

重点 5.6.2 动手练：自动处理大量商品图像

扫一扫，看视频

在工作中经常会遇到将多张商品图像调整到统一尺寸、调整到统一色调等情况。一张一张地进行处理，非常耗费时间与精力。而且如果使用"批处理"命令，就可以快速且轻松地处理大量的文件。

（1）录制好一个需要使用的动作（也可以载入需要使用的"动作库"文件），如图 5-206 所示。接着将需要批处理的图像放置在一个文件夹中，如图 5-207 所示。

图 5-206　　　　图 5-207

（2）执行"文件"→"自动"→"批处理"命令，打开"批处理"对话框。因为批处理需要使用动作，之前在步骤（1）中已经准备了动作。所以首先设置需要播放的"组"和"动作"，如图 5-208 所示。接着设置批处理的"源"，因为我们把图像都放在了一个文件夹中，所以设置"源"为"文件夹"，接着单击"选择"按钮，随即在弹出的"选取批处理文件夹"窗口中选择相应的文件夹，然后单击"选择文件夹"按钮，如图 5-209 所示。

图 5-208

图 5-209

（3）设置"目标"为"存储并关闭"，如图 5-210 所示。设置完成后单击"确定"按钮，接下来就可以进行批处理操作。处理完成后的效果如图 5-211 所示。

图 5-210　　　　图 5-211

5.6.3 动手练：图像处理器——批量限制商品图像尺寸

使用"图像处理器"可以快速、统一地将选定的产品照片或网页图片的格式、大小等选项进行修改，能够极大地提高工作效率。在这里就以将图像设置为统一尺寸为例进行讲解。

（1）将需要处理的文件放置在一个文件夹内，如图 5-212 所示。执行"文件"→"脚本"→"图像处理器"命令，打开"图像处理器"对话框。首先设置需要处理的文件，单击"选择文件夹"按钮，在弹出的"选取源文件夹"窗口中选择需要处理文件所在的文件夹，然后单击"确定"按钮，如图 5-213 所示。

图 5-212

图 5-213

（2）选择一个存储处理图像的位置。单击"选择文件夹"按钮，在弹出的"选取目标文件夹"窗口中选择一个文件夹，如图 5-214 所示。设置"文件类型"，其中有"存储为 JPEG""存储为 PSD"和"存储为 TIFF"3 种。

在这里勾选"存储为 JPEG"复选框，设置图像的"品质"为 5，因为需要调整图像的尺寸，所以勾选"调整大小以适合"复选框，然后设置相应的尺寸，如图 5-215 所示。

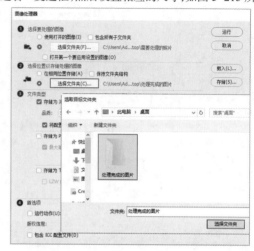

图 5-214

图 5-215

> 📖 提示：图像处理的尺寸。
>
> 在"图像处理器"对话框中进行尺寸的设置，如果原图尺寸小于设置的尺寸，那么该尺寸不会改变。也就是说，在调整图像尺寸后，图像是按照比例进行缩放的，而不是进行剪裁或不等比缩放。

（3）如果需要使用动作进行图像的处理，可以勾选"运行动作"复选框（因为本案例不需要，所以无须勾选），如图 5-216 所示。设置完成后单击"图像处理器"对话框中的"运行"按钮。处理完成后打开存储的文件夹即可看到处理后的图片，如图 5-217 所示。

图 5-216

图 5-217

> 💡 **提示**：将在"图像处理器"对话框中所做的配置进行存储。

设置好配置参数以后，可以单击"存储"按钮，将当前配置存储起来。当下次需要用到这个配置时，就可以单击"载入"按钮载入保存的配置参数。

练习实例：快速处理大量商品主图

文件路径	资源包 \ 第 5 章 \ 练习实例：快速处理大量商品主图
难易指数	⭐⭐⭐⭐⭐
技术掌握	记录动作、批处理

扫一扫，看视频

案例效果

案例对比效果如图 5-218 和图 5-219 所示。

图 5-218

图 5-219

操作步骤

步骤 01 在录制动作的时候需要用到其中一幅图像，为了避免使该图像被二次处理，需要将其复制一份到其他位置，如图 5-220 所示。接着将复制的图像在软件中打开，如图 5-221 所示。

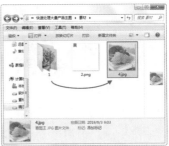

图 5-220

图 5-221

步骤 02 执行"窗口"→"动作"命令，打开"动作"面板，然后单击"创建新动作"按钮，如图 5-222 所示。在弹出的"新建动作"对话框中设置合适的名称，然后单击"记录"按钮，如图 5-223 所示。

图 5-222

图 5-223

步骤 03 执行"图像"→"调整"→"亮度/对比度"命令，在弹出的"亮度/对比度"对话框中设置"亮度"为 16，"对比度"为 30，设置完成后单击"确定"按钮，如图 5-224 所示。此时画面效果如图 5-225 所示。

图 5-224

图 5-225

步骤 04 执行"图像"→"调整"→"自然饱和度"命令，在弹出的"自然饱和度"对话框中设置"自然饱和度"为 100，设置完成后单击"确定"按钮，如图 5-226 所示。此时画面效果如图 5-227 所示。

图 5-226 　　　　　　　图 5-227

步骤 05 执行"滤镜"→"锐化"→"智能锐化"命令，在弹出的"智能锐化"对话框中设置"数量"为 70%，"半径"为 2.5 像素，"减少杂色"为 10%，"移去"为"高斯模糊"，设置完成后单击"确定"按钮，如图 5-228 所示。执行"文件"→"置入嵌入对象"命令，将水印素材置入文档，按 Enter 键确定置入操作，如图 5-229 所示。

图 5-228 　　　　　　　图 5-229

步骤 06 执行"图层"→"合并可见层"命令，使文档中只包含一个图层，如图 5-230 所示。因为主图的尺寸为 800 像素，需要调整尺寸。执行"图像"→"图像大小"命令，在弹出的"图像大小"对话框中设置"宽度"和"高度"为 800 像素，设置完成后单击"确定"按钮，如图 5-231 所示。

图 5-230

图 5-231

步骤 07 执行"文件"→"存储"命令或者使用快捷键 Ctrl+S 进行保存，如图 5-232 所示。单击"动作"面

板中的"停止播放/记录"按钮，完成动作的录制操作如图 5-233 所示。

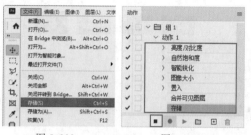

图 5-232 　　　　　　　图 5-233

提示：复制需要批处理的文件夹。

为了避免"批处理"操作失误，对素材文件造成不可挽回的破坏，可以将需要批处理的文件夹复制一份，以备使用。

步骤 08 批处理图像。执行"文件"→"自动"→"批处理"命令，在弹出的"批处理"对话框中设置"组"为"组 1"，"动作"为"动作 1"，"源"为"文件夹"，单击"选择"按钮，在弹出的"选取批处理文件夹"窗口中找到素材文件夹的位置，单击选择"素材"文件夹，单击"选择文件夹"按钮。设置"目标"为"存储并关闭"，如图 5-234 所示。

图 5-234

步骤 09 单击"确定"按钮，即可进行批处理，效果如图 5-235 所示。

1.jpg　　　　　2.jpg　　　　　3.jpg

4.jpg　　　　　5.jpg　　　　　6.jpg

图 5-235

中文版 Photoshop 电商美工设计从入门到实战（全程视频版）（上册）

Chapter
06
第6章

扫一扫，看视频

商品图像的抠图与创意合成

本章内容简介：

抠图是网店装修过程中经常使用的操作，不仅在制作商品主图时需要利用抠图技术，在美化页面和制作网页广告时，都需要利用抠图技术处理版面元素。本章主要讲解几种比较常见的抠图技巧，包括基于颜色差异进行抠图、使用"钢笔工具"进行精确抠图、使用通道抠出特殊对象等技巧。不同的抠图技巧适用于不同的图像，所以在进行实际抠图操作前，首先要判断使用哪种技巧更适合，然后再进行抠图操作。

重点知识掌握：

· 掌握"对象选择""快速选择""魔棒""磁性套索"等抠图工具的使用。
· 熟练使用选择并遮住进行毛发抠图。
· 熟练使用"钢笔工具"抠图。
· 熟练掌握通道抠图。
· 熟练掌握图层蒙版与剪贴蒙版的使用方法。

通过本章学习，我能做什么？

通过本章的学习，能够掌握多种抠图方式，通过这些抠图技巧我们能够实现绝大部分的图像抠图操作。使用"对象选择工具""快速选择工具""魔棒""磁性套索""魔术橡皮擦""色彩范围"能够抠出颜色差异比较明显的图像。主体商品与背景颜色差异不明显的图像可以使用"钢笔工具"抠出。除此之外，类似长发、长毛动物、透明物体、云雾、玻璃等特殊图像，可以通过"通道抠图"抠出。

6.1 认识抠图

大部分的"合成"作品以及平面设计作品都需要很多元素，这些元素有些可以利用 Photoshop 提供的相应功能创建出来，而有的元素则需要从其他图像中"提取"。这个提取的过程就需要用到"抠图"。

6.1.1 什么是抠图

"抠图"是数码图像处理中常用的术语，"抠图"是指将图像中主体物以外的部分去除，或者从图像中分离出部分元素的操作。图 6-1 所示为通过创建主体物选区并将主体物以外的部分清除实现抠图合成的过程。

图 6-1

在 Photoshop 中，抠图的方式有很多种，如基于颜色的差异获得图像的选区、使用"钢笔工具"进行精确抠图、通过通道进行抠图等。本节主要讲解基于颜色的差异进行抠图的工具，Photoshop 提供了多种通过识别颜色的差异创建选区的工具，如"对象选择工具""快速选择工具""魔棒工具""磁性套索工具""魔术橡皮擦工具""背景橡皮擦工具"以及"色彩范围"命令等。这些工具分别位于工具箱的不同工具组中以及"选择"菜单中，如图 6-2 和图 6-3 所示。

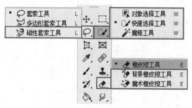

图 6-2

图 6-3

【重点】6.1.2 如何选择合适的抠图方法

本章虽然会介绍很多种抠图的方法，但是并不意味着每次抠图都要使用所有方法。在抠图之前首先要分析图像的特点，下面对可能遇到的情况进行分类说明。

（1）主体物边缘清晰且与背景颜色反差较大的情况：利用颜色差异进行抠图的工具有很多种，其中"快速选择工具"与"磁性套索工具"最常用，如图 6-4 和图 6-5 所示。

图 6-4   图 6-5

（2）主体物边缘清晰但与背景颜色反差小：使用"钢笔工具"抠图可以得到清晰准确的边缘，如人物（不含长发）、产品等，如图 6-6 和图 6-7 所示。

图 6-6   图 6-7

（3）主体物边缘非常复杂且与环境有一定色差：头发、动物毛发、毛绒玩具、植物等边缘非常细密的对象可以使用"选择并遮住"命令或"通道抠图"，如图 6-8 和图 6-9 所示。

图 6-8   图 6-9

（4）主体物带有透明区域：婚纱、薄纱、云朵、烟雾、玻璃制品等需要保留局部半透明的对象需要使用"通道图"进行处理,如图 6-10 和图 6-11 所示。

图 6-10   图 6-11

（5）边缘复杂且在局部带有毛发 / 透明的对象:带有这种特征的图像需要借助多种抠图方法完成,长发人像照片就是很典型的对象,需要利用"钢笔工具"将身体部分进行精确抠图,然后将头发部分分离为独立图层并进行"通道抠图",最后将身体和头发部分进行组合完成抠图,如图 6-12 所示。

图 6-12

6.2 商品与背景存在色差的抠图

使用"快速选择工具""魔棒工具""磁性套索工具"以及"色彩范围"可以制作主体物或背景部分的选区。例如,得到了主体物的选区（见图 6-13）,就可以将选区中的内容复制为独立图层,如图 6-14 所示;或者将选区反向选择,得到主体物以外的选区,删除背景,如图 6-15所示。这两种方式都可以实现抠图操作。而"魔术橡皮擦工具"和"背景橡皮擦工具"则用于擦除背景部分。

图 6-13   图 6-14

图 6-15

【重点】6.2.1   动手练:对象选择

（1）打开一张图片,选择工具箱中的"对象选择工具" ,在选项栏中设置"模式"为"矩形",然后在画面中按住鼠标左键拖动绘制矩形选区,如图 6-16 所示。释放鼠标后会自动识别绘制区域图形的选区,如图 6-17 所示。

扫一扫,看视频

图 6-16   图 6-17

（2）使用"对象选择工具"能够进行选区的运算。单击选项栏中的"添加到选区"按钮,然后在画面中其他图形的位置按住鼠标左键拖动绘制选区,如图 6-18所示。释放鼠标后会在原有选区基础上得到新的选区,如图 6-19 所示。

图 6-18   图 6-19

（3）如果要获取的图形的边缘不太规则,也可以在选项栏中设置"模式"为"套索",然后在需要得到选区的图形边缘按住鼠标左键拖动绘制选区,如图 6-20 所示。释放鼠标后即可得到图形的选区,如图 6-21 所示。

图 6-20　　　　　　　　图 6-21

(4)继续得到画面中图形的选区,如图 6-22 所示。使用快捷键 Ctrl+Shift+I 将选区反选,得到背景部分的选区后,可以对选区范围内的部分进行调整。例如,使用快捷键 Ctrl+U 调出"色相 / 饱和度"对话框,并进行色相的更改,如图 6-23 所示。案例完成效果如图 6-24 所示。

图 6-22　　　　　　　　图 6-23

图 6-24

[重点] 6.2.2　动手练:快速选择

扫一扫,看视频

"快速选择工具" 能够自动查找颜色接近的区域,并创建出这部分区域的选区。

(1)单击"快速选择工具"按钮,接着单击选项栏中的"添加到选区"按钮,这样在绘制选区时能够在原有选区的基础上添加新创建的选区,然后设置合适的笔尖大小。设置完成后在商品上方按住鼠标左键拖动,即可自动创建与光标移动过的位置颜色相似的选区,如图 6-25 所示。接着在其他位置按住鼠标左键拖动得到选区,如图 6-26 所示。

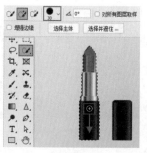

图 6-25　　　　　　　　图 6-26

提示:选区的运算。

"快速选择工具"选项栏中的 用来进行选区的运算。当需要进行减选选区时,单击"从选区减去"按钮,然后在选区上方按住鼠标左键拖动,即可在原有选区的基础上减去当前新绘制的选区,如图 6-27 所示。

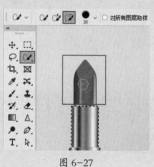

图 6-27

(2)使用快捷键 Ctrl+J 将选区内的部分复制为独立的图层,然后隐藏原商品图层,如图 6-28 所示。此时画面效果如图 6-29 所示。

图 6-28　　　　　　　　图 6-29

(3)对于一些背景颜色单一、干净的图形,单击选项栏中的"选择主体"按钮,即可得到画面主体物的选区,如图 6-30 所示;或者执行"选择"→"主体"命令,t

以得到画面主体物的选区。

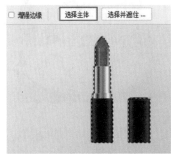

图 6-30

6.2.3 动手练：魔棒

"魔棒工具" <img> 用于获取与取样点颜色相似部分的选区。使用"魔棒工具"在画面中单击，光标所处的位置就是"取样点"，而颜色是否"相似"则是由"容差"值控制的，"容差"值越大，可被选择的范围越大。

（1）选择工具箱中的"魔棒工具"，单击选项栏中为"添加到选区"按钮 <img>，设置"容差"为20，勾选"消除锯齿"和"连续"复选框，接着在商品背景位置单击得到选区，如图 6-31 所示。继续在其他背景位置单击得到选区，如图 6-32 所示。

图 6-31

图 6-32

（2）如果有误选的选区，可以通过选区的运算进行减选。单击"从选区减去"按钮 <img>，为了让选区更加精准，可以减小"容差"值，然后在误选的区域单击进行减选，如图 6-33 所示。得到背景部分选区后，按 Delete 键删除选区中的像素，然后使用快捷键 Ctrl+D 取消选区的选择，如图 6-34 所示。

图 6-33

图 6-34

- 取样大小：用来设置"魔棒工具"的取样范围。选择"取样点"，可以只对光标所在位置的像素进行取样；选择"3×3 平均"，可以对光标所在位置 3 个像素区域内的平均颜色进行取样；其他的以此类推。
- 容差：决定所选像素之间的相似性或差异性，其取值范围为 0~255。值越低，对像素相似程度的要求越高，所选的颜色范围就越小；值越高，对像素相似程度的要求越低，所选的颜色范围就越广，选区也就越大。图 6-35 所示为不同"容差"值的选区效果。

容差：20　　　　容差：50

图 6-35

- 消除锯齿: 默认情况下, "消除锯齿"复选框始终处于勾选状态。勾选此复选框, 可以消除选区边缘的锯齿。
- 连续: 当勾选该复选框时, 只选择颜色连接的区域; 当取消勾选该复选框时, 可以选择与所选像素颜色接近的所有区域, 当然也包含没有连接的区域。其效果对比如图 6-36 所示。

未勾选"连续"　　　勾选"连续"

图 6-36

- 对所有图层取样: 如果文档中包含多个图层, 当勾选该复选框时, 可以选择所有可见图层上颜色相近的区域; 当取消勾选该复选框时, 仅选择当前图层上颜色相近的区域。

[重点]6.2.4　动手练: 自动查找差异边缘绘制选区

"磁性套索工具" 能够自动识别颜色差异, 并自动沿着具有颜色差异的边界创建选区。"磁性套索工具"常用于快速选择与背景对比强烈且边缘复杂的对象。

(1)"磁性套索工具"位于"套索工具组"中。打开该工具组, 从中选择"磁性套索工具", 然后将光标定位到需要对象的边缘处, 单击确定起点, 如图 6-37 所示。沿对象边缘移动光标, 对象边缘处会自动创建出选区的边线, 继续移动光标到起点处单击 (见图 6-38), 接着会得到选区, 如图 6-39 所示。

图 6-37　　　　　图 6-38

图 6-39

(2) 使用"磁性套索工具"同样能进行选区的运算。在画面中包含选区的情况下, 单击"从选区减去"按钮然后在需要减选的位置进行绘制, 如图 6-40 所示。绘制到起始位置时单击即可得到选区, 并完成选区的减选操作, 如图 6-41 所示。接着使用快捷键 Ctrl+J 将选区中的像素复制到独立图层, 然后更换背景, 效果如图 6-42 所示。

图 6-40　　　　　　　　图 6-41

图 6-42

6.2.5　动手练: 获取特定颜色选区

"色彩范围"命令可根据图像中某一种或多种颜色的范围创建选区。执行"选择"→"色彩范围"命令在弹出的"色彩范围"对话框中可以进行颜色的选择颜色容差的设置, 还可以使用"添加到取样"吸管、"选区中减去"吸管对选中的区域进行调整。

(1) 打开一张图片, 如图 6-43 所示。执行"选择""色彩范围"命令, 弹出"色彩范围"对话框。在这里首先需要设置"选择"（取样方式）。打开该下拉列表，可以看到其中有多种颜色取样方式，如图6-43所示。

图 6-43

图 6-44

图像查看区域：其中包含"选择范围"和"图像"两个单选按钮。当选中"选择范围"单选按钮时，预览区中的白色代表被选择的区域，黑色代表未被选择的区域，灰色代表被部分选择的区域（即有羽化效果的区域）；当选中"图像"单选按钮时，预览区内会显示彩色图像。

（2）如果选择"红色""黄色""绿色"等选项，在图像查看区域中可以看到，画面中包含这种颜色的区域会以白色（选区内部）显示，不包含这种颜色的区域以黑色（选区以外）显示。如果图像中仅部分包含这种颜色，则以灰色显示。选择颜色为"绿色"，此时图像查看区域中绿色的区域变为灰白色，如图6-45所示。也可以从"高光""中间调"和"阴影"中选择一种方式，如选择"高光"，在图像查看区域可以看到被选中的区域变为白色，其他区域为黑色，如图6-46所示。

图 6-45　　　　　　　图 6-46

- 选择：用来设置创建选区的方式。选择"取样颜色"选项时，光标会变成形状，将其移至画布中的图像上，单击即可进行取样；选择"红色""黄色""绿色""青色""洋红"选项时，可以选择图像中特定的颜色；选择"高光""中间调"和"阴影"选项时，可以选择图像中特定的色调；选择"肤色"选项时，会自动检测皮肤区域；选择"溢色"选项时，可以选择图像中出现的溢色。
- 检测人脸：当将"选择"设置为"肤色"时，勾选"检测人脸"复选框，可以更加准确地查找皮肤部分的选区。
- 本地化颜色簇：勾选此复选框，拖动"范围"滑块可以控制要包含在蒙版中的颜色与取样点的最大和最小距离。
- 颜色容差：用来控制颜色的选择范围。数值越高，包含的颜色越多；数值越低，包含的颜色越少。
- 范围：当将"选择"设置为"高光""中间调"和"阴影"时，可以通过调整"范围"数值，设置"高光""中间调"和"阴影"各个部分的大小。

（3）如果其中的颜色选项无法满足我们的需求，则可以在"选择"下拉列表中选择"取样颜色"，光标会变成形状，将其移至画布中的图像上，单击即可进行取样，在图像查看区域中可以看到与单击处颜色接近的区域变为白色，如图6-47所示。

图 6-47

（4）此时如果发现单击后被选中的区域范围有些小，原本非常接近的颜色区域并没有在图像查看区域中变为白色，可以适当增大"颜色容差"数值，使选择范围变大，如图6-48所示。

图 6-48

（5）虽然增大"颜色容差"可以增大被选中的范围，但还是会遗漏一些区域。此时可以单击"添加到取样"按钮 ✔，在需要被选中的区域多次单击（也可以在图像查看区域中单击），使需要选中的区域变白，如图 6-49 所示。

图 6-49

- ✔ ✔ ✔：在"选择"下拉列表中选择"取样颜色"选项时，可以对取样颜色进行添加或减去。使用"吸管工具" ✔ 可以直接在画面中单击进行取样。如果要添加取样颜色，可以单击"添加到取样"按钮 ✔，然后在预览图像上单击，以取样其他颜色。如果要减去多余的取样颜色，可以单击"从取样中减去"按钮 ✔，然后在预览图像上单击，以减去其他取样颜色。
- 反相：将选区进行反转，相当于创建选区后，执行了"选择"→"反选"命令。

（6）为了便于观察选区效果，可以从"选区预览"下拉列表中选择文档窗口中选区的预览方式。选择"无"选项时，表示不在窗口中显示选区；选择"灰度"选项时，可以按照选区在灰度通道中的外观来显示选区；选择"黑色杂边"选项时，可以在未选择的区域上覆盖一层黑色；

选择"白色杂边"选项时，可以在未选择的区域上覆盖一层白色；选择"快速蒙版"选项时，可以显示选区在快速蒙版状态下的效果，如图 6-50 所示。

图 6-50

（7）单击"确定"按钮，即可得到选区，如图 6-51 所示。单击"存储"按钮，可以将当前的设置状态保存为选区预设；单击"载入"按钮，可以载入存储的选区预设文件，如图 6-52 所示。

图 6-51

图 6-52

（8）得到了主体物的选区，使用快捷键 Ctrl+J 将选区中的像素复制到独立图层，接着将原图层隐藏。并使用抠图后的素材进行合成，效果如图 6-53 所示。

图 6-53

6.2.6　动手练：擦除颜色相似区域

"魔术橡皮擦"可以快速擦除画面中相同的颜色。"魔术橡皮擦"位于"橡皮擦工具组"中，右击工具组，在弹出的工具列表中选择"魔术橡皮擦"。首先需要在选项栏中设置"容差"值以及是否"连续"。设置完成后，在画面中单击（见图 6-54），即可擦除与单击点颜色相似的区域，如图 6-55 所示。如果没有擦除干净，可以重新设置参数进行擦除，或者使用"橡皮擦工具"擦除远离主体物的部分。将商品的背景擦除后就可以合成到新的背景中，效果如图 6-56 所示。

图 6-54

图 6-55

图 6-56

· 容差：此处的"容差"与"魔棒工具"选项栏中的"容差"功能相同，都是用来限制所选像素之间的相似性或差异性的。在此主要用来设置擦除的颜色范围。"容差"值越小，擦除的范围相对越小；"容差"值越大，擦除的范围相对越大。图 6-57 所示为设置不同参数值时的对比效果。

值时的对比效果。

容差：10　　　　容差：30

图 6-57

· 消除锯齿：可以使擦除区域的边缘变得平滑。图 6-58所示为勾选和取消勾选"消除锯齿"复选框时的对比效果。

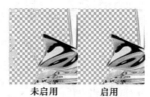

未启用　　　　启用

图 6-58

· 连续：勾选该复选框时，只擦除与单击点像素相连接的区域；取消勾选该复选框时，可以擦除图像中所有与单击点像素相近的像素区域，其对比效果如图 6-59所示。

未启用"连续"　　　　启用"连续"

图 6-59

· 不透明度：用来设置擦除的强度。数值越大，擦除的像素越多；数值越小，擦除的像素越少，被擦除的部分变为半透明。数值为 100% 时，将完全擦除像素。图 6-60 所示为设置不同参数值时的对比效果。

不透明度：100%　　　不透明度：50%　　　不透明度：10%

图 6-60

6.2.7 扩大选取与选取相似

"扩大选取"命令是基于"魔棒工具" ![图标] 选项栏中指定的"容差"值来决定选区的扩展范围的。首先绘制选区,如图6-61所示。接着选择工具箱中的"魔棒工具",在选项栏中设置"容差"值,该值越大,所选取的范围越大,如图6-62所示。设置完成后执行"选择"→"扩大选取"命令(没有参数设置窗口),接着Photoshop会查找并选择那些与当前选区中像素色调相近的像素,从而扩大选择区域,如图6-63所示。

图 6-61

图 6-62

图 6-63

"选取相似"也是基于"魔棒工具"选项栏中指定的"容差"值来决定选区的扩展范围的。首先绘制一个选区,如图6-64所示。接着执行"选择"→"选取相似"命令,Photoshop会自动查找并选择那些与当前选区中像素色调相近的像素,从而扩大选择区域,如图6-65所示。

图 6-64 图 6-65

 提示:"扩大选取"与"选取相似"的区别。

"扩大选取"和"选取相似"这两个命令的最大共同之处在于它们都可以扩大选区区域,但是"扩大选取"命令只针对当前图像中连续的区域,非连续的区域不会被选择;而"选取相似"命令针对的是整张图像,也就是说该命令可以选择整张图像中处于"容差"范围内的所有像素。

【重点】6.3 动手练:选择并遮住——毛发抠图

"选择并遮住"命令是一个既可以对已有选区进行进一步编辑,又可以重新创建选区的功能。该命令可以用于对选区进行边缘检测,调整选区的平滑度、羽化、对比度以及边缘位置。由于"选择并遮住"命令可以智能地细化选区,所以常用于长发、动物或细密的植物的抠图。

(1)首先使用"快速选择工具"创建基本的选区,如图6-66所示;然后执行"选择"→"选择并遮住"命令,此时Photoshop界面发生了改变。左侧为一些用于调整选区和视图的工具,左上方为所选工具的选项,右侧为选区编辑选项,如图6-67所示。

图 6-66 图 6-67

（2）为了便于观察选区的效果，可以先选择一种合适的视图方式。单击"视图"下拉按钮，下拉列表中包含了多种不同的视图显示方式，如图 6-68 所示。图 6-69 所示为不同视图的显示效果。

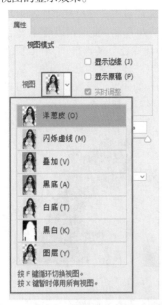

图 6-68

洋葱皮　　　　闪烁虚线　　　　叠加　　　　黑底

白底　　　　黑白　　　　图层

图 6-69

（3）单击选择工具箱中的"调整边缘画笔工具"按钮，该工具能够精确调整边缘的边界区域。接着设置合适的笔尖大小。然后在头发边缘位置按住鼠标左键拖动进行涂抹，随着涂抹可以看到背景的像素消失，只保留了发丝，如图 6-70 所示。继续沿着头发边缘涂抹，效果如图 6-71 所示。

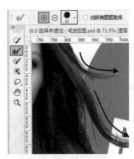

图 6-70　　　　　　　　图 6-71

- 快速选择工具 ✐：通过按住鼠标左键拖动进行涂抹，软件会自动查找和跟随图像颜色的边缘创建选区。
- 画笔工具 ✐：通过涂抹的方式添加或减去选区。单击"画笔工具"，在选项栏中单击"添加到选区"按钮 ⊕，单击 ▪ 按钮，在下拉面板中设置笔尖的"大小""硬度"和"距离"选项，在画面中按住鼠标左键拖动进行涂抹，涂抹的位置就会显示出像素，也就是在原来选区的基础上添加了选区，如图 6-72 所示。若单击"从选区减去"按钮 ⊖，在画面中涂抹，即可对选区进行减去，如图 6-73 所示。

图 6-72　　　　　　　图 6-73

- 套索工具组 ♀：在该工具组中有"套索工具"和"多边形套索工具"两种工具。使用该工具组可以在选项栏中设置选区运算的方式，如图 6-74 所示。例如，选择"套索工具"，设置运算方式为"添加到选区"，然后在画面中绘制选区，效果如图 6-75 所示。

图 6-74　　　　　　　图 6-75

（4）"检测边缘"选项组中包含"半径"和"智能半径"两个选项。"半径"选项用于调整选区边界的大小。对于较锐利的边缘，可以使用较小的半径；对于较柔和的边缘，可以使用较大的半径，如图 6-76 所示。图 6-77 所示为不同参数的对比效果。"智能半径"选项能够自动调整边缘区域中被发现的锐利边缘和柔和边缘的半径。

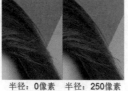

图 6-76 　　　　　图 6-77

（5）"全局调整"选项组主要用来对选区进行平滑、羽化和扩展等处理，如图 6-78 所示。

图 6-78

· 平滑：减少选区边界中的不规则区域，以创建较平滑的轮廓。图 6-79 所示为不同参数的对比效果。

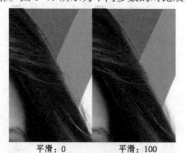

平滑：0 　　　　平滑：100

图 6-79

· 羽化：模糊选区与周围像素之间的过渡效果。
· 对比度：锐化选区边缘并消除模糊的不协调感。通常情况下，配合"智能半径"选项调整出来的选区效果会更好。

· 移动边缘：当设置为负值时，可以向内收缩选区边界；当设置为正值时，可以向外扩展选区边界。
· 清除选区：单击该按钮可以取消当前选区。
· 反相：单击该按钮可以得到反相的选区。

（6）涂抹完成后，头发边缘仍然有灰色像素，看起来很脏，如图 6-80 所示。此时可以展开"输出设置"选项然后勾选"净化颜色"复选框。"净化颜色"能够将彩色杂边替换为与主体边缘相近的颜色。拖动"数量"滑块设置颜色替换的强度，设置完成后，可以看到头发边缘变得干净了很多，如图 6-81 所示。

图 6-80 　　　　　图 6-81

（7）此时选区调整完成，接下来需要进行输出，在"输出到"下拉列表中可以设置选区的输出方式。设置"输出到"为"新建图层"，单击"确定"按钮，如图 6-82 所示。

图 6-82

· 记住设置：勾选该复选框，在下次使用该命令时会默认显示上次使用的参数。
· 复位工作区：单击该按钮可以使当前参数恢复默认。

（8）观察图层可以看到，选区中的像素复制到了一个独立图层，并且原图层被隐藏了起来，如图 6-83 所示。此时画面效果如图 6-84 所示。

图 6-83　　　　　　　　图 6-84

提示: 快捷地使用"选择并遮住"功能。

在画面中有选区的状态下, 在选项栏中单击
选择并遮住... 按钮, 即可打开"选择并遮住"对话框。

6.4 选区的编辑

"选区"创建完成后, 还可以对已有的选区进行一定的编辑操作, 如缩放选区、旋转选区、调整选区边缘、创建边界选区、平滑选区、扩展与收缩选区、羽化选区、扩大选取、选取相似等, 熟练掌握这些操作对于快速选择需要的部分非常重要。

6.4.1 动手练: 变换选区

熟练掌握对选区的编辑操作可以快速调整已有的选区, 使其达到我们的需求。

首先绘制一个选区, 如图 6-85 所示。执行"选择"→"变换选区"命令调出定界框, 如图 6-86 所示。拖动控制点即可对选区进行变换。在选区变换状态下, 在画布中右击, 还可以在菜单中选择其他变换方式, 如图 6-87 所示。变换完成后, 按 Enter 键即可完成变换, 如图 6-88 所示。(在选择"选框工具"的状态下, 在选区内右击执行"变换选区"命令即可调出变换选区定界框。)

图 6-85　　　　　　　　图 6-86

图 6-87　　　　　　　　图 6-88

6.4.2 动手练: 创建边界选区

"边界"命令作用于已有的选区, 可以将选区的边界向内或向外进行扩展, 扩展后的选区边界将与原来的选区边界形成新的选区。首先创建一个选区, 如图 6-89 所示。执行"选择"→"修改"→"边界"命令, 在弹出的对话框中设置"宽度"(数值宽度越大, 新选区越宽), 设置完成后单击"确定"按钮, 如图 6-90 所示。边界选区效果如图 6-91 所示。

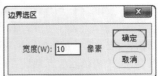

图 6-89　　　　　　　　图 6-90

图 6-91

6.4.3 动手练: 平滑选区

使用"平滑"命令可以将参差不齐的选区边缘平滑化。首先绘制一个选区, 如图 6-92 所示。执行"选择"→"修改"→"平滑"命令, 在弹出的"平滑选区"对话框中

设置"取样半径"选项（数值越大，选区越平滑），设置完成后单击"确定"按钮，如图6-93所示。此时选区效果如图6-94所示。

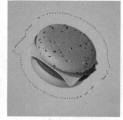

图 6-92　　　　　　　　　　图 6-93

图 6-94

6.4.4　动手练：扩展选区

"扩展"命令可以将选区向外延展，以得到较大的选区。首先绘制一个选区，如图6-95所示。执行"选择"→"修改"→"扩展"命令，打开"扩展选区"对话框，通过设置"扩展量"控制选区向外扩展的距离（数值越大，距离越远），参数设置完成后单击"确定"按钮，如图6-96所示。选区扩展完成后，填充颜色即可为对象制作出底色效果，如图6-97所示。

图 6-95　　　　　　　　　　图 6-96

图 6-97

6.4.5　动手练：收缩选区

"收缩"命令可以将选区向内收缩，使选区范围变小。在使用"快速选择工具""魔棒工具"抠图时，对象边缘经常会残留一些背景像素，借助收缩选区操作能去除多余的边缘。

（1）得到所需对象的选区，如图6-98所示。执行"选择"→"修改"→"收缩"命令，在弹出的"收缩选区"对话框中，通过设置"收缩量"选项的数值，控制选区的收缩大小（数值越大，收缩范围越大），如图6-99所示。

图 6-98　　　　　　　　　　图 6-99

（2）设置完成后单击"确定"按钮，如图6-100所示。接着使用快捷键Ctrl+Shift+I将选区反选，然后按Delete键删除选区中的像素，如图6-101所示。最后使用快捷键Ctrl+D取消选区的选择。

图 6-100　　　　　　　　　　图 6-101

6.4.6　动手练：羽化选区

"羽化"命令可以将边缘较"硬"的选区变为边缘比较"柔和"的选区。羽化半径越大，选区边缘越柔和。首先绘制一个选区，如图6-102所示。接着执行"选择"→"修改"→"羽化"命令（快捷键为Shift+F6）打开"羽化选区"对话框，该对话框中的"羽化半径"选项用来设置边缘模糊范围，数值越大，边缘模糊范围越大。参数设置完成后单击"确定"按钮，如图6-103所示。此时选区效果如图6-104所示。接着可以使用快捷键Ctrl+Shift+I将选区反选，然后按Delete键删除选区中的像素，此时商边缘的像素呈现出柔和的过渡效果，如图 6-105 所示。

图 6-102   图 6-103

图 6-104   图 6-105

6.5 利用蒙版进行非破坏的抠图

"蒙版"这个词语对于传统摄影爱好者来说，并不陌生。"蒙版"原本是摄影术语，是指用于控制照片不同区域曝光的传统暗房技术。而 Photoshop 中蒙版的功能主要用于画面的修饰与"合成"。什么是"合成"呢？"合成"这个词的含义是：由部分组成整体。在 Photoshop 的世界中，就是由原本不在一张图像上的内容，通过一系列的手段进行组合拼接，使之出现在同一画面中，呈现出一张新的图像，如图 6-106 所示。看起来是不是很神奇？其实在前面的学习中，我们已经进行过一些简单的"合成"了。例如，利用抠图工具将人像从原来的照片中"抠"出来，并放到新的背景中，如图 6-107 所示。

图 6-106   图 6-107

在这些"合成"的过程中，经常需要将图片的某些部分隐藏，以显示出特定内容。直接擦掉或者删除多余的部分是一种"破坏性"的操作，被删除的像素将无法复原，而借助蒙版功能则能够轻松隐藏或者恢复显示部分区域。

- Photoshop 中共有 4 种蒙版：剪贴蒙版、图层蒙版、矢量蒙版和快速蒙版。这 4 种蒙版的原理与操作方式各不相同，下面我们简单了解一下各种蒙版的特性。
- 剪贴蒙版：以下层图层的"形状"控制上层图层显示的"内容"。常用于合成中为某个图层赋予另外一个图层中的内容。
- 图层蒙版：通过"黑白"来控制图层内容的显示和隐藏。图层蒙版是经常使用的功能，常用于合成中图像某部分区域的隐藏。
- 矢量蒙版：以路径的形态控制图层内容的显示和隐藏。路径以内的部分被显示，路径以外的部分被隐藏。由于以矢量路径进行控制，所以可以实现蒙版的无损缩放。
- 快速蒙版：以"绘图"的方式创建各种随意的选区。与其说是蒙版的一种，不如称之为选区工具的一种。

【重点】6.5.1 动手练：图层蒙版——隐藏图层局部

扫一扫，看视频

图层蒙版是电商美工制图中常用的一项功能。该功能常用于隐藏图层的局部内容来实现画面局部修饰或者合成作品的制作。这种隐藏而非删除的编辑方式是一种非常方便的非破坏性的编辑方式。

为某个图层添加图层蒙版后，可以通过在图层蒙版中绘制黑色或白色来控制图层的显示与隐藏。图层蒙版是一种非破坏性的抠图方式。在图层蒙版中显示黑色的部分，其图层中的内容会变为透明；灰色部分为半透明；白色则是完全不透明，如图 6-108 所示。

原图   图层蒙版   效果

图 6-108

创建图层蒙版有两种方式，在没有任何选区的情况下可以创建出空的蒙版，画面中的内容不会被隐藏。而在包含选区的情况下创建图层蒙版，选区内部的部分为显示状态，选区以外的部分会隐藏。

1. 直接创建图层蒙版

选择一个图层，单击"图层"面板底部的"创建图层蒙版"按钮 ◻，即可为该图层添加图层蒙版，如图 6-109 所示。该图层的缩览图右侧会出现一个图层蒙版缩览图的图标，如图 6-110 所示。每个图层只能有一个图层蒙版，如果已有图层蒙版，再次单击该按钮，创建出的是矢量蒙版。图层组、文字图层、3D 图层、智能对象等特殊图层都可以创建图层蒙版。

图 6-109

图 6-110

单击图层蒙版缩览图，接着可以使用"画笔工具"在蒙版中进行涂抹。在蒙版中只能使用灰色进行绘制。蒙版中被绘制了黑色的部分，图像的相应部分会隐藏，如图 6-111 所示。蒙版中被绘制了白色的部分，图像的相应部分会显示，如图 6-112 所示。蒙版中被绘制了灰色的部分，图像的相应部分会以半透明的方式显示，如图 6-113 所示。

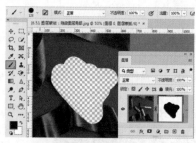
图 6-111

图 6-112

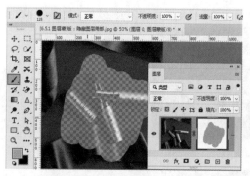
图 6-113

还可以使用"渐变工具"或"油漆桶工具"对图层蒙版进行填充。单击图层蒙版缩览图，使用"渐变工具"在蒙版中填充从黑到白的渐变，白色部分显示，黑色部分隐藏，灰色部分为半透明的过渡效果，如图 6-114 所示。使用"油漆桶工具"，在选项栏中设置填充类型为"图案"，然后选中一个图案，在图层蒙版中进行填充，图案内容会转换为灰色，然后按照图案各部分的灰色使图像产生相应的透明效果，如图 6-115 所示。

图 6-114

图 6-115

2. 基于选区添加图层蒙版

如果当前画面中包含选区，选中图层，单击"图层"面板底部的"添加图层蒙版"按钮 ◻，选区以内的部分

示，选区以外的部分将被图层蒙版隐藏，如图 6-116
和图 6-117 所示。这样既能够实现抠图的目的，又能够
避免删除主体物以外的部分。一旦需要重新对背景部分进
行编辑，还可以停用图层蒙版，回到之前的画面效果。

图 6-116　　　　　　　　图 6-117

 提示：图层蒙版的编辑操作。

- 停用图层蒙版：在图层蒙版缩览图上右击，执行"停
用图层蒙版"命令，即可停用图层蒙版，使蒙版效果
隐藏，原图层内容全部显示出来。
- 启用图层蒙版：在停用图层蒙版以后，如果要重新启
用图层蒙版，可以在蒙版缩览图上右击，然后执行"启
用图层蒙版"命令。
- 删除图层蒙版：如果要删除图层蒙版，可以在蒙版
缩览图上右击，然后执行"删除图层蒙版"命令。
- 链接图层蒙版：默认情况下，图层与图层蒙版之间带
有一个链接图标 ，此时移动/变换原图层，蒙版也
会发生变化。如果不想在变换图层或蒙版时影响对方，
可以单击链接图标取消链接。如果要恢复链接，可以
在取消链接的地方单击。
- 应用图层蒙版："应用图层蒙版"可以将蒙版效果应
用于原图层，并且删除图层蒙版。图像中对应蒙版中
的黑色区域删除，白色区域保留下来，而灰色区域将
呈半透明效果。在图层蒙版缩览图上右击，执行"应
用图层蒙版"命令。
- 转移图层蒙版："图层蒙版"是可以在图层之间转
移的。在要转移的图层蒙版缩览图上按住鼠标左键并
拖动到其他图层上，松开鼠标后即可将该图层的蒙版
转移到其他图层上。
- 替换图层蒙版：如果将一个图层蒙版移动到另外一个
带有图层蒙版的图层上，则可以替换该图层的图层蒙版。
- 复制图层蒙版：如果要将一个图层的蒙版复制到另外
一个图层上，可以在按住 Alt 键的同时按住鼠标左键
将图层蒙版拖动到另外一个图层上。
- 载入蒙版的选区：蒙版可以转换为选区。在按住 Ctrl
键的同时单击图层蒙版缩览图，蒙版中白色的部分为

选区内，黑色的部分为选区外，灰色的部分为羽化的
选区。

[重点] 6.5.2　动手练：剪贴蒙版——
　　　　　限定图像显示区域

扫一扫，看视频

"剪贴蒙版"需要至少两个图层才能够
使用。其原理是通过使用处于下方图层（基
底图层）的形状，限制上方图层（内容图
层）的显示内容。也就是说，基底图层的形
状决定了显示的形状，而内容图层则控制显示的图案。
图 6-118 所示为一个剪贴蒙版组。

内容图层

基底图层

图 6-118

（1）想要创建剪贴蒙版，必须有两个或两个以上的
图层，一个作为基底图层，其他的图层可作为内容图层。
将文字图层作为基底图层，如图 6-119 所示。纹理图层
覆盖住文字，作为内容图层，如图 6-120 所示。内容图
层需要放在基底图层的上方。

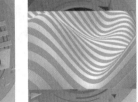

图 6-119　　　　　　　　图 6-120

（2）单击选择内容图层，然后在内容图层上方右击执
行"创建剪贴蒙版"命令，如图 6-121 所示。此时内容
图层只显示了下方文字形状中的部分，如图 6-122 所示。

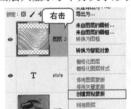

图 6-121　　　　　　　　图 6-122

第 6 章　商品图像的抠图与创意合成

181

（3）在剪贴蒙版组中，如果对基底图层的位置或大小进行调整，则会影响剪贴蒙版组的形态，如图6-123所示。

图6-123

（4）对内容图层进行增减或编辑，则只会影响显示内容。图6-124所示为更改内容图层颜色后的效果。图6-125所示为缩小内容图层后，露出基底图层的效果。

图6-124　　　　　　图6-125

（5）如果有多个内容图层，可以将这些内容图层全部放在基底图层的上方，然后在"图层"面板中选中，右击执行"创建剪贴蒙版"命令，如图6-126所示，效果如图6-127所示。

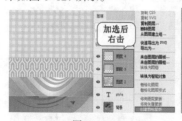

图6-126　　　　　　图6-127

（6）如果想要使剪贴蒙版组上出现图层样式，那么需要为基底图层添加图层样式，如图6-128和图6-129所示；否则附着于内容图层的图层样式可能无法显示。

图6-128　　　　　　图6-129

（7）当对内容图层的"不透明度"和"混合模式"进行调整时，只有与基底图层混合的效果发生变化，不会影响到剪贴蒙版组中的其他图层，如图6-130所示。当对基底图层的"不透明度"和"混合模式"调整时，整个剪贴蒙版组中的所有图层都会以设置的不透明度数值以及混合模式进行混合，如图6-131所示。

图6-130

图6-131

提示：调整剪贴蒙版组中的图层顺序

（1）剪贴蒙版组中的内容图层顺序可以随意调整，如果调整了基底图层的位置，原本剪贴蒙版组的效果则会发生错误。

中文版Photoshop电商美工设计从入门到实战（全程视频版）（上册）

（2）内容图层一旦移动到基底图层的下方，就相当于释放了剪贴蒙版。

（3）在已有剪贴蒙版的情况下，将一个图层拖动到基底图层上方，即可将其加入剪贴蒙版组。

（8）如果想要去除剪贴蒙版，可以在剪贴蒙版组中的最底部的内容图层上右击执行"释放剪贴蒙版"命令，如图6-132所示。这样可以释放整个剪贴蒙版组，如图6-133所示。在包含多个内容图层时，如果想要释放其中一个内容图层，可以在"图层"面板中将该内容图层拖动到基底图层的下方，如图6-134所示。该图层就从剪贴蒙版中移除了，如图6-135所示。

图 6-132	图 6-133

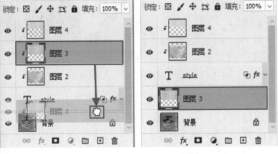

图 6-134	图 6-135

练习实例：网店新品展示拼图

文件路径	资源包\第6章\练习实例：网店新品展示拼图	
难易指数	★★★★★	
技术掌握	创建剪贴蒙版	扫一扫，看视频

案例效果

案例效果如图6-136所示。

图 6-136

操作步骤

步骤 01 新建一个空白文档，选择工具箱中的"矩形工具"，在选项栏中设置绘制模式为"形状"，"填充"为无，"描边"为青灰色，描边粗细为7像素，然后在画面的左上角绘制矩形，如图6-137所示。选择工具箱中的"钢笔工具"，设置绘制模式为"形状"，"填充"为无，"描边"为青灰色，描边粗细为2像素，描边类型为虚线，然后在矩形下方以单击的方式绘制一条直线，如图6-138所示。绘制完成后按Esc键。

图 6-137

图 6-138

步骤 02 在顶部绘制一条虚线，如图 6-139 所示。

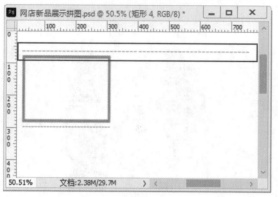

图 6-139

步骤 03 选择工具箱中的"横排文字工具"，在矩形内部单击插入光标，设置合适的字体、字号，然后输入文字，如图 6-140 所示。继续在其他位置添加文字，如图 6-141 所示。

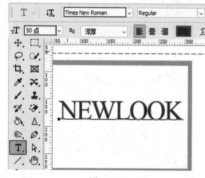

图 6-140

图 6-141

步骤 04 继续使用"矩形工具"在画面中绘制多个矩形，如图 6-142 所示。将人物素材 1.jpg 置入文档，将其移动到左侧矩形上，在"图层"面板中将人物素材移动至左侧矩形图层的上方，如图 6-143 所示。

图 6-142   图 6-143

步骤 05 选择人像图层，右击执行"创建剪贴蒙版"命令，如图 6-144 所示。此时超出底部矩形的部分被隐藏，画面效果如图 6-145 所示。

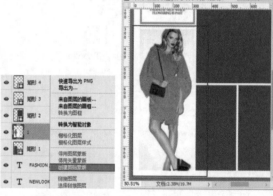

图 6-144   图 6-145

步骤 06 使用相同的方法置入其他图片素材，并依次创建剪贴蒙版。隐藏多余的部分，效果如图 6-146 所示。

图 6-146

练习实例：使用剪贴蒙版制作饮品广告

文件路径	资源包\第6章\练习实例：使用剪贴蒙版制作饮品广告
难易指数	★★★★★
技术掌握	剪贴蒙版

扫一扫，看视频

案例效果

案例效果如图 6-147 所示。

图 6-147

操作步骤

步骤 01 执行"文件"→"新建"命令，创建新文档。单击"渐变工具"，在"选项栏"中编辑一个紫色系的渐变，设置渐变类型为径向渐变，将光标定位在画面中间，按住鼠标左键向四角拖动填充渐变，效果如图 6-148 所示。新建图层，单击"多边形套索工具"，在画面右侧绘制四边形选区，并将选区填充为白色，如图 6-149 所示。填充完成后按快捷键 Ctrl+D 取消选区的选择。

图 6-148

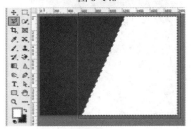

图 6-149

步骤 02 置入纹理素材，并将图层栅格化，如图 6-150 所示。选择纹理图案图层，右击执行"创建剪贴蒙版"命令，如图 6-151 所示。此时画面效果如图 6-152 所示。

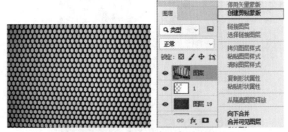

图 6-150　　　　　　　图 6-151

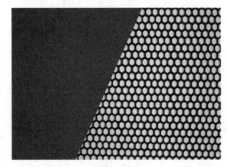

图 6-152

步骤 03 在"图层"面板中设置"不透明度"为 5%，如图 6-153 所示。此时画面效果如图 6-154 所示。

图 6-153　　　　　　　图 6-154

步骤 04 制作按钮，单击"多边形工具"，在选项栏中设置绘制模式为"形状"，"填充"为紫色，"描边"为无，"边"为 6，接着在左上位置绘制形状，如图 6-155 所示。在"图层"面板中选择该紫色六边形图层，右击执行"复制图层"命令，并在画面中将其向右移动，如图 6-156 所示。使用同样的方法再复制两个六边形并向右移动，如图 6-157 所示。

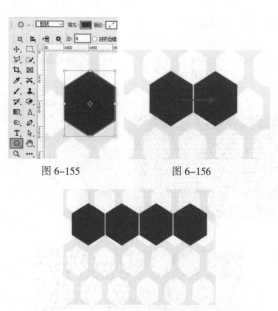

图 6-155　　　　　　　　　图 6-156

图 6-157

步骤 05 执行"窗口"→"形状"命令，打开"形状"面板，单击"面板菜单"按钮，执行"旧版形状及其他"命令，将"旧版形状及其他"形状组导入"形状"面板，如图 6-158 所示。接着选择工具箱中的"自定形状工具"，在"选项栏"中设置绘制模式为"形状"，"填充"为白色，"描边"为无，单击"形状"按钮，选择合适的图形后进行绘制，如图 6-159 所示。使用同样的方法绘制其他不同的形状，如图 6-160 所示。

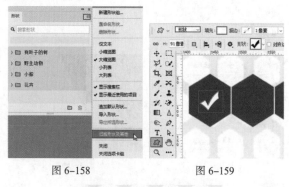

图 6-158　　　　　　　　　图 6-159

图 6-160

步骤 06 单击"钢笔工具"，在选项栏中设置绘制模式为"形状"，"填充"为紫色，接着在画面左侧绘制形状如图 6-161 所示。接着执行"图层"→"图层样式"→"投影"命令，在弹出的"图层样式"对话框中设置"混合模式为"正片叠底"，投影颜色为黑色，"不透明度"为 30%，"角度"为 60 度，"距离"为 6 像素，"扩展"为 0%，"大小为 0 像素，单击"确定"按钮，如图 6-162 所示，效果如图 6-163 所示。

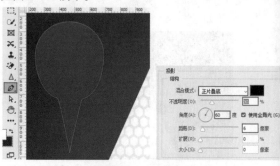

图 6-161　　　　　　　　　图 6-162

图 6-163

步骤 07 选择工具箱中的"矩形工具"，在选项中设置绘制模式为"形状"，"填充"为紫色，"描边"为无然后在画面的顶部位置按住鼠标左键拖动绘制一个与画布等宽的细长矩形，如图 6-164 所示。选择该矩形图层使用快捷键 Ctrl+J 将矩形图层复制一份，然后向下移动如图 6-165 所示。

图 6-164

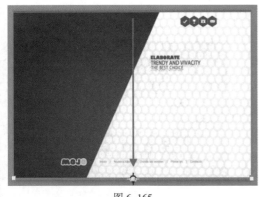

图 6-165

如图 6-170 所示。执行 "图层" → "图层样式" → "投影" 命令，在弹出的 "图层样式" 对话框中设置 "混合模式" 为 "正片叠底"，投影颜色为黑色，"不透明度" 为 30%，"角度" 为 60 度，"距离" 为 6 像素，"扩展" 为 0%，"大小" 为 0 像素，单击 "确定" 按钮完成设置，如图 6-171 所示，效果如图 6-172 所示。

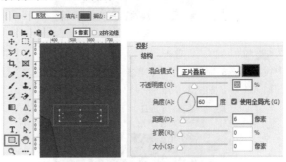

图 6-170　　　　　图 6-171

步骤 08 再次置入纹理素材，然后以 步骤 07 绘制的 圆形作为基底图层创建剪贴蒙版，如图 6-166 所示。然后选中纹理图层，设置不透明度为 5%，如图 6-167 所示。

图 6-166　　　　　图 6-167

图 6-172

步骤 09 为该图形制作底部的阴影。在该图层下面新建图层，单击 "画笔工具"，在选项栏中单击 "画笔预设"，在下拉面板中设置 "大小" 为 190 像素，"硬度" 为 0，"不透明度" 为 50%。设置前景色为深紫色，接着在图形底部单击绘制一个深色的圆点，如图 6-168 所示，接着按快捷键 Ctrl+T 竖向进行压扁，如图 6-169 所示。

步骤 11 单击 "矩形工具"，在 "选项栏" 中设置绘制模式为 "形状"，"填充" 为无，"描边" 为白色，描边宽度为 1 点，描边类型为虚线，半径为 5 像素，在画面中左侧按住鼠标左键拖动绘制出一个虚线框，并适当旋转，如图 6-173 所示。继续使用 "钢笔工具"，在选项栏中设置绘制模式为 "形状"，"填充" 为无，"描边" 为白色，描边宽度为 2 像素，描边类型为虚线，接着在上方绘制虚线箭头，如图 6-174 所示。

图 6-168　　　　　图 6-169

步骤 10 单击 "矩形工具"，在 "选项栏" 中设置绘制模式为 "形状"，"填充" 为紫色，"半径" 为 5 像素，在第一个图形右侧绘制圆角矩形，然后按 Enter 键结束绘制，

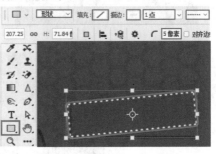

图 6-173

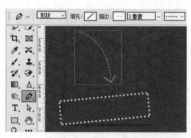

图 6-174

步骤（12）添加文字，单击"横排文字工具"，在"选项栏"中设置合适的字体、字号、填充，接着在矩形框中单击并输入文字，如图 6-175 所示。

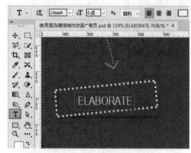

图 6-175

步骤（13）继续使用同样的方法输入文字，如图 6-176 所示。选中该图层，执行"图层"→"图层样式"→"描边"命令，设置"大小"为 8 像素，"位置"为"外部"，"混合模式"为"正常"，"不透明度"为 100%，"填充类型"为"颜色"，"颜色"为白色，如图 6-177 所示。单击"确定"按钮后，效果如图 6-178 所示。

图 6-176

图 6-177

图 6-178

步骤（14）使用同样的方法再制作一段文字，如图 6-17▮所示。

图 6-179

步骤（15）置入商品素材，移动至画面的右侧，按 Ent▮键完成置入，接着执行"图层"→"栅格化"→"智能对象"命令，将该图层栅格化为普通图层，如图 6-180 所示。

图 6-180

步骤（16）为素材调色，执行"图层"→"新建调整图层"→"自然饱和度"命令，在弹出的"属性"面板中设置"自然饱和度"为 +100，"饱和度"为 0，并单击"此调整剪切到此图层"按钮，如图 6-181 所示，效果如图 6-182 所示。

图 6-181

图 6-182

步骤（17）继续使用"横排文字工具"在商品左上方添加文字，如图 6-183 所示。输入文字后执行"图层"→"图层样式"→"投影"命令，设置"混合模式"为"正片叠底"，投影颜色为黑色，"不透明度"为 30%，"角度"为 60 度，距离"为 14 像素，"扩展"为 0%，"大小"为 0 像素，如图 6-184 所示。接着勾选"描边"选项，进行参数设置，如图 6-185 所示，然后单击"确定"按钮完成设置。

图 6-183

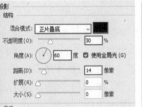

图 6-184

图 6-185

步骤 18 文字效果如图 6-186 所示。使用同样的方法制作更多文字，如图 6-187 所示。

图 6-186

图 6-187

6.6 钢笔抠图

虽然前面讲到的几种基于颜色差异的抠图工具可以进行非常便捷的抠图操作，但还是有一些情况无法处理。例如，主体物与背景非常相似的图像、对象边缘模糊不清的图像以及基于颜色抠图后对象边缘参差不齐的情况等，这些都无法利用前面学到的工具很好地完成抠图操作。这时就需要使用"钢笔工具"进行精确路径的绘制，然后将路径转换为选区，接着删除背景或者单独把主体物复制出来，就完成抠图了，如图 6-188 所示。

原图

钢笔绘制路径

转换为选区

提取主体 合成

图 6-188

【重点】6.6.1 动手练：使用"钢笔工具"精确抠图

扫一扫，看视频

钢笔抠图需要使用的工具已经学习过了，下面梳理一下钢笔抠图的基本思路：首先使用"钢笔工具"绘制大致轮廓（注意，绘制模式必须设置为"路径"）；接着使用"直接选择工具""转换点工具"等工具对路径形态进行进一步调整。路径准确后转换为选区（在无须设置羽化半径的情况下，可以按快捷键 Ctrl+Enter）；得到选区后将主体物复制为独立图层，或者选择反向区域，然后删除背景。抠图完成后可以更换新背景、添加装饰元素，从而完成作品的制作。

1. 使用"钢笔工具"绘制大致轮廓

（1）抠图之前为了避免原图层被破坏，可以复制图层，并隐藏原图层。单击"钢笔工具"按钮，在其选项栏中设置绘制模式为"路径"，将光标移至主体物边缘，单击生成锚点，如图 6-189 所示。将光标移动至下一个位置，单击创建第二个锚点，然后两个锚点之间连成了一条直线，如图 6-190 所示。

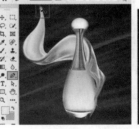

图 6-189

图 6-190

（2）继续沿着主体物边缘绘制路径，如图 6-191 所示。当绘制至起点处，光标变为 ◎ 形状时，单击即可闭合路径，如图 6-192 所示。

图 6-191

图 6-192

189

2. 调整锚点位置及数量

（1）在使用"钢笔工具"的状态下，按住 Ctrl 键可以直接切换到"直接选择工具"。此时可以移动锚点的位置。在锚点上按下鼠标左键，将锚点拖动至主体物边缘，如图 6-193 和图 6-194 所示。

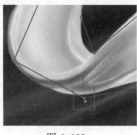 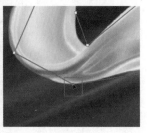

图 6-193　　　　　　　　图 6-194

（2）继续调整锚点位置。若遇到锚点数量不够的情况，在使用"钢笔工具"的状态下，将光标移至路径处，当它变为形状时，单击即可添加锚点，如图 6-195 和图 6-196 所示。

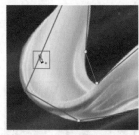 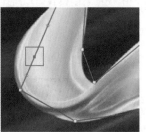

图 6-195　　　　　　　　图 6-196

（3）若在调整过程中发现锚点过于密集，如图 6-197 所示，可以将"钢笔工具"光标移至需要删除的锚点的位置，当它变为形状时，单击即可删除锚点。

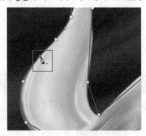

图 6-197

3. 将尖角锚点转换为平滑锚点

调整了锚点的位置后，虽然锚点的位置贴合到了主体物边缘，但是本应带有弧度的线条却呈现出尖角的效果。在工具箱中选择"转换点工具"，在尖角锚点上

按住鼠标左键拖动，使之产生弧度，如图 6-198 所示。接着在方向线上按住鼠标左键拖动，即可调整方向线度，使路径与主体物形态相吻合，如图 6-199 所示。

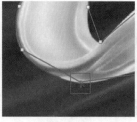 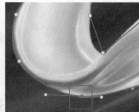

图 6-198　　　　　　　　图 6-199

4. 将路径转换为选区

路径已经绘制完了，想要抠图，最重要的一个步骤就是将路径转换为选区，效果如图 6-200 所示。按快捷键 Ctrl+Enter，将路径转换为选区，如图 6-201 所示。按快捷键 Ctrl+Shift+I 将选区反向选择，然后按 Delete 键将选区中的内容删除，如图 6-202 所示。

图 6-200　　　　　　　　图 6-201

图 6-202

> 💡 提示：将路径转换为选区的其他方式。
>
> 在使用"钢笔工具"的状态下，在路径上右击，在弹出的快捷菜单中选择"建立选区"命令。在弹出的"建立选区"对话框中可以进行"羽化半径"的设置。

如图 6-203 所示。当"羽化半径"为 0 时，选区边缘清晰、明确；羽化半径越大，选区边缘越模糊。

图 6-203

5. 后期装饰

将抠好的主体物合成到画面中，完成作品的制作，如图 6-204 所示。

图 6-204

提示：钢笔抠图的技巧。

需要注意的是，虽然很多时候商品图像中主体物与背景颜色区别比较大，但是为了得到边缘较为干净的商品抠图效果，仍然建议使用"钢笔工具"抠图的方法。因为在利用"快速选择工具""魔棒工具"等进行抠图的时候，边缘通常不会很平滑，而且很容易残留背景像素，而利用"钢笔工具"进行抠图得到的边缘通常是非常清晰而锐利的。除此之外，在钢笔抠图时，路径的位置也可以适当偏向于对象边缘的内侧，这样会避免抠图后残留背景像素。

6.6.2　动手练：使用"磁性钢笔工具"抠图

"磁性钢笔工具"能够自动捕捉颜色差异比较明显的边缘以快速绘制路径，与"磁性套索"非常相似，但是"磁性钢笔工具"绘制出的是路径，如果效果不满意，

可以继续对路径进行调整，常用于抠图操作中。

（1）"磁性钢笔工具"并不是一个独立的工具，而是需要在使用"自由钢笔工具"的状态下勾选"磁性的"复选框，此时工具将切换为"磁性钢笔工具" ，在画面中主体物边缘单击，如图 6-205 所示。接着沿着图形边缘拖动鼠标，光标经过的位置会自动追踪图像边缘创建路径，如图 6-206 所示。

图 6-205　　　　　　　图 6-206

（2）继续沿着主体物边缘拖动光标创建路径，当钢笔移动到起始位置时，单击闭合路径，如图 6-207 所示。在得到闭合路径后，如果对路径效果不满意，可以使用"直接选择工具"等对路径进行调整，如图 6-208 所示。

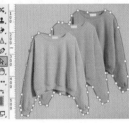

图 6-207　　　　　　　图 6-208

（3）得到路径后按快捷键 Ctrl+Enter，将路径转换为选区，如图 6-209 所示。随后即可将主体物复制为独立图层，完成抠图，如图 6-210 所示。将抠好的图像放在合适的背景中，如图 6-211 所示。

图 6-209　　　　　　　图 6-210

图 6-211

练习实例：抠图制作护肤品广告

扫一扫，看视频

文件路径	资源包 \ 第 6 章 \ 练习实例：抠图制作护肤品广告
难易指数	★★★★★
技术掌握	快速选择、选择并遮住、钢笔抠图、图层蒙版、剪贴蒙版

案例效果

案例效果如图 6-212 所示。

图 6-212

操作步骤

步骤 01 新建一个空白文档，将前景色设置为淡蓝紫色，选择工具箱中的"画笔工具"，选择一个柔边圆笔尖，设置笔尖大小为 700 像素，设置"不透明度"为 60%，"流量"为 35%，设置完成后在画面中绘制，如图 6-213 所示。

图 6-213

步骤 02 将人物素材置入文档，移动到画面的右侧，并将图层栅格化，如图 6-214 所示。选择工具箱中的"快速选择工具"，设置合适的笔尖大小，然后在人物上方按住鼠标左键拖动得到人物的选区。因为花朵的颜色与背景颜色相似，并且边缘复杂，所以得到的选区并不精准，如图 6-215 所示。

图 6-214　　　　　　图 6-215

步骤 03 单击选项栏中的"选择并遮住"按钮，进入选择并遮住界面。先选择合适的"视图"，然后单击选择"调整边缘画笔工具"，单击"扩展检测区域"按钮，设置笔尖大小为 25 像素，然后在花朵背景位置涂抹，如图 6-216 所示。继续在花朵位置涂抹，得到此处选区。当花朵完全显示后，设置"输出到"为"图层蒙版"，然后单击"确定"按钮，如图 6-217 所示。

图 6-216　　　　　　图 6-217

步骤 04 单击"确定"按钮后即可以选区创建剪贴蒙版，如图 6-218 所示。

图 6-218

步骤 05 置入商品素材，然后将图层栅格化，如图 6-219 所示。选择工具箱中的"钢笔工具"，设置绘制模式为"路径"，然后沿着商品边缘绘制路径，如图 6-220 所示。

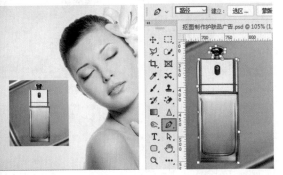

图 6-219　　　　　　　图 6-220

步骤 06 路径绘制完成后，使用快捷键 Ctrl+Enter 将路径转换为选区，如图 6-221 所示。接着使用快捷键 Ctrl+J 将选区中的像素复制到独立图层，然后将原图层隐藏完成抠图操作，如图 6-222 所示。

图 6-221　　　　　　　图 6-222

步骤 07 制作商品的倒影。选择抠图后的商品图层，按快捷键 Ctrl+J 将图层复制一份。然后按快捷键 Ctrl+T 进行自由变换，接着右击执行"垂直翻转"命令，如图 6-223 所示。接着将翻转后的商品向下移动，如图 6-224 所示。

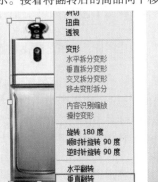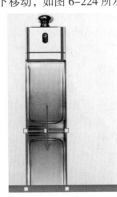

图 6-223　　　　　　　图 6-224

步骤 08 选择倒影图层，为该图层添加图层蒙版，然后选择工具箱中的"渐变工具"，编辑一个黑色到白色的渐变，单击选项栏中的"线性渐变"按钮，单击图层蒙版，然后在底部按住鼠标左键拖动填充渐变，隐藏倒影底部的像素，制作出渐隐效果，如图 6-225 所示。

图 6-225

步骤 09 使用"横排文字工具"，设置合适的字体、字号，以及文字颜色，在画面左侧添加文字，如图 6-226 所示。文字添加完成后，按住 Ctrl 键单击加选文字图层，然后使用快捷键 Ctrl+G 将文字图层进行编组。

图 6-226

步骤 10 选中文字图层组，执行"图层"→"图层样式"→"投影"命令，在弹出的"图层样式"对话框中设置"混合模式"为"正片叠底"，颜色为黑色，"不透明度"为 35%，"角度"为 120 度，"距离"为 3 像素，"大小"为 1 像素，参数设置如图 6-227 所示。设置完成后单击"确定"按钮，文字效果如图 6-228 所示。

图 6-227　　　　　　　图 6-228

步骤 11 置入花朵素材，移动至文字上方，使其覆盖住文字，然后将图层栅格化，如图 6-229 所示。在"图层"面板中选中花朵图层，右击执行"创建剪贴蒙版"命令，如图 6-230 所示。

图 6-229　　　　　　　　图 6-230

步骤 12 此时文字带有花朵纹理，效果如图 6-231 所示。

图 6-231

步骤 13 单击"矩形工具"，在选项栏中设置绘制模式为"形状"，"填充"为粉色，"描边"为无，然后在文字下方绘制矩形，如图 6-232 所示。矩形绘制完成后，使用"横排文字工具"输入文字并移动到矩形上。案例完成效果如图 6-233 所示。

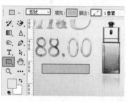

图 6-232　　　　　　　　图 6-233

6.7 通道抠图：带有毛发、半透明的商品

通道抠图是一种比较专业的抠图技巧，能够抠出其他抠图方式无法抠出的对象。对于带有毛发的小动物和人像、边缘复杂的植物、半透明的薄纱或云朵、光效等

一些比较特殊的对象，我们都可以尝试使用通道抠图，如图 6-234~ 图 6-239 所示。

图 6-234　　　　　　　　图 6-235

图 6-236　　　　　　　　图 6-237

图 6-238　　　　　　　　图 6-239

6.7.1　通道与抠图

虽然通道抠图的功能非常强大，但并不难掌握，前提是要理解通道抠图的原理。首先，我们要明白以下内容。

（1）通道与选区可以相互转化（通道中的白色为选区内部，黑色为选区外部，灰色可得到半透明的选区）。

（2）通道是灰度图像，排除了色彩的影响，更容易进行明暗的调整。

（3）不同通道，黑白内容不同，抠图之前找对通道很重要。

（4）不可直接在原通道上进行操作，必须复制通道，直接在原通道上进行操作，会改变图像颜色。

总的来说，通道抠图的主体思路就是在各个通道中进行对比，首先找到一个主体物与环境黑白反差最大的通道，复制并进行操作；然后进一步强化通道黑白反差得到合适的黑白通道；最后将通道转换为选区，回到原图中，完成抠图，如图 6-240 所示。

中文版 Photoshop 电商美工设计从入门到实战（全程视频版）（上册）

原图　　　　复制主体物与环境反差大的通道　　　　强化通道黑白反差

载入通道选区　　　　回到原图层　　　　抠图完成

图 6-240

6.7.2　动手练：通道与选区

执行"窗口"→"通道"命令，打开"通道"面板。
在"通道"面板中，最顶部的通道为复合通道，下方的
为颜色通道，除此之外，还可能包括 Alpha 通道和专色
通道。

默认情况下，颜色通道和 Alpha 通道显示为灰度，
如图 6-241 所示。我们可以尝试单击选中任何一个灰度
通道，画面即变为该通道的效果；单击"通道"面板底
部的"将通道作为选区载入"按钮，即可载入通道的选区，
如图 6-242 所示。通道中白色的部分为选区内部，黑色
的部分为选区外部，灰色的部分为羽化选区。

 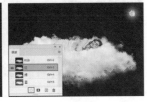

图 6-241　　　　　　　　图 6-242

得到了选区后，单击最顶部的复合通道，回到原始
效果，如图 6-243 所示。接着回到"图层"面板，我们
可以按 Delete 键将选区内的部分删除，观察一下效果。
可以看到有的部分被彻底删除，也有的部分变为半透明，
如图 6-244 所示。

图 6-243　　　　　　　　图 6-244

重点 6.7.3　动手练：使用通道进行抠图

扫一扫，看视频

本小节以长发人像照片抠图为例进行讲
解，如图 6-245 所示。如果想要将人像从背
景中分离出来，使用"钢笔工具"抠图可以
提取身体部分，而头发边缘处非常细密，仅
通过"钢笔工具"进行抠图不是特别精准，还需要结合
通道抠图法。

图 6-245

（1）使用"钢笔工具"沿着人物边缘绘制路径，当
绘制到头发的位置时需要保留一部分背景中的像素，如
图 6-246 所示。接着载入路径的选区，将选区中的内容
复制到独立图层，然后隐藏其他图层，如图 6-247 所示。

图 6-246　　　　　　　　图 6-247

（2）在使用通道抠图法抠图时，需要将其他图层隐藏，
只显示需要抠图的图层。执行"窗口"→"通道"命令，
在弹出的"通道"面板中逐一观察并选择主体物与背景
黑白对比最强烈的通道。本案例着重观察头发与背景之
间的差异即可。经过观察，"红"通道中头发与背景之
间的黑白对比较为明显，因此选择"红"通道进行复制。

在"红"通道上右击,执行"复制通道"命令,如图6-248所示。创建出"红 拷贝"通道,如图6-249所示。

图6-248　　　　　　　图6-249

（3）利用"调整"命令来增强复制出的通道的黑白对比,使主体物与背景区分开来。单击选择"红 拷贝"通道,按快捷键Ctrl+M,在弹出的"曲线"对话框中单击"在图像中取样以设置黑场"按钮,然后在人物头发上单击。此时头发部分颜色加深,如图6-250所示。单击"在图像中取样以设置白场"按钮,单击背景部分,背景变为全白,如图6-251所示。设置完成后,单击"确定"按钮。

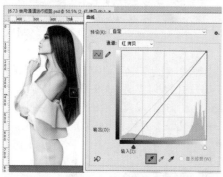

图6-250

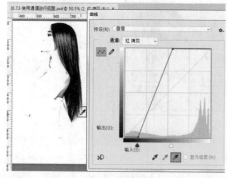

图6-251

（4）因为在通道中,白色区域为选区,所以使用"反相"快捷键Ctrl+I将通道中的黑白关系倒转,如图6-252所示。可以观察到头发仍有一部分没有变为白色,选择"减淡工具",设置"范围"为"高光",然后在头发没有变白的位置涂抹,使其变为白色,如图6-253所示。

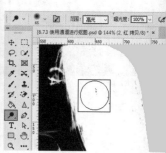

图6-252　　　　　　　图6-253

（5）头发变为白色后,单击"通道"面板中的"将通道作为选区载入"按钮,即可得到白色区域的选区如图6-254所示。接着单击RGB复合通道,然后回到"图层"面板中,使用快捷键Ctrl+J将选区中的像素复制到独立图层。然后将其他图层隐藏,观察抠图效果,如图6-255所示。

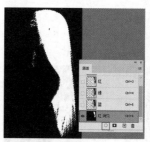

图6-254　　　　　　　图6-255

（6）显示钢笔抠图图层,为其添加图层蒙版。选中图层蒙版,使用黑色画笔在发梢的位置涂抹黑色,将发梢位置的像素隐藏。因为抠好的头发已经被单独抠取到一个图层,所以就算将这部分像素隐藏,也不会影响整体效果,如图6-256所示。最后将抠好的人物合成到新的场景中,效果如图6-257所示。

图6-256　　　　　　　图6-257

6.7.4 动手练：带有透明区域的产品抠图

使用通道抠图法也可以抠取半透明的对象，如玻璃制品、液体、冰块、云朵等。

（1）打开酒瓶素材，然后使用"钢笔工具"沿着商品绘制路径，如图 6-258 所示。接着使用快捷键 Ctrl+Enter 将路径载入选区，然后使用快捷键 Ctrl+J 将选区内的部分复制到独立图层，然后将原图层隐藏，如图 6-259 所示。

图 6-258 　　　　　　图 6-259

（2）因为瓶盖与标签部分是不透明度的，无须使用通道抠图法进行处理，所以需要单独提取出来，如图 6-260 所示。接着对瓶身部分单独进行处理，如图 6-261 所示。

图 6-260 　　　　　　图 6-261

（3）选中瓶身图层，隐藏其他图层。打开"通道"面板，单击选择"绿"通道，右击执行"复制通道"命令，如图 6-262 所示。选中"绿 拷贝"通道，单击"将通道作为选区载入"按钮，如图 6-263 所示。此时得到通道中白色区域的选区，如图 6-264 所示。

图 6-262 　　　　　　图 6-263

图 6-264

（4）单击 RGB 复合通道，显示出完整画面效果，如图 6-265 所示。然后回到"图层"面板中，以当前选区为该图层添加图层蒙版，如图 6-266 所示。

图 6-265 　　　　　　图 6-266

（5）此时可以看到瓶身部分过于透明，需要进行调整。先删除图层蒙版，回到"通道"面板中，选中"绿拷贝"通道，使用快捷键 Ctrl+M 调出"曲线"对话框，然后调整曲线形状，将瓶身部分提亮，如图 6-267 所示。接着载入"绿 拷贝"的选区，如图 6-268 所示。

 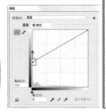 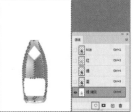

图 6-267 　　　　　　图 6-268

（6）回到"图层"面板中，再次以当前选区为该图层添加图层蒙版。此时瓶子更加清晰，如图 6-269 所示。添加背景后查看效果，如图 6-270 所示。

图 6-269　　　　　　　　　　图 6-270

（7）此时瓶子左右两侧过于透明，可以选中图层蒙版，使用白色的柔边圆画笔在蒙版左右两侧涂抹，显示瓶子边缘的像素，强化瓶子的真实感，如图 6-271 所示。

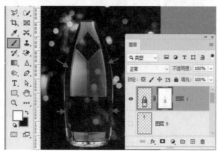

图 6-271

（8）使用相同的方法抠取瓶颈的位置，如图 6-272 和图 6-273 所示。

图 6-272　　　　　　　　　　图 6-273

（9）显示瓶身的其他部分，图 6-274 所示为通道抠图与钢笔抠图的对比效果，可以看出通道抠图法抠取的瓶子更通透、更真实。

通道抠图　　　　　钢笔抠图

图 6-274

中文版 Photoshop 电商美工设计从入门到实战（全程视频版）（上册）

색감을 담은

Chapter 07

第7章

扫一扫，看视频

商品照片调色与特效

本章内容简介：

调色是商品照片处理中非常重要的步骤，图像的色彩在很大程度上能够决定图像的"好坏"，只有与商品调性相匹配的色彩才能够正确地传达商品的内涵。对于网店版面的设计也是如此，正确地使用色彩对画面而言也是非常重要的。不同的颜色往往带有不同的情感倾向，对于消费者的心理产生的影响也不同。

在 Photoshop 中，我们不仅可以使画面的色彩更贴合商品调性，还可以通过调色技术的使用制作各种风格的色彩。除此之外，滤镜也是本章的重点知识，通过滤镜功能的使用可以为画面制作出各种不同的特殊效果。例如，制作出模拟素描效果的商品手稿，制作出燃烧效果的商品，或者为网页版面添加各种特效等。

重点知识掌握：

- 掌握"调整"命令以及"调整图层"命令的使用方法。
- 掌握图层透明与混合模式的设置方法。
- 掌握常见滤镜的使用方法。

通过本章学习，我能做什么？

通过本章的学习，可以学会十几种调色命令的使用方法。通过使用这些调色命令，可以校正商品图像的曝光问题以及偏色问题，如商品图像偏暗、偏亮、对比度过低 / 过高、暗部过暗导致细节缺失、画面颜色暗淡、天不蓝、草不绿、人物皮肤偏黄偏黑，图像整体偏蓝、偏绿、偏红等，这些"问题"都可以通过本章所学的调色命令轻松解决。综合运用多种调色命令以及混合模式等功能制作出一些风格化的色彩，如小清新色调、复古色调、高彩色调、电影色、胶片色、反转片色、LOMO 色等。还可以通过多个滤镜的协同使用制作一些常见的特效商品照片，如素描效果、油画效果、水彩画效果、拼图效果、火焰效果、做旧效果、雾气效果等。

7.1 商品图像局部调色

工具箱中包括多个可对图像局部明暗、色彩进行调整的工具，这些工具是以涂抹绘制的方式进行调色的，所以这些工具常用于图像局部的调整，如图 7-1 所示。

图 7-1

（1）"减淡工具" 可以对图像"阴影""中间调""高光"分别进行减淡处理。选择工具箱中的"减淡工具"，在选项栏中单击"范围"下拉按钮，可以选择需要减淡处理的范围，有"阴影""中间调""高光"3 个选项。要提亮手部、饮品和帽子的亮度，这部分在画面中属于"中间调"，所以设置"范围"为"中间调"。接着设置"曝光度"，该参数用来设置减淡的强度。如果勾选"保护色调"复选框，可以保护图像的色调不受影响，如图 7-2 所示。设置完成后，调整合适的笔尖，在手部、饮品和帽子位置涂抹，光标经过的位置，亮度会有所提高。若在某个区域上方绘制的次数较多，该区域就会变得更亮，如图 7-3 所示。图 7-4 所示为设置不同"曝光度"进行涂抹的对比效果。

图 7-2

图 7-3

曝光度：30%　　　曝光度：100%

图 7-4

（2）"加深工具" 与"减淡工具"相反，使用"加深工具"可以对图像进行加深处理。要加深饮品液体位置的颜色。选择"加深工具"，设置"范围"为"中间调"，然后设置"曝光度"为 80%，设置完成后在液体位置按住鼠标左键拖动涂抹，光标经过的位置颜色变深了，如图 7-5 所示。继续在液体位置涂抹加深，效果如图 7-6 所示。

图 7-5　　　　　　　　图 7-6

（3）"海绵工具" 可以提高或降低彩色图像局部的饱和度。如果是灰度图像，使用该工具则可以提高或降低对比度。选择"海绵工具"，降低袖口的饱和度，在选项栏中单击"模式"下拉按钮，选择"去色"。接着设置"流量"，将参数设置为 50%，"流量"数值越大，加色或去色的效果越明显。设置完成后在袖口的位置按住鼠标左键拖动涂抹，光标经过的位置的颜色饱和度会降低，如图 7-7 所示。继续在袖口位置进行涂抹，去色效果如图 7-8 所示。

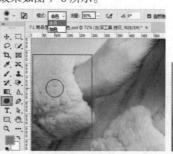

图 7-7　　　　　　　　图 7-8

若勾选"自然饱和度"复选框，可以在提高饱和度的同时防止颜色过度饱和而产生溢色现象，如果要将颜色变为黑白，那么需要取消勾选该复选框。

（4）当需要提高颜色饱和度时选择"加色"。设置"模式"为"加色"，"流量"为50%，设置完成后在帽子的毛线球位置涂抹，随着涂抹可以提高颜色饱和度，如图7-9所示。继续在饼干、小球位置涂抹，提高颜色饱和度，如图7-10所示。

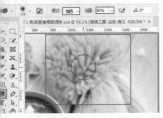

图 7-9	图 7-10

（5）通常，一系列商品会有多种颜色，如果要进行颜色的更改，可以使用"颜色替换工具" 🖌️。更改颜色之前，首先需要设置合适的前景色，然后选择工具箱中的"颜色替换工具"，在不考虑选项栏中其他参数的情况下，按住鼠标左键拖动进行涂抹，能够看到光标经过位置的颜色发生了变化，如图7-11所示。继续在其他位置涂抹更改颜色，如图7-12所示。

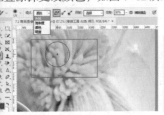

图 7-11	图 7-12

（6）选项栏中的"容差"数值对替换效果影响非常大，"容差"数值控制着可替换的颜色区域的大小，"容差"数值越大，可替换的颜色范围越大。图7-13所示为不同参数的对比效果。

容差：10%　　　　容差：50%

图 7-13

（7）在选项栏中的"模式"下拉列表中选择前景色与原始图像相混合的模式，其中包括"色相""饱和度""颜色"和"明度"。如果选择"颜色"模式，可以同时替换涂抹部分的色相、饱和度和明度。图7-14所示为不同"模式"的对比效果。

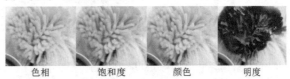

色相　　　饱和度　　　颜色　　　明度

图 7-14

7.2 图像整体调色

调色技术不仅在摄影后期中占有重要地位，在电商设计中也是一个不可忽视的重要组成部分。电商设计作品经常用到各种各样的图片元素，而图片元素的色调与画面是否匹配也会影响到设计作品的成败。调色不仅要使元素变"漂亮"，更重要的是，通过色彩的调整使元素"融合"到画面中。

扫一扫，看视频

例如，在图7-15中，可以看到部分元素与画面整体"格格不入"，而经过了颜色的调整，则会使元素不再显得突兀，画面整体色调更统一。

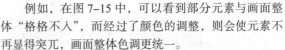

图 7-15

Photoshop的"图像"菜单中包含多种可以用于调色的命令，其中大部分位于"图像"→"调整"子菜单中，还有三个自动调色命令位于"图像"菜单中，这些命令可以直接作用于所选图层，如图7-16所示。执行"图层"→"新建调整图层"命令，如图7-17所示。在子菜单中可以看到与"图像"→"调整"子菜单中相同的命令，这些命令起到的调色效果是相同的，但是其使用方式略有不同，后面再进行详细讲解。

图 7-16

图 7-17

【重点】7.2.1 动手练：使用调色命令调色

调色命令的种类虽然很多，但是其使用方法都比较相似。首先选中需要操作的图层，如图 7-18 所示。单击"图像"菜单按钮，将光标移动到"调整"命令上，在子菜单中可以看到很多调色命令，如"色相/饱和度"，如图 7-19 所示。

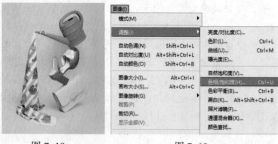

图 7-18   图 7-19

大部分调色命令都会弹出参数设置对话框，在此对

话框中可以进行参数选项的设置（"反相""去色""色调均化"命令没有参数设置对话框），图 7-20 所示为"色相/饱和度"对话框。在调色的过程中，不同的图像所用的参数也是不同的，而且调色也是一个不断尝试的过程，所以在调整参数时都会先勾选"预览"复选框，然后拖动滑块调整参数，在调整的过程中就会看到图像的色彩发生了变化，如图 7-21 所示。

图 7-20   图 7-21

很多调色命令中都有"预设"，所谓"预设"，就是软件内置的一些设置好的参数效果。我们可以通过在"预设"下拉列表中选择某一种预设，快速为图像添加效果。例如，在"色相/饱和度"对话框中单击"预设"下拉按钮，在"预设"下拉列表中单击某一项，即可观察到效果，如图 7-22 和图 7-23 所示。

图 7-22   图 7-23

很多调色命令都有"通道"下拉列表/"颜色"下拉列表可供选择，如图 7-24 所示。默认情况下显示的是"全图"，调整的是整个画面的效果。如果在下拉列表中选择某一项，即可针对这种颜色进行调整，如图 7-25 所示。

图 7-24   图 7-25

提示: 快速还原默认参数。

使用图像调色命令时, 如果在修改参数之后, 想要将参数还原成默认数值, 可以按住 Alt 键, 对话框中的"取消"按钮会变为"复位"按钮, 单击"复位"按钮即可还原始参数。

重点 7.2.2 动手练: 使用"调整图层"功能调色

前面提到了"调整"命令与"调整图层"功能能够起到的调色效果是相同的, 但是"调整"命令是直接作用于原图层的, 而"调整图层"功能则是将调色操作以"图层"的形式存在于"图层"面板中。

既然具有"图层"的属性, 那么调整图层就具有以下特点: 可以随时隐藏或显示调色效果; 可以通过蒙版控制调色影响的范围; 可以创建剪贴蒙版; 可以调整不透明度以减弱调色效果; 可以随时调整图层所处的位置; 还可以随时更改调色的参数。相对来说, 使用"调整图层"功能进行调色, 可以操作的余地更大。

(1) 选中一个需要调整的图层, 如图 7-26 所示。执行"窗口"→"调整"命令, 打开"调整"面板, 在"调整"面板中排列了多个图标, 单击"调整"面板中的按钮 (见图 7-27), 即可创建调整图层, 如图 7-28 所示。

图 7-26　　　　　　　图 7-27

图 7-28

提示: 新建调整图层的其他方法。

执行"图层"→"新建调整图层"命令, 也可以新建调整图层, 同时会弹出"新建图层"对话框, 在该对话框中可以进行图层名称、图层颜色、混合模式以及不透明度的设置。单击"确定"按钮即可完成新建调整图层的操作, 如图 7-29 所示, 还可以单击"图层"面板底部的 ◑ 按钮, 在弹出的菜单中执行相应的命令进行新建调整图层的操作, 如图 7-30 所示。

图 7-29

图 7-30

(2) 与此同时, "属性"面板中会显示当前调整图层的参数设置 (如果没有出现"属性"面板, 双击该调整图层的缩览图, 即可重新弹出"属性"面板), 随意调整参数, 如图 7-31 所示。此时画面颜色发生了变化, 如图 7-32 所示。

图 7-31　　　　　　　

图 7-32

（3）在"图层"面板中能够看到每个调整图层都自动带有一个图层蒙版。在调整图层蒙版中可以使用黑色、白色来控制受影响的区域。白色为受影响，黑色为不受影响，灰色为受到部分影响。例如，想要使刚才创建的"色彩平衡"调整图层只对画面中花朵的部分起作用，那么需要在蒙版中使用黑色画笔涂抹不想受调色命令影响的部分。单击选中"色彩平衡"调整图层的蒙版，然后设置前景色为黑色，单击"画笔工具"，设置合适的笔尖大小，在花朵以外的部分涂抹，如图7-33所示。被涂抹的区域变为了调色之前的效果，如图7-34所示。

图7-33

图7-34

7.3 调整图像明暗的几种方法

在"图像"→"调整"菜单中有很多种调色命令，其中一部分调色命令主要针对图像的明暗进行调整。提高图像的明度可以使画面变亮，降低图像的明度可以使画面变暗，增强亮部区域的亮度并降低画面暗部区域的亮度则可以增强画面对比度，反之会降低画面对比度，如图7-35和图7-36所示。

图7-35

图7-36

重点 7.3.1 动手练：调整画面明暗和对比度

"亮度/对比度"命令常用于使图像变得更亮或更暗一些、校正"偏灰"（对比度过低）的图像、增强对比度使图像更"抢眼"或者弱化对比度使图像更柔和。

（1）打开一张图像，如图7-37所示。执行"图像"—"调整"→"亮度/对比度"命令，打开"亮度/对比度"对话框，此时画面亮度有些低，通过设置"亮度"选项调整图像的整体亮度。向右拖动滑块则会提高图像的亮度，当数值为负值时，表示降低图像的亮度，如图7-38所示，效果如图7-39所示。

图7-37

图7-38

图7-39

（2）"对比度"选项用于设置图像亮度对比的强烈程度。为了让画面效果更加鲜明，可以增加画面亮度的对比度。向右拖动"对比度"滑块增加数值，如图7-40所示，图像对比度会增强，如图7-41所示。当数值为负值时，对比度会减弱。

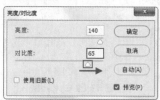
图7-40   图7-41

（3）对于一些新用户而言，对于调色、调亮度并不熟悉，可以单击"自动"按钮，智能调整画面的"亮度"和"对比度"，如图7-42所示，效果如图7-43所示。

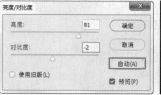

图7-42   图7-43

练习实例: 处理偏灰图像

文件路径	资源包 \ 第 7 章 \ 练习实例: 处理偏灰图像
难易指数	★★★★★
技术掌握	亮度 / 对比度、自然饱和度

扫一扫，看视频

案例效果

案例对比效果如图 7-44 和图 7-45 所示。

图 7-44　　　　　　　图 7-45

操作步骤

步骤 01 将商品素材打开，如图 7-46 所示。这张照片颜色偏灰，画面颜色对比不够强烈，颜色不够鲜艳，整个画面缺乏感染力。

图 7-46

步骤 02 提高画面的对比度。执行"图层"→"新建调整图层"→"亮度 / 对比度"命令，在弹出的"新建图层"对话框中单击"确定"按钮，在"属性"面板中设置"对比度"为 100，如图 7-47 所示。此时画面对比度增强，效果如图 7-48 所示。

图 7-47　　　　　　　图 7-48

步骤 03 此时颜色不够鲜艳，执行"图层"→"新建调整图层"→"自然饱和度"命令，在弹出的"新建图层"对话框中单击"确定"按钮，在"属性"面板中设置"自然饱和度"为 +100，"饱和度"为 +30，参数设置如图 7-49 所示。此时画面效果如图 7-50 所示。

图 7-49　　　　　　　图 7-50

重点 7.3.2　动手练: 色阶

"色阶"命令主要用于调整画面的明暗程度以及增强或降低对比度。"色阶"命令有时可以单独对画面的阴影、中间调、高光以及亮部、暗部区域进行调整，而且还可以对各个颜色通道进行调整，以实现色彩调整的目的。执行"图像"→"调整"→"色阶"命令（快捷键为 Ctrl+L），打开"色阶"对话框，如图 7-51 所示。

扫一扫，看视频

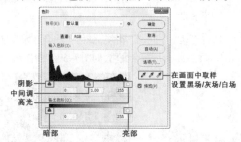

图 7-51

（1）打开一张图像，如图 7-52 所示。执行"图像"→"调整"→"色阶"命令，在"输入色阶"窗口中可以通过拖动滑块来调整图像的阴影、中间调和高光，同时也可以直接在对应的输入框中输入数值。向右移动"阴影"滑块，画面暗部区域会变暗，如图 7-53 和图 7-54 所示。

图 7-52　　　　　　　图 7-53

图 7-54

（2）尝试向左移动"高光"滑块，画面亮部区域变亮，如图 7-55 和图 7-56 所示。

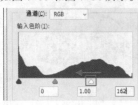

图 7-55

图 7-56

（3）向左移动"中间调"滑块，画面中间调区域会变亮，受此影响，画面大部分区域会变亮，如图 7-57 和图 7-58 所示。

图 7-57

图 7-58

（4）向右移动"中间调"滑块，画面中间调区域会变暗，受此影响，画面大部分区域会变暗，如图 7-59 和图 7-60 所示。

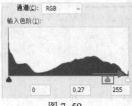

图 7-59

图 7-60

（5）在"输出色阶"中可以设置图像的亮度范围，从而降低对比度。向右移动"暗部"滑块，画面暗部区域会变亮，画面会产生"变灰"的效果，如图 7-61 和图 7-62 所示。

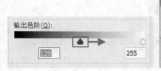

图 7-61

图 7-62

（6）向左移动"亮部"滑块，画面亮部区域会变暗，画面同样会产生"变灰"的效果，如图 7-63 和图 7-64 所示。

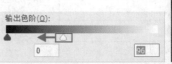

图 7-63

图 7-64

（7）使用"在画面中取样以设置黑场" 🖊 在图像中单击取样，可以将单击位置处的像素调整为黑色，同时图像中比该单击位置暗的像素也会变成黑色，如图 7-65 所示。

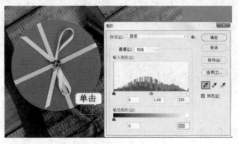

图 7-65

（8）使用"在画面中取样以设置灰场" 🖊 在图像中单击取样，可以根据单击位置处的像素的亮度来调整其他中间调的平均亮度，如图 7-66 所示。

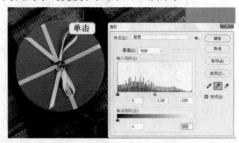

图 7-66

（9）使用"在画面中取样以设置白场" 🖊 在图像中单击取样，可以将单击位置处的像素调整为白色，同时图像中比该单击位置亮的像素也会变成白色，如图 7-67 所示。

图 7-67

（10）如果想要使用"色阶"命令对画面颜色进行调整时，可以在"通道"下拉列表中选择某个"通道"，然后对该通道进行明暗调整，使某个通道变亮，如图7-68所示。画面则会更倾向于该颜色，如图7-69所示。而使某个通道变暗，则会减少画面中该颜色的成分，而使画面倾向于该通道的补色。

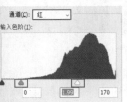 

图7-68　　　　　　　　　图7-69

重点 7.3.3　动手练：曲线

"曲线"命令既可以用于对画面的明暗对比度进行调整，又可以用于校正画面偏色问题以及调整出独特的色调效果。执行"图像"→"调整"→"曲线"命令（快捷键为Ctrl+M），打开"曲线"对话框，如图7-70所示。在"曲线"对话框中，左侧为曲线调整区域，在这里可以通过改变曲线的形态调整画面的明暗程度。

扫一扫，看视频

曲线的上部分控制画面的亮部区域；曲线的中间部分控制画面的中间调区域；曲线的下部分控制画面的暗部区域。在曲线上单击即可创建一个点，然后通过按住并拖动曲线点的位置调整曲线形态。将曲线上的点向左上移动会使图像变亮，将曲线点向右下移动会使图像变暗。

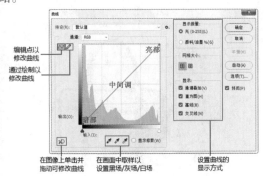

图7-70

1. 使用"预设"的曲线效果

"预设"下拉列表中共有9种曲线预设效果。图7-71和图7-72所示分别为原图与9种预设效果。

图7-71　　　　　　　　　图7-72

2. 提亮画面

预设并不一定适合所有情况，所以大多数时候需要我们自己对曲线进行调整。例如，想让画面整体变亮一些，可以在曲线的中间调区域按住鼠标左键并向左上方拖动，如图7-73所示。此时画面就会变亮，如图7-74所示。因为通常情况下，中间调区域控制的范围较大，所以在对画面整体进行调整时，大多会选择在曲线的中间部分进行调整。

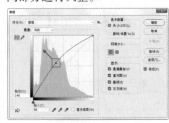 

图7-73　　　　　　　　　图7-74

3. 压暗画面

想要使画面整体变暗一些，可以在曲线的中间调区域按住鼠标左键并向右下方拖动，如图7-75所示，效果如图7-76所示。

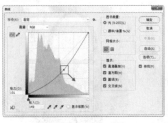 

图7-75　　　　　　　　　图7-76

4. 调整图像对比度

想要增强画面对比度，则需要使画面亮部变得更亮，暗部变得更暗，那么需要将曲线调整为S形，在曲线的上部分添加点向左上方拖动，在曲线的下半部分添加点向右下方拖动，如图7-77所示。反之，想要使图像对比度降低，则需要将曲线调整为Z形，如图7-78所示。

图 7-77

图 7-78

5. 调整图像的颜色

使用曲线可以校正偏色情况，也可以使画面产生各种各样的颜色倾向。例如，提亮蓝色通道，使画面更倾向于蓝色，如图 7-79 所示。压暗蓝色通道，画面蓝色成分减少，如图 7-80 所示。

图 7-79

图 7-80

练习实例：制作纯白色背景

扫一扫，看视频

文件路径	第 7 章 \ 练习实例：制作纯白色背景
难易指数	★★★★★
技术掌握	曲线、快速选择工具

案例效果

案例对比效果如图 7-81 和图 7-82 所示。

图 7-81

图 7-82

操作步骤

步骤 01 将商品素材 1.jpg 打开。此时背景为不均匀的灰色，如图 7-83 所示。

图 7-83

步骤 02 执行"图层"→"新建调整图层"→"曲线"命令，在弹出的"新建图层"对话框中单击"确定"按钮。在"属性"面板中单击"设置白场"按钮，然后在背景的位置单击，画面中所有与取样点相同以及比取样点更亮的区域都会变为白色，如图 7-84 所示。

图 7-84

步骤 03 还原商品颜色。单击"快速选择工具"，设置合适的笔尖大小，然后在商品上方按住鼠标左键拖动得到商品的选区，如图 7-85 所示。

图 7-85

步骤 04 将前景色设置为黑色，单击调整图层的图层蒙版，使用快捷键 Alt+Delete 将选区填充为黑色，图 7-所示为图层蒙版的黑白关系。填充完成后，隐藏商品

调色效果，使用快捷键 Ctrl+D 取消选区的选择。案例完
成效果如图 7-87 所示。

图 7-86

图 7-87

练习实例：制作纯黑色背景

文件路径	第 7 章 \ 练习实例：制作纯黑色背景
难易指数	★★★★★
技术掌握	曲线

扫一扫，看视频

案例效果

案例对比效果如图 7-88 和图 7-89 所示。

图 7-88

图 7-89

操作步骤

步骤 01 将花朵素材 1.jpg 打开，如图 7-90 所示。

图 7-90

步骤 02 执行"图层"→"新建调整图层"→"曲线"
命令，在弹出的"新建图层"对话框中单击"确定"按
钮。在"属性"面板中，在曲线的中间调位置单击添加
控制点，然后向右下方拖动，曲线形状如图 7-91 所示。
此时背景大部分变成了黑色，效果如图 7-92 所示。

图 7-91

图 7-92

步骤 03 还原花朵的颜色。将前景色设置为黑色，选择
工具箱中的"画笔工具"，设置合适的画笔大小，然后
单击调整图层蒙版，接着在花朵位置涂抹，涂抹的位置
逐渐显示出花朵原来的颜色，如图 7-93 所示。继续涂抹，
调整图层蒙版的黑白效果，如图 7-94 所示。

图 7-93

图 7-94

步骤 04 花朵颜色还原后，此时背景的位置还有小部分
没有变为纯黑色，如图 7-95 所示。新建图层，将前景
色设置为黑色，选择"画笔工具"，设置合适的画笔大小，
然后在没有变为黑色的位置涂抹覆盖，如图 7-96 所示，
此时本案例制作完成。

图 7-95

图 7-96

重点 7.3.4　动手练：曝光度

"曝光度"命令主要用来校正图像曝光
不足、曝光过度、对比度过低或过高的情况。
打开一张图像，如图 7-97 所示。执行"图
像"→"调整"→"曝光度"命令，打开"曝

扫一扫，看视频

光度"对话框,如图 7-98 所示。适当增大"曝光度"数值,可以使原本偏暗的图像变亮一些,如图 7-99 所示。

图 7-97　　　　　　　　图 7-98

图 7-99

向左拖动曝光度滑块,可以降低曝光效果;向右拖动曝光度滑块,可以增强曝光效果。图 7-100 所示为不同参数的对比效果。

曝光度:-2　　　　曝光度:0　　　　曝光度:2

图 7-100

"位移"选项主要对阴影和中间调起作用。减小数值可以使其阴影和中间调区域变暗,但对高光基本不会产生影响。图 7-101 所示为不同参数的对比效果。

位移:-0.2　　　　位移:0　　　　位移:0.2

图 7-101

"灰度系数校正"选项用于控制画面中的中间调区域。向左拖动滑块,可以增大数值,中间调区域变亮;向右拖动滑块,可以减小数值,中间调区域变暗。图 7-102 所示为不同参数的对比效果。

灰度系数校正:3　　　灰度系数校正:1　　　灰度系数校正:0.3

图 7-102

重点 7.3.5　动手练:单独调整阴影高光区域亮度

扫一扫,看视频

"阴影 / 高光"命令可以单独对画面中的阴影区域以及高光区域的明暗进行调整。"阴影 / 高光"命令常用于恢复由于图像过暗造成的暗部细节缺失,以及图像过亮导致的亮部细节不明显等问题。

(1)打开一张图像,首先分析一下图像,在这个图像中,阴影部分比较暗,细节缺失严重,但是高光部分比较正常,如图 7-103 所示。执行"图像"→"调整"→"阴影 / 高光"命令,打开"阴影 / 高光"对话框,向右拖动"阴影"选项的"数量"滑块,如图 7-104 所示。通过勾选"预览"复选框,可以看到画面阴影区域的亮度提高了,细节也逐渐显现出来,如图 7-105 所示。

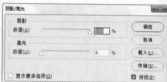

图 7-103　　　　　　　　图 7-104

图 7-105

(2)增大"高光"数值可以使画面亮部区域变暗,如图 7-106 和图 7-107 所示。

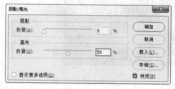

图 7-106　　　　　　　　图 7-107

(3)可设置的参数并不只是"阴影"和"高光"两个,勾选"显示更多选项"复选框以后,可以显示"阴影 / 高光"的完整选项,如图 7-108 所示。"阴影"选项组与"高光"选项组的参数是相同的。

图 7-108

- **数量**: 用来控制阴影 / 高光区域的亮度。"阴影"的 "数量"值越大, 阴影区域就越亮。"高光"的"数量" 值越大, 高光区域就越暗, 如图 7-109 所示。

阴影数量: 10   阴影数量: 100

高光数量: 10   高光数量: 100

图 7-109

- **色调**: 用来控制色调的修改范围, 值越小, 修改的范 围越小。
- **半径**: 用来控制每个像素周围的局部相邻像素的范围 大小。相邻像素用于确定像素是在阴影中还是在高光 中, 数值越小, 范围越小。
- **颜色**: 用来控制画面颜色感的强弱, 数值越小, 画面 饱和度越低; 数值越大, 画面饱和度越高, 如图 7-110 所示。

颜色: -100   颜色: 0   颜色: 100

图 7-110

- **中间调**: 用来调整中间调的对比度, 数值越大, 中间 调的对比度越强, 如图 7-111 所示。

中间调: -100   中间调: 0   中间调: 100

图 7-111

- **修剪黑色**: 此选项可以将阴影区域变为纯黑色, 数 值的大小用于控制变为黑色阴影的范围。数值越大, 变为黑色的区域越大, 画面整体越暗, 最大数值为 50%, 过大的数值会使图像丧失过多细节, 如图 7-112 所示。

修剪黑色: 0.01%   修剪黑色: 35%   修剪黑色: 50%

图 7-112

- **修剪白色**: 此选项可以将高光区域变为纯白色, 数 值的大小用于控制变为白色高光的范围。数值越大, 变为白色的区域越大, 画面整体越亮, 最大数值为 50%, 过大的数值会使图像丢失过多细节, 如图 7-113 所示。

修剪白色: 0.01%   修剪白色: 10%   修剪白色: 50%

图 7-113

- **存储默认值**: 如果要将对话框中的参数设置存储为默 认值, 可以单击该按钮。存储为默认值以后, 再次 打开"阴影 / 高光"对话框时, 就会显示该参数。

练习实例: 处理暗部细节不明显的问题

文件路径	资源包\第 7 章\练习实例: 处理暗 部细节不明显的问题	
难易指数	★★★★★	
技术掌握	阴影 / 高光	扫一扫, 看视频

案例效果

案例对比效果如图 7-114 和图 7-115 所示。

图 7-114　　　　　　图 7-115

操作步骤

步骤 01 将商品素材 1.jpg 打开，由于光线太暗，暗部的细节显示不明显，如图 7-116 所示。为了保护原图，可以选择"背景"图层，使用快捷键 Ctrl+J 将"背景"图层复制一份，如图 7-117 所示。

图 7-116　　　　　　图 7-117

步骤 02 执行"图像"→"调整"→"阴影/高光"命令，在弹出的"阴影/高光"对话框中设置阴影"数量"为 60%，设置完成后单击"确定"按钮，如图 7-118 所示。此时画面效果如图 7-119 所示。

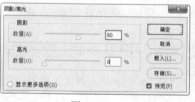

图 7-118　　　　　　图 7-119

练习实例：处理亮部细节不突出的问题

文件路径	第 7 章＼练习实例：处理亮部细节不突出的问题
难易指数	★★★★★
技术掌握	阴影/高光

案例效果

案例对比效果如图 7-120 和图 7-121 所示。

图 7-120　　　　　　图 7-121

操作步骤

步骤 01 将人物素材打开，由于光线过亮导致商品部分曝光过度，如图 7-122 所示。接下来需要还原针织帽及围巾的明暗。为了保护原图，可以选择"背景"图层，使用快捷键 Ctrl+J 将"背景"图层复制一份，如图 7-123 所示。

图 7-122　　　　　　图 7-123

步骤 02 执行"图像"→"调整"→"阴影/高光"命令，在弹出的"阴影/高光"对话框中设置高光"数量"为 18%，设置完成后单击"确定"按钮，如图 7-124 所示。此时画面效果如图 7-125 所示。

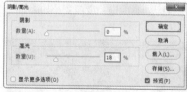

图 7-124　　　　　　图 7-125

步骤 03 还原皮肤位置的亮度。选择复制的图层，单击"添加图层蒙版"按钮，为选中的图层添加图层蒙版，如图 7-126 所示。选中图层蒙版，将前景色设置为黑色，选择工具箱中的"画笔工具"，然后在皮肤位置按住鼠

中文版 Photoshop 电商美工设计从入门到实战（全程视频版）（上册）

左键拖动进行涂抹，光标经过位置的调色效果将被隐
，显示出皮肤原来的颜色，如图7-127所示。

图7-126　　　　　　　图7-127

步骤 04 继续在皮肤位置涂抹，案例完成效果如
7-128所示。

图7-128

.3.6　色调均化

使用"色调均化"命令可以将图像中全部像素的亮
值进行重新分布，将图像中最亮的像素变成白色，最
的像素变成黑色，中间的像素均匀分布在整个灰度范
内。

选择需要处理的图层，如图7-129所示。执行"图
像"→"调整"→"色调均化"命令，使图像均匀地呈
出所有范围的亮度级，如图7-130所示。

图7-129　　　　　　　图7-130

提示：使用"色调均化"命令时的
注意事项。

如果图像中存在选区，执行"色调均化"命令时
会弹出一个对话框，用于设置色调均化的选项。如果
想要只处理选区中的部分，则选择"仅色调均化所选
区域"；如果选择"基于所选区域色调均化整个图像"，
则可以按照选区内的像素明暗，均化整个图像。

7.4 调整图像色彩的几种方法

Photoshop中的调色功能一方面是针对画面明暗的
调整，另一方面是针对画面色彩的调整。在"图像"→"调
整"子菜单中有很多种可以针对图像色彩进行调整的命
令。通过使用这些命令既可以校正偏色的问题，又能
够为画面打造出各具特色的色彩风格，如图7-131和
图7-132所示。

图7-131　　　　　　　图7-132

提示：学习调色时要注意的问题。

虽然调色命令很多，但并不是每一种都特别常用，
或者说，并不是每一种都适合自己使用。其实在实际
调色过程中，想要实现某种颜色效果，往往是既可以
使用这种命令，又可以使用那种命令。这时千万不要
因为书中或者教程中使用的某种特定命令，而去使用
这种命令。我们只需要选择自己习惯使用的命令即可。

重点 7.4.1 　动手练:自然饱和度——
增强/减弱画面颜色感

使用"色相/饱和度"命令可以提高或
降低画面的饱和度，但是与之相比，"自然
饱和度"的数值调整更加柔和，不会因为饱

扫一扫，看视频

213

和度过高而产生纯色，也不会因饱和度过低而产生完全灰度的图像，所以"自然饱和度"非常适合于数码照片的调色。

选择一个图层，如图 7-133 所示。执行"图像"→"调整"→"自然饱和度"命令，打开"自然饱和度"对话框，在这里可以对"自然饱和度"以及"饱和度"数值进行调整，如图 7-134 所示。

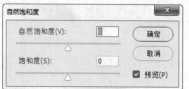

图 7-133　　　　　　图 7-134

向左拖动"自然饱和度"滑块，可以降低颜色的饱和度；向右拖动滑块，可以提高颜色的饱和度，如图 7-135 所示。

自然饱和度：-100　　　自然饱和度：100

图 7-135

向右拖动"饱和度"滑块，可以提高所有颜色的饱和度；向左拖动滑块，可以降低所有颜色的饱和度。调整"饱和度"参数的效果明显强于调整"自然饱和度"参数的效果，如图 7-136 所示。

饱和度：-100　　　饱和度：100

图 7-136

【重点】7.4.2　动手练：色相/饱和度——调整单个颜色的属性

扫一扫，看视频

"色相/饱和度"命令可以对图像整体或者局部的色相、饱和度以及明度进行调整，还可以对图像中的各个颜色（红、黄、绿、青、蓝、洋红）的色相、饱和度、明度分别进行调整。"色相/饱和度"命令常用于更改画面局部的颜色，或者提高画面饱和度。

打开一张图像，如图 7-137 所示。执行"图像"→"调整"→"色相/饱和度"命令（快捷键为 Ctrl+U），打开"色相/饱和度"对话框。默认情况下，可以对整个图像的色相、饱和度、明度进行调整。例如，调整"色相"滑块（见图 7-138），画面的颜色发生了变化，如图 7-139 所示。

图 7-137

图 7-138

图 7-139

调整"色相"数值可以更改画面各个部分或某种颜色的色相。图7-140所示为不同参数的对比效果。

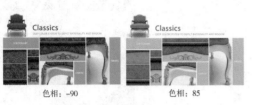

色相：-90   色相：85

图 7-140

调整"饱和度"数值可以增强或减弱画面整体或某种颜色的鲜艳程度。数值越大，颜色越艳丽，如图7-141所示。

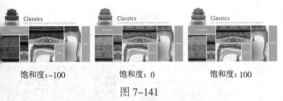

饱和度：-100   饱和度：0   饱和度：100

图 7-141

调整"明度"数值可以提高画面整体或某种颜色的明亮程度。数值越大，越接近白色；数值越小，越接近黑色，如图7-142所示。

明度：-80   明度：0   明度：80

图 7-142

如果想要对单一颜色进行调整，可以在通道下拉列表 全图 中选择某个颜色，然后对色相、饱和度、明度的数值进行调整，如图7-143所示，效果如图7-144所示。

图 7-143   图 7-144

还可以单击"在图像上单击并拖动可修改饱和度"按钮，在图像上单击设置取样点，如图7-145所示。然后将光标向左拖动可以降低图像的饱和度，向右拖动

可以提高画面中包含该颜色区域的饱和度，如图7-146所示。

图 7-145

图 7-146

"色相/饱和度"命令还可以用于制作单色图像。勾选"着色"复选框以后，图像会整体偏向于单一色调。拖动"色相""饱和度""明度"滑块进行颜色的更改，如图7-147所示，效果如图7-148所示。

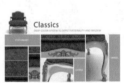

图 7-147   图 7-148

练习实例：故障效果服装海报

文件路径	第7章\练习实例：故障效果服装海报
难易指数	⭐⭐⭐⭐⭐
技术掌握	移动通道、色相/饱和度、混合模式

案例效果

案例对比效果如图7-149和图7-150所示。

图 7-149 　　　　　　　图 7-150

操作步骤

步骤 01 将人物素材打开，如图 7-151 所示。

图 7-151

步骤 02 执行"图层"→"新建调整图层"→"曲线"命令，在弹出的"新建图层"对话框中单击"确定"按钮。在"属性"面板中拖动阴影位置的控制点，曲线形状如图 7-152 所示。此时画面中阴影部分的亮度被压暗了，如图 7-153 所示。

图 7-152 　　　　　　　图 7-153

步骤 03 选中曲线调整图层，使用快捷键 Ctrl+Alt+Shift+E 进行盖印，得到图层 1，如图 7-154 所示。接着执行"窗口"→"通道"命令，打开"通道"面板。

单击选择"蓝"通道，然后使用快捷键 Ctrl+A 进行全选，如图 7-155 所示。

图 7-154 　　　　　　　图 7-155

步骤 04 单击选择工具箱中的"移动工具"，按 10 次向右键"→"，将选区中的像素向右移动 10 像素。如图 7-15 所示。移动完成后使用快捷键 Ctrl+D 取消选区的选择单击 RGB 复合通道，回到"图层"面板中。此时画面效果如图 7-157 所示。

图 7-156 　　　　　　　图 7-157

步骤 05 选择第一次盖印的图层，在"图层"面板中使用快捷键 Ctrl+Alt+Shift+E 再次进行盖印，选择盖印的图层，打开"通道"面板，单击选择"红"通道，然后使用快捷键 Ctrl+A 进行全选，如图 7-158 所示。选择工具箱中的"移动工具"，按 10 次向左键"←"，将选区中的像素向左移动 10 像素，如图 7-159 所示。

图 7-158 　　　　　　　图 7-159

中文版 Photoshop 电商美工设计从入门到实战（全程视频版）（上册）

步骤 06 移动完成后使用快捷键 Ctrl+D 取消选区的选择。单击 RGB 复合通道显示完整效果，回到"图层"面板中。此时画面效果如图 7-160 所示。

图 7-160

步骤 07 执行"图层"→"新建调整图层"→"色相/饱和度"命令，在弹出的"新建图层"对话框中单击"确定"按钮。接着设置"色相"为 -72，如图 7-161 所示。此时画面效果如图 7-162 所示。

图 7-161   图 7-162

步骤 08 选择工具箱中的"矩形工具"，在选项栏中设置绘制模式为"形状"，"填充"为绿色。然后在画面中按住鼠标左键拖动绘制矩形，如图 7-163 所示。选中矩形，在"图层"面板中设置"混合模式"为"柔光"，矩形效果如图 7-164 所示。

图 7-163   图 7-164

步骤 09 使用同样的方法绘制其他矩形，并设置"混合模式"为"柔光"，如图 7-165 所示。

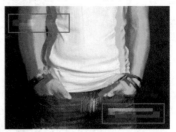

图 7-165

步骤 10 选择工具箱中的"横排文字工具"，在画面中单击插入光标，在选项栏中设置合适的字体、字号，将文字颜色设置为白色，然后输入文字，如图 7-166 所示。选中文字图层，使用快捷键 Ctrl+J 将文字图层复制，然后将文字向左下移动，如图 7-167 所示。

图 7-166   图 7-167

步骤 11 继续使用"横排文字工具"添加其他的文字，如图 7-168 所示。

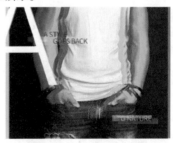

图 7-168

步骤 12 新建图层。单击工具箱中的"渐变工具"，打开"渐变编辑器"对话框，编辑一个由黑色到透明再到黑色的渐变，如图 7-169 所示。接着设置渐变类型为径向渐变，然后在画面中横向拖动填充，如图 7-170 所示。

图 7-169　　　　　　　　图 7-170

练习实例: 解决偏色问题

扫一扫, 看视频

文件路径	资源包 \ 第 7 章 \ 练习实例: 解决偏色问题
难易指数	⭐⭐⭐⭐⭐
技术掌握	色相 / 饱和度、颜色取样器工具

案例效果

案例对比效果如图 7-174 和图 7-175 所示。

图 7-174　　　　　　　　图 7-175

步骤 13 新建图层, 将前景色设置为紫色。选择工具箱中的 "画笔工具", 在 "画笔预设选取器" 中选择一个柔边圆笔尖, 设置笔尖大小为 800 像素, 然后在画面左上角进行绘制, 如图 7-171 所示。选中该图层, 设置 "混合模式" 为 "滤色", 效果如图 7-172 所示。

图 7-171　　　　　　　　图 7-172

步骤 14 使用相同的方法在画面右下方添加蓝色系渐变, 并设置 "混合模式" 为 "滤色"。案例完成效果如图 7-173 所示。

操作步骤

步骤 01 将商品素材打开, 通过 "颜色取样器工具" 能够判断取样点处的颜色信息, 以此判断图像偏色的问题。单击选择工具箱中的 "颜色取样器工具", 然后在画面中单击添加取样点, 在弹出的 "信息" 面板中能够看到当前取样点的 R (红色) 的数值明显偏高, 这说明画面整体偏向红色, 如图 7-176 所示。

图 7-176

步骤 02 执行 "图层" → "新建调整图层" → "色相 / 饱和度" 命令, 在弹出的 "新建图层" 对话框中单击 "确定" 按钮。因为偏色为红色, 所以设置颜色为 "红色", 然后向右拖动 "饱和度" 滑块以降低颜色的饱和度, 如图 7-177 所示。此时画面效果如图 7-178 所示。

步骤 03 "洋红" 也属于红色的一种, 将颜色设置为 "洋红", 将 "饱和度" 设置为最小, 如图 7-179 所示。此时画面效果如图 7-180 所示。

图 7-173

中文版 Photoshop 电商美工设计从入门到实战 (全程视频版) (上册)

图 7-177

图 7-182

图 7-178

图 7-179

图 7-180

图 7-183

练习实例: 弱化背景过多的色彩成分

文件路径	资源包 \ 第 7 章 \ 练习实例: 弱化背景过多的色彩成分
难易指数	⭐⭐⭐⭐⭐
技术掌握	色相 / 饱和度、曲线、画笔工具

案例效果

案例效果如图 7-184 所示。

步骤 04 在新建"色相 / 饱和度"调整图层后，直接单击"在图像上单击并拖动可修改饱和度"按钮，然后在偏色的位置按住鼠标左键向左拖动以降低饱和度，如图 7-181 所示。

图 7-181

图 7-184

操作步骤

步骤 05 继续使用"在图像上单击并拖动可修改饱和度"按钮，在桌面部分按住鼠标左键并拖动，降低饱和度，如图 7-182 所示。案例完成效果如图 7-183 所示。

步骤 01 打开商品素材，该图片周围呈现青绿色，接下来降低背景的饱和度，突出商品，如图 7-185 所示。

图 7-185

步骤 02 执行"图层"→"新建调整图层"→"色相/饱和度"命令,在弹出的"新建图层"对话框中单击"确定"按钮。设置"通道"为"青色","饱和度"为 -100,如图 7-186 所示。设置完成后画面中青色部分变为灰色,如图 7-187 所示。

图 7-186　　　　　　　图 7-187

步骤 03 设置"明度"为 100,如图 7-188 所示。此时背景的明度提高,如图 7-189 所示。

图 7-188　　　　　　　图 7-189

步骤 04 提高背景的亮度。执行"图层"→"新建调整图层"→"曲线"命令,在弹出的"新建图层"对话框中单击"确定"按钮。接着在曲线的中间调位置单击添加控制点并向左上方拖动,如图 7-190 所示。此时画面效果如图 7-191 所示。

图 7-190　　　　　　　图 7-191

步骤 05 单击曲线调整图层的图层蒙版,将前景色设置为黑色,选择工具箱中的"画笔工具",设置合适的笔尖大小,在商品上涂抹将调色效果隐藏,如图 7-192 所示。案例完成效果如图 7-193 所示。

图 7-192　　　　　　　图 7-193

练习实例:制作不同颜色的服装展示效果

扫一扫,看视频

文件路径	资源包\第 7 章\练习实例:制作不同颜色的服装展示效果
难易指数	⭐⭐⭐⭐⭐
技术掌握	色相/饱和度

案例效果

案例效果如图 7-194 所示。

图 7-194

中文版 Photoshop 电商美工设计从入门到实战(全程视频版)(上册)

操作步骤

步骤 01 将人物素材打开,如图 7-195 所示。

图 7-195

步骤 02 将衣服更改为红色。执行"图层"→"新建调整图层"→"色相/饱和度"命令,在弹出的"新建图层"对话框中单击"确定"按钮。单击"在图像上单击并拖动可修改饱和度"按钮,将光标移动至衣服上,按住 Ctrl 键向左拖动,可以更改衣服的色相,如图 7-196 所示。此时在"属性"面板中能够看到已将"青色"的"色相"数值调整为 –180。

图 7-196

步骤 03 此时衣服的暗部还有没变为红色的像素,因为衣服原本为绿色,所以设置颜色为"绿色",然后向左拖动"色相"滑块或者设置数值为 –180,如图 7-197 所示。此时衣服效果如图 7-198 所示。红色衣服制作完成后可以存储为 JPG 格式的图像。

图 7-197

图 7-198

步骤 04 将"色相/饱和度 1"图层隐藏,新建一个"色相/饱和度 2"调整图层,如图 7-199 所示。

图 7-199

步骤 05 单击"属性"面板中的"在图像上单击并拖动可修改饱和度"按钮,将光标移动至衣服上,按住 Ctrl 键向右拖动更改衣服的色相,如图 7-200 所示。

图 7-200

步骤 06 此时衣服的蓝色不够鲜艳,可以在"属性"面板中设置颜色为"绿色",然后拖动"色相"滑块,设置数值为 +155,参数设置如图 7-201 所示。此时画面效果如图 7-202 所示。将蓝色衣服的效果也存储为 JPG 格式图像。

图 7-201

图 7-202

重点 7.4.3 动手练：色彩平衡——调整画面颜色倾向

"色彩平衡"命令是根据颜色的补色原理来控制图像颜色的分布的。根据颜色之间的互补关系，要减少某种颜色就增加这种颜色的补色。所以，也可以利用"色彩平衡"命令进行偏色问题的校正。

扫一扫，看视频

打开一张图像，如图 7-203 所示。执行"图像"→"调整"→"色彩平衡"命令（快捷键为 Ctrl+B），打开"色彩平衡"对话框。首先设置"色调平衡"，选择需要处理的部分是"阴影"区域、"中间调"区域，还是"高光"区域。接着可以在上方调整各个色彩的滑块，如图 7-204 所示。

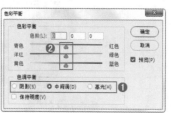

图 7-203　　　　　图 7-204

"色彩平衡"用于调整"青色—红色""洋红—绿色"以及"黄色—蓝色"在图像中所占的比例，可以手动输入，也可以拖动滑块来进行调整。例如，向左拖动"青色—红色"滑块，可以在图像中增加青色，同时减少其补色——红色，如图 7-205 所示；向右拖动"青色—红色"滑块，可以在图像中增加红色，同时减少其补色——青色，如图 7-206 所示。

图 7-205　　　　　图 7-206

"色调平衡"可以选择调整色彩平衡的方式，包含"阴

影""中间调"和"高光"3 个选项。图 7-207 所示分别是向"阴影""中间调"和"高光"添加蓝色以后的效果。

阴影　　　　中间调　　　　高光

图 7-207

勾选"保持明度"复选框，可以保持图像的明度不变，以防止亮度值随着颜色的改变而改变。图 7-208 所示为对比效果。

启用"保持明度"　　　不启用"保持明度"

图 7-208

练习实例：高调冷淡色彩

扫一扫，看视频

文件路径	资源包\第 7 章\练习实例：高调冷淡色彩
难易指数	⭐⭐⭐⭐⭐
技术掌握	曲线、色阶、色彩平衡

案例效果

案例效果如图 7-209 所示。

图 7-209

操作步骤

步骤 01 将素材打开,如图 7-210 所示。选择"背景"图层,使用快捷键 Ctrl+J 将"背景"图层复制一份,如图 7-211 所示。

图 7-210　　　　　　　　图 7-211

步骤 02 选择工具箱中的"污点修复画笔工具",在选项栏中设置合适的笔尖大小,"类型"为"内容识别",然后在背景中有瑕疵的位置按住鼠标左键拖动进行涂抹,如图 7-212 所示。释放鼠标即可看到修复效果,如图 7-213 所示。

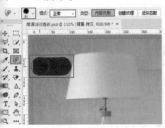

图 7-212　　　　　　　　图 7-213

步骤 03 继续进行画面背景的修复操作,在修复过程中可以结合工具箱中的"污点修复画笔工具""仿制图章工具"等。修复完成后的效果如图 7-214 所示。

图 7-214

步骤 04 执行"图层"→"新建调整图层"→"曲线"命令,在曲线的中间调上方单击添加控制点,然后按住鼠标左键向左上方拖动,如图 7-215 所示。提亮效果如图 7-216 所示。

图 7-215　　　　　　　　图 7-216

步骤 05 单击选中调整图层蒙版,将前景色设置为浅灰色,选择"画笔工具",在"画笔预设选取器"中设置大小为 150 像素,选择一个柔边圆笔尖。然后在画面中过度曝光的区域涂抹隐藏调色效果,如图 7-217 所示。

图 7-217

步骤 06 执行"图层"→"新建调整图层"→"色阶"命令,在弹出的"新建图层"对话框中单击"确定"按钮。在"属性"面板中向左拖动"中间调"滑块,增加整体画面的亮度。然后设置"输出色阶"为 30、240,如图 7-218 所示。此时画面效果如图 7-219 所示。

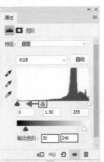

图 7-218　　　　　　　　图 7-219

步骤 07 执行"图层"→"新建调整图层"→"色彩平衡"命令,在弹出的"新建图层"对话框中单击"确定"按钮。设置"色调"为"中间调",设置"青色—红色"为 –35,"洋红—绿色"为 +15，"黄色—蓝色"为 +35，参数设置如图 7-220 所示。此时画面效果如图 7-221 所示。

图 7-220   图 7-221

[重点]7.4.4 动手练：黑白——制作层次感丰富的黑白画面

"黑白"命令可以去除画面中的色彩，将图像转换为黑白效果，在转换为黑白效果后还可以对画面中每种颜色的明暗程度进行调整。"黑白"命令常用于在将彩色图像转换为黑白效果时使用，也可以使用"黑白"命令制作单色图像。

（1）打开一张图像，如图 7-222 所示。执行"图像"→"调整"→"黑白"命令（快捷键为 Alt+Shift+Ctrl+B），打开"黑白"对话框，该对话框中会有一系列的默认数值，如图 7-223 所示。可以看到图像变为了黑白色调，如图 7-224 所示。

图 7-222   图 7-223

图 7-224

（2）在"黑白"对话框中还可以对各个颜色的数值进行调整，以设置各个颜色转换为灰度后的明暗程度。例如，画面中黄褐色占了大部分，向左拖动"黄色"滑块，可以看到画面中黄褐色调区域的明度降低，如图 7-225 所示。向右拖动"黄色"滑块，可以看到画面中黄褐色调区域的明度提高，如图 7-226 所示。

图 7-225   图 7-226

（3）勾选"色调"复选框，单击后侧的按钮，可以弹出"拾色器（色调颜色）"对话框，然后选择颜色，单击"确定"按钮，如图 7-227 所示。此时可以制作出单色图像的效果，如图 7-228 所示。

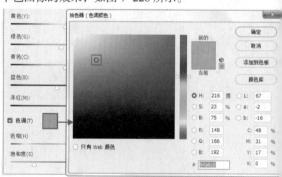

图 7-227

图 7-228

（4）拖动"色相"滑块更改"色调"的颜色，然后拖动"饱和度"滑块调整颜色的饱和度，如图 7-229 所示。此时画面效果如图 7-230 所示。

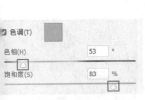

色调(T) ▢

色相(H) 53 °

饱和度(S) 83 %

图 7-229　　　　　　图 7-230

7.4.5　动手练：照片滤镜——快速改变画面色温

"照片滤镜"命令与摄影师经常用在镜头前的彩色滤镜片效果非常相似，可以为图像"蒙"上某种颜色，以使图像产生明显的颜色倾向。"照片滤镜"命令常用于制作冷调或暖调的图像。

（1）打开一张图像，如图 7-231 所示。执行"图像"→"调整"→"照片滤镜"命令，打开"照片滤镜"对话框。在"滤镜"下拉列表中可以选择一种预设的效果应用到图像中，如选择"冷却滤镜（82）"，如图 7-232 所示。此时图像变为冷调，如图 7-233 所示。

图 7-231　　　　　　图 7-232

图 7-233

提示："滤镜"下拉列表中的内容的不同显示方式。

部分版本的 Photoshop 的"滤镜"下拉列表中的

内容会显示为英文，但功能是相同的，如图 7-234 所示。

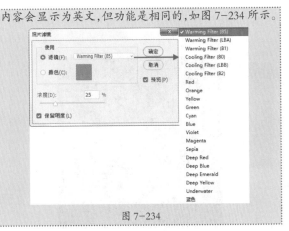

图 7-234

（2）如果列表中没有适合的颜色，也可以直接选中"颜色"单选按钮，自行设置合适的颜色，如图 7-235 所示，效果如图 7-236 所示。

图 7-235　　　　　　图 7-236

（3）设置"浓度"数值可以调整滤镜颜色应用到图像中的颜色百分比。数值越大，应用到图像中的颜色浓度就越高；数值越小，应用到图像中的颜色浓度就越低。图 7-237 所示为不同浓度的对比效果。

浓度：20%　　　浓度：50%　　　浓度：80%

图 7-237

提示："保留明度"复选框。

勾选"保留明度"复选框以后，可以保留图像的明度不变。

练习实例：冷调变暖调

文件路径	第 7 章 \ 练习实例：冷调变暖调
难易指数	⭐⭐⭐⭐⭐
技术掌握	照片滤镜

扫一扫，看视频

案例效果

案例效果如图 7-238 所示。

图 7-238

操作步骤

步骤 01 将素材打开，为了让照片上的食物显得更加可口，让画面效果更加鲜明，可以为图片添加暖色调，如图 7-239 所示。

图 7-239

步骤 02 执行"图层"→"新建调整图层"→"照片滤镜"命令，接着设置"滤镜"为"加温滤镜 (85)"，"浓度"为 50%，勾选"保留明度"复选框，如图 7-240 所示。此时画面效果如图 7-241 所示。

图 7-240

图 7-241

步骤 03 执行"图层"→"新建调整图层"→"自然饱和度"命令，设置"自然饱和度"为 +100，参数设置如图 7-242 所示。画面效果如图 7-243 所示。

图 7-242

图 7-243

练习实例：暖调变冷调

扫一扫，看视频

文件路径	第 7 章 \ 练习实例：暖调变冷调
难易指数	★★★★★
技术掌握	照片滤镜

案例效果

案例效果如图 7-244 所示。

图 7-244

操作步骤

步骤 01 医疗主题的图片通常会调整为冷色调，这样能够给人干净、卫生、专业的感觉。将素材打开，如图 7-245 所示。

图 7-245

中文版 Photoshop 电商美工设计从入门到实战（全程视频版）（上册）

步骤 02 执行"图层"→"新建调整图层"→"照片滤镜"命令，接着设置滤镜为"冷却滤镜（82）"，"浓度"为20%，勾选"保留明度"复选框，如图 7-246 所示，效果如图 7-247 所示。

图 7-246　　　　　图 7-247

7.4.6　动手练：通道混合器

"通道混合器"命令可以将图像中的颜色通道相互混合，能够对目标颜色通道进行调整和修复。常用于偏色图像的校正。

打开一张图像，如图 7-248 所示。执行"图像"→"调整"→"通道混合器"命令，打开"通道混合器"对话框，首先在"输出通道"下拉列表中选择需要处理的通道，然后调整各个颜色滑块，如图 7-249 所示，效果如图 7-250 所示。

图 7-248

图 7-249

图 7-250

（1）首先需要在"输出通道"下拉列表中选择一种通道来对图像的色调进行调整；然后在"源通道"选项组中对各个源通道在输出通道中所占的百分比进行设置。例如，设置"输出通道"为"红"，减小红色数值，如图 7-251 所示。此时画面背景变为青色调，如图 7-252 所示。

图 7-251

图 7-252

（2）常数用来设置输出通道的灰度值。负值可以在通道中增加黑色，正值可以在通道中增加白色，如图 7-253 所示。

红通道常数：-200　　　　　红通道常数：200

图 7-253

（3）勾选"单色"复选框以后，图像将变成黑白效果。可以通过调整各个通道的数值，调整画面的黑白关系，如图 7-254 和图 7-255 所示。

图 7-254

图 7-255

7.4.7　颜色查找：调用调色预设

"颜色查找"命令可以当作一些早已设置好的调色预设，通过选择即可快速为画面更改颜色。选中一张图像，如图 7-256 所示。执行"图像"→"调整"→"颜色查找"命令，打开"颜色查找"对话框。在此对话框中可以从以下方式中选择用于颜色查找的方式：3DLUT 文件、摘要、设备链接。另外，可以在每种方式的下拉列表中选择合适的类型，还可以尝试多种不同的"颜色查找"效果叠加使用的方式来制作出特殊的色调，如图 7-257 所示。选择完毕后可以看到图像的整体颜色产生了风格化的效果，效果如图 7-258 所示。

图 7-256

图 7-257

图 7-258

> 💡 **提示：更多的可供使用的预设。**
>
> 除此之外，还可以尝试载入其他外部的".CUBE"".3DL"等格式的颜色查找表预设文件，以快速实现调色，这些预设文件可以通过网络搜索下载得到。

7.4.8　反相

"反相"命令可以将图像中的颜色转换为它的补色呈现出负片效果。执行"图像"→"调整"→"反相命令（快捷键为 Ctrl+I），即可得到反相效果，对比效果如图 7-259 和图 7-260 所示。"反相"命令是一个可以逆向操作的命令。

图 7-259

图 7-260

7.4.9 色调分离：制作色块感画面

"色调分离"命令可以通过为图像设定色调数目以减少图像的颜色数量。图像中多余的颜色会映射到最接近的匹配级别。选择一个图层，如图 7-261 所示。执行"图像"→"调整"→"色调分离"命令，打开"色调分离"对话框，如图 7-262 所示。在"色调分离"对话框中可以进行"色阶"数量的设置，"色阶"值越小，分离的色调越多；"色阶"值越大，保留的图像细节就越多，如图 7-263 所示。

图 7-261

图 7-262

图 7-263

7.4.10 动手练：阈值——制作黑白图

"阈值"命令可以将图像转换为只有黑白两色的效果。

（1）选择一个图层，如图 7-264 所示。执行"图像"→"调整"→"阈值"命令，打开"阈值"对话框。"阈值色阶"可以指定一个色阶作为阈值，高于当前色阶的像素都将变为白色，低于当前色阶的像素都将变为黑色，如图 7-265 所示。画面效果如图 7-266 所示。

图 7-264

图 7-265

图 7-266

（2）新建图层，填充合适的颜色，如图 7-267 所示。设置"混合模式"为"变亮"，此时图形上方被覆盖了颜色，如图 7-268 所示。

图 7-267　　　　　　　　　图 7-268

（3）添加文字，一个矢量风格的标志就制作完成了，效果如图 7-269 所示。

F&A SHOP
GOES BACK TO NATURE

图 7-269

重点 7.4.11 动手练：渐变映射——更改海报背景颜色

"渐变映射"是先将图像转换为灰度图像，然后设置一个渐变，将渐变中的颜色按照图像的灰度范围一一映射到图像中，使图像中只保留渐变中存在的颜色。

选择一个图层，如图 7-270 所示。执行"图像"→"调整"→"渐变映射"命令，打开"渐变映射"对话框。单击"灰度映射所用的渐变"，打开"渐变编辑器"对话框，在该对话框中可以选择或重新编辑一种渐变应用到图像上，如图 7-271 所示。画面效果如图 7-272 所示。勾选"反向"复选框以后，可以反转渐变的填充方向，映射出的渐变效果也会发生变化。

图 7-270

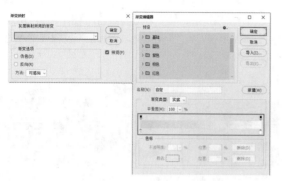

图 7-271

图 7-272

扫一扫，看视频

【重点】7.4.12 动手练：可选颜色——精细化调色

"可选颜色"命令可以为图像中各个颜色通道增加或减少某种印刷色的成分含量。使用"可选颜色"命令可以非常方便地对画面中某种颜色的色彩倾向进行更改。

（1）打开一张图片，这张图片呈现冷色调，通过"可选颜色"命令将其更改为暖色调，如图 7-273 所示。执行"图像"→"调整"→"可选颜色"命令，打开"可选颜色"对话框，先将"颜色"设置为"白色"，选择"白色"后，影响的将是画面中的高光区域，也就是背景及服装部分。因为要将画面调整为暖色调，所以向右拖动"黄色"滑块，增加画面中黄色的成分，如图 7-274 所示。此时画面效果如图 7-275 所示。

图 7-273

图 7-274

图 7-275

（2）设置"颜色"为"中性色"，然后向右拖动"黄色"滑块，增加画面中间调部分的黄色含量，如图 7-276 所示。此时画面效果如图 7-277 所示。

图 7-276   图 7-277

（3）设置"颜色"为"黑色"，向左拖动"黄色"滑块，减少画面阴影部分的黄色，使阴影倾向于蓝紫色调，然后向左拖动"黑色"滑块，使阴影更深，画面明暗对比更强，如图 7-278 所示。参数设置完成后单击"确定"按钮，画面效果如图 7-279 所示。

图 7-278   图 7-279

7.4.13 动手练：HDR色调

"HDR 色调"命令常用于处理风景照片，可以增强画面亮部和暗部的细节和颜色感，使图像更具视觉冲击力。

（1）选择一个图层，如图 7-280 所示。执行"图像"→"调整"→"HDR 色调"命令，打开"HDR 色调"对话框，如图 7-281 所示。默认的参数增强了图像的细

中文版 Photoshop 电商美工设计从入门到实战（全程视频版）（上册）

而感和颜色感，效果如图 7-282 所示。

图 7-280

图 7-281

图 7-282

（2）在"预设"下拉列表中可以看到多种"预设"效果，如图 7-283 所示。单击即可快速为图像赋予该效果。

图 7-284 所示为不同的预设效果。

图 7-283

单色　　　　　　　逼真照片

图 7-284

（3）虽然预设效果有很多种，但是在操作过程中，会发现适合实际使用的预设效果与我们实际想要的效果还是有一定距离的，所以可以再选择一个与预期较接近的预设效果，然后适当修改下方的参数，以制作出合适的效果。

·半径："边缘光"是指图像中颜色交界处产生的发光效果。"半径"数值用于控制发光区域的宽度，如图 7-285 所示。

边缘光半径：20　　　　　　边缘光半径：200

图 7-285

- **强度**：用于控制发光区域的明亮程度，如图 7-286 所示。

边缘光强度：0.5　　　　边缘光强度：3

图 7-286

- **灰度系数**：用于控制图像的明暗对比。向左移动滑块，数值变大，对比度增强；向右移动滑块，数值变小，对比度减弱，如图 7-287 所示。

灰度系数：4　　　灰度系数：1　　　灰度系数：0.01

图 7-287

- **曝光度**：用于控制图像明暗。数值越小，画面越暗；数值越大，画面越亮，如图 7-288 所示。

曝光度：-3　　　　曝光度：2

图 7-288

- **细节**：增强或减弱像素对比度以实现柔化图像或锐化图像。数值越小，画面越柔和；数值越大，画面越锐利，如图 7-289 所示。

细节：-100　　　　细节：100

图 7-289

- **阴影**：用于设置阴影区域的明暗。数值越小，阴影区域越暗；数值越大，阴影区域越亮。
- **高光**：用于设置高光区域的明暗。数值越小，高光区域越暗；数值越大，高光区域越亮。
- **自然饱和度**：用于控制图像中色彩的饱和程度，增大数值可使画面颜色感增强，但不会产生灰度图像和溢色。
- **饱和度**：用于增强或减弱图像颜色的饱和程度，数值越大，饱和度越高，数值为 -100% 时为灰度图像。
- **色调曲线和直方图**：展开该选项组，可以进行"色调曲线"形态的调整，此选项与"曲线"命令的使用方法基本相同，如图 7-290 和图 7-291 所示。

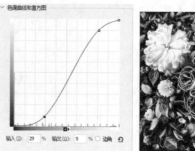

图 7-290　　　　　　　　图 7-291

7.4.14　动手练：去色——快速制作灰度图像

"去色"命令无须设置任何参数，可以直接将图像中的颜色去掉，使其成为灰度图像。

（1）新建一个空白文档，置入人物素材并将其栅格化，如图 7-292 所示。为人像图层添加图层蒙版，将前景色设置为黑色，选择一个毛刷笔尖，降低"不透明度"和"流量"，在蒙版四周涂抹制作出擦痕的效果，如图 7-293 所示。

图 7-292

图 7-293

（2）选择图像，执行"图像"→"调整"→"去色"命令（快捷键为 Shift+Ctrl+U），可以将其调整为灰度效果，如图 7-294 所示。

图 7-294

（3）再次置入人物素材并将其栅格化，然后添加图层蒙版，使用黑色的毛刷画笔在画面边缘涂抹，隐藏边缘像素，保留人物及小部分背景。此时画面呈现出奇特的效果，如图 7-295 所示。最后添加文字，效果如图 7-296 所示。

图 7-295

图 7-296

提示："去色"命令与"黑白"命令有什么不同?

"去色"命令与"黑白"命令都可以制作出灰度图像，但是"去色"命令只能简单地去掉所有颜色。而"黑白"命令则可以通过参数的设置调整各个颜色在黑白图像中的亮度，以得到层次丰富的黑白照片。

7.4.15 动手练：匹配颜色

"匹配颜色"命令可以将图像 1 中的色彩关系映射到图像 2 中，使图像 2 产生与之相同的色彩。使用"匹配颜色"命令可以便捷地更改图像颜色，可以在不同的图像文件中进行"匹配"，也可以匹配同一个文档中不同图层之间的颜色。

（1）首先打开需要处理的图像，图像 1 为青色调，如图 7-297 所示；然后将用于匹配的"源"图片置入，图像 2 为紫色调，如图 7-298 所示。

图 7-297   图 7-298

（2）选择图像 1 所在的图层，隐藏其他图层，如图 7-299 所示。执行"图像"→"调整"→"匹配颜色"命令，打开"匹配颜色"对话框，设置"源"为当前文档，然后设置"图层"为紫色调的图像 1 所在的图层，如图 7-300 所示。此时图像 1 变为了紫色调，如图 7-301 所示。

图 7-299   图 7-300

图 7-301

（3）在"图像选项"选项组中还可以进行"明亮度""颜色强度""渐隐"的设置，设置完成后单击"确定"按钮，如图 7-302 所示。此时画面效果如图 7-303 所示。

图 7-302

图 7-303

- 明亮度："明亮度"选项用来调整图像匹配的明亮程度。
- 颜色强度："颜色强度"选项相当于图像的饱和度，因此用来调整图像色彩的饱和度。数值越低，画面越接近单色效果。
- 渐隐："渐隐"选项决定了有多少源图像的颜色匹配到目标图像的颜色中。数值越大，匹配程度越低，越接近图像原始效果。
- 中和："中和"选项主要用来中和匹配后与匹配前的图像效果，常用于去除图像中的偏色现象。

【重点】7.4.16 动手练：替换颜色

扫一扫，看视频

"替换颜色"命令可以修改图像中选定颜色的色相、饱和度与明度，从而将选定的颜色替换为其他颜色。

（1）打开一张图片，执行"图像"→"调整"→"替换颜色"命令，打开"替换颜色"对话框，

默认情况下选择的是"吸管工具" ，在所需替换的颜色上方单击，此时在缩览图中可以看到与单击位置相近的颜色变为了灰白色，如图 7-304 所示。"替换颜色"是通过黑白关系确立选区的，白色区域为选区，此时尝试更改"色相""饱和度"和"明度"选项调整替换的颜色，如图 7-305 所示。

图 7-304

图 7-305

（2）此时颜色替换的效果并不理想，可以增加"颜色容差"数值，增加取样颜色的范围。当数值增加后，颜色替换的范围也随之增加，如图 7-306 所示。此时仍然有部分像素没被替换颜色，该区域在缩览图中呈现浅灰色，这时可以单击"添加到取样"按钮 ，然后在需要添加到取样的位置单击，继续扩大取样的范围，直到颜色替换完成（如果有多余的区域，则需要使用"从取样中减去" 在图像上单击，将单击点处的颜色从选定的颜色中减去），如图 7-307 所示。最后单击"确定"按钮提交操作。

图 7-306

图 7-307

练习实例：冷色调时尚人像

文件路径	资源包 \ 第 7 章 \ 练习实例：冷色调时尚人像
难易指数	⭐⭐⭐⭐⭐
技术掌握	曲线、色相 / 饱和度、自然饱和度

扫一扫，看视频

案例效果

案例效果如图 7-308 所示。

图 7-308

操作步骤

步骤 01 打开人物素材，本案例需要将模特的肤色调整得更白皙，使五官更突出，同时需要将画面整体调整为蓝紫色调。单击"背景"图层的"锁头"按钮，将"背景"图层转换为普通图层，如图 7-309 所示。

图 7-309

步骤 02 执行"滤镜"→"锐化"→"智能锐化"命令，设置"数量"为 100%，"半径"为 2.0 像素。设置完成后单击"确定"按钮，如图 7-310 所示。此时画面效果如图 7-311 所示。

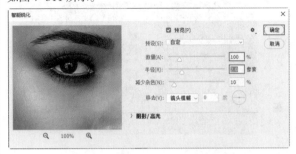

图 7-310

图 7-311

步骤 03 提亮人物右侧背景的亮度。执行"图层"→"新建调整图层"→"曲线"命令，在弹出的"新建图层"对话框中单击"确定"按钮。在曲线的中间调位置单击添加控制点，然后向左上方拖动提亮画面亮度，曲线形状如图 7-312 所示。此时画面效果如图 7-313 所示。

图 7-312

图 7-313

步骤 04 此时右侧的背景亮度提高了，但是人物皮肤位置出现了曝光过度的情况，可以通过曲线调整图层的图层蒙版隐藏调色效果。单击选中图层蒙版，将前景色设置为黑色，选择"画笔工具"，设置合适的笔尖大小，

235

然后在人物以及左侧背景上方涂抹将此处的调色效果隐藏，只保留右侧背景的调色效果，如图7-314所示。

图7-314

步骤 05 压暗左上角背景的亮度。再次新建一个曲线调整图层，在曲线的中间调区域单击添加控制点并向右下角拖动，曲线形状如图7-315所示。此时画面效果如图7-316所示。

图7-315　　　　　　图7-316

步骤 06 因为左上角保留的区域面积比较小，可以单击曲线调整图层的图层蒙版，然后将蒙版填充为黑色。此时调色效果将被隐藏。然后选择"画笔工具"，将前景色设置为白色，设置合适的笔尖大小，在画面左上角涂抹，将调色效果显示出来，如图7-317所示。

图7-317

步骤 07 降低皮肤的饱和度。执行"图层"→"新建调整图层"→"色相/饱和度"命令，因为皮肤偏红，所以设置颜色为"红色"，接着向右拖动"明度"滑块，如图7-318所示，效果如图7-319所示。

图7-318　　　　　　图7-319

步骤 08 此时皮肤偏黄，设置颜色为"黄色"，然后向左拖动"饱和度"滑块，设置数值为-100,向右拖动"明度"滑块，设置数值为+70，参数设置如图7-320所示，此时画面效果如图7-321所示。

图7-320　　　　　　图7-321

步骤 09 单击选中"色相/饱和度"图层蒙版，将前景色设置为黑色，选择"画笔工具"，设置合适的笔尖大小，然后适当调整"不透明度"和"流量"，接着在手链、项链、眼睛、嘴唇的位置涂抹颜色，如图7-322所示。图层蒙版的黑白关系如图7-323所示。

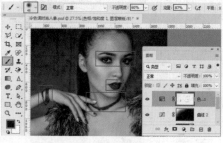

图7-322

图 7-323

步骤 10 增加皮肤的色彩。执行"图层"→"新建调整图层"→"自然饱和度"命令,在"属性"面板中设置"自然饱和度"为 +100,如图 7-324 所示。此时画面效果如图 7-325 所示。

图 7-324　　　　　　　　图 7-325

步骤 11 此时"自然饱和度"数值已经是最大了,但是皮肤颜色仍然偏灰,可以向右拖动"饱和度"滑块增加画面的颜色饱和度,参数设置如图 7-326 所示。此时画面效果如图 7-327 所示。

图 7-326　　　　　　　　图 7-327

步骤 12 单击选中"自然饱和度"调整图层的图层蒙版,选择"画笔工具",将前景色设置为黑色,设置合适的笔尖大小,然后在眼睛上方涂抹隐藏眼睛的调色效果,如图 7-328 所示。

图 7-328

步骤 13 提亮皮肤的颜色。新建一个曲线调整图层,在曲线的中间调位置单击添加控制点并向左上角拖动,曲线形状如图 7-329 所示。此时画面效果如图 7-330 所示。

图 7-329　　　　　　　　图 7-330

步骤 14 单击选择曲线调整图层的图层蒙版,将其填充为黑色,隐藏调色效果。接着将前景色设置为白色,然后使用"画笔工具"在皮肤位置涂抹隐藏调色效果,如图 7-331 所示。图层蒙版的黑白关系如图 7-332 所示。

图 7-331

图 7-332

步骤 15 此时皮肤不够平滑，泪沟、法令纹、额头、下巴等位置颜色偏深，不够平滑，如图 7-333 所示。

图 7-333

步骤 16 新建"曲线"调整图层，在曲线的中间调位置单击添加控制点并向左上角拖动，提高画面的亮度，曲线形状如图 7-334 所示。接着选中图层蒙版将其填充为黑色，隐藏调色效果。接着将前景色设置为白色，设置合适的笔尖大小，降低"不透明度"和"流量"，然后在颜色偏深的区域进行涂抹，如图 7-335 所示。

 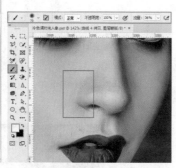

图 7-334   图 7-335

步骤 17 继续在不平滑的位置涂抹，效果如图 7-336 所示。图层蒙版中的黑白关系如图 7-337 所示。

图 7-336   图 7-337

步骤 18 增加眼睛神采，美白牙齿。新建一个"曲线"调整图层，添加控制点并向左上角拖动，曲线形状如

图 7-338 所示。此时画面效果如图 7-339 所示。

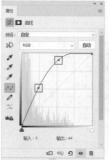 

图 7-338   图 7-339

步骤 19 单击选中"曲线"调整图层的图层蒙版，将图层蒙版填充为黑色，隐藏调色效果。接着将前景色设置为白色，选择"画笔工具"，设置合适的笔尖大小，在眼睛和牙齿的位置涂抹显示调色效果，效果如图 7-340 所示。

图 7-340

步骤 20 强化衣服的颜色，将背景调整为蓝色调。新建一个"曲线"调整图层，因为要调整为蓝色调，所以设置通道为"蓝"，将曲线底部的控制点向上拖动，在阴影中添加蓝色，然后在曲线的中间调位置添加控制点并向上拖动，在中间调中添加蓝色，曲线形状如图 7-341 所示。此时画面效果如图 7-342 所示。

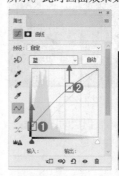 

图 7-341   图 7-342

步骤 21 此时皮肤偏红，将通道设置为"红"，然后在

线的中间调位置添加控制点并向右下角拖动，减少中间调中的红色。接着将曲线底部的控制点向上拖动，在阴影中添加红色，此时阴影颜色倾向于紫色，曲线形状图 7-343 所示。此时画面效果如图 7-344 所示。

图 7-343　　　　　　图 7-344

步骤 22 此时背景和衣服颜色过于蓝，设置通道为绿"，然后将曲线底部的控制点向上拖动，在阴影中添加绿色，曲线形状如图 7-345 所示。此时画面效果如图 7-346 所示。

图 7-345　　　　　　图 7-346

步骤 23 设置通道为 RGB，在曲线的中间调位置单击添加控制点并向右下角拖动，压暗画面的亮度，曲线形状如图 7-347 所示。此时画面效果如图 7-348 所示。

图 7-347　　　　　　图 7-348

步骤 24 衣服和背景的颜色调整完成后，单击选中"曲线"调整图层的图层蒙版，将前景色设置为黑色，在皮肤的位置按住鼠标左键拖动进行涂抹，隐藏调色效果，显示皮肤颜色，如图 7-349 所示。

图 7-349

步骤 25 再次新建一个"曲线"调整图层，在曲线的中间调位置添加控制点并向左上方拖动，提高画面亮度，曲线形状如图 7-350 所示。此时画面效果如图 7-351 所示。

图 7-350　　　　　　图 7-351

步骤 26 制作重影效果。使用快捷键 Ctrl+Shift+Alt+E 进行盖印，选择合并的图层，执行"滤镜"→"模糊"→"径向模糊"命令，在弹出的"径向模糊"对话框中设置"数量"为 80，"模糊方法"为"旋转"，"品质"为"好"，设置完成后单击"确定"按钮，如图 7-352 所示。此时画面效果如图 7-353 所示。

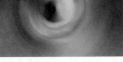

图 7-352　　　　　　图 7-353

步骤 27 为添加滤镜的图层添加图层蒙版，然后使用黑色的柔边圆画笔在人像上方涂抹隐藏滤镜效果，如图 7-354 所示。图层蒙版中的黑白关系如图 7-355 所示。

图 7-354

图 7-355

步骤 28 增加背景的颜色饱和度。执行"图层"→"新建调整图层"→"自然饱和度"命令，在弹出的"新建图层"对话框中单击"确定"按钮。然后设置"自然饱和度"为 +100，"饱和度"为 +40，参数设置如图 7-356 所示。此时画面效果如图 7-357 所示。

图 7-356

图 7-357

步骤 29 选中图层蒙版，使用黑色的柔边圆画笔在皮肤的位置涂抹，隐藏调色效果。蒙版中的黑白关系如图 7-358 所示。最终画面效果如图 7-359 所示。

图 7-358

图 7-359

7.5 图层混合：调色、图像融合

"图层"面板不仅可以用于管理图层还可以用于对图层设置"不透明度"与"混合模式"。通过不透明度、混合模式的使用我们能够轻松实现多重曝光、融图、为图像增添光效、使惨白的天空出现蓝天白云、做旧照片、增强画面色感、增强画面冲击力等。当然，想要制作出以上效果不仅需要设置好合适的混合模式，更需要找到合适的素材。

重点 7.5.1 动手练：为图层设置透明效果

"不透明度"作用于整个图层/图层组（包括图层本身的形状内容、像素内容、图层样式、智能滤镜等）的透明属性。

例如，想要对一个带有图层样式的图层设置不透明度，如图 7-360 所示。单击"图层"面板中的该图层，然后调整不透明度的参数，如图 7-361 所示。此时图层本身以及图层的描边样式等属性也都变成了半透明效果，如图 7-362 所示。

图 7-360

图 7-361

图 7-362

与"不透明度"相似，"填充"也可以使图层产生透明效果。但是设置"填充"只影响图层本身内容，对

中文版 Photoshop 电商美工设计从入门到实战（全程视频版）（上册）

加的图层样式等效果部分没有影响。例如，将"填充"值调整为10%，图层本身内容变透明了，而描边等图层样式还完整地显示着，如图7-363和图7-364所示。

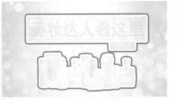

图 7-363　　　　　　　　图 7-364

重点 7.5.2　动手练: 图层的混合模式

图层的混合模式是指当前图层中的像素与下方图像像素之间的颜色混合的方式。混合模式不仅可以在图层中使用，在使用了绘图工具、修饰工具、颜色填充等情况下也可以使用"混合模式"。图层混合模式的设置主要用于多张图像的融合，使画面同时具有多张图像中的特质，改变画面色调，制作特效等。不同的混合模式作用于不同的图层中往往能够产生千变万化的效果，所以对于混合模式的使用，不同的情况下并不一定要采用某种特定样式，我们可以多次尝试，有趣的效果自然就会出现，如图7-365~图7-368所示。

图 7-365　　　　　　　　图 7-366

图 7-367　　　　　　　　图 7-368

想要设置图层的混合模式，需要在"图层"面板中进行操作。当文档中存在两个或两个以上的图层时（只有一个图层时，设置混合模式是没有效果的），单击选中图层（注意:"背景"图层以及锁定的图层无法设置混合模式），如图7-369所示。然后单击"混合模式"下拉按钮✦，在下拉列表中选中一种混合模式，接着当前画面效果将会发生变化，如图7-370所示。

图 7-369

图 7-370

在下拉列表中可以看到其中包含很多种"混合模式"，被分为6组，如图7-371所示。在设置混合模式时，将光标移动至混合模式的名称上方，即可查看混合模式的效果，如果对效果满意，可以单击确定混合模式的选择，如图7-372所示。

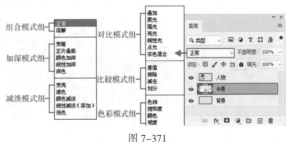

图 7-371

图 7-372

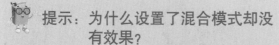

> 提示：为什么设置了混合模式却没有效果？
>
> 　如果所选图层被顶部图层完全遮挡，那么此时设置该图层的混合模式是无法看到效果的，需要将顶部图层隐藏后才能观察效果。当然，也存在另一种可能性，某些特定色彩的图像与另外一些特定色彩设置混合模式也不会产生效果。

- 溶解："溶解"模式会使图像中透明度区域的像素产生离散效果。图层"不透明度"或"填充"数值越低，像素离散效果越明显，如图 7-373 所示。
- 变暗：比较每个通道中的颜色信息，并选择基色或混合色中较暗的颜色作为结果色，同时替换比混合色亮的像素，而比混合色暗的像素保持不变，如图 7-374 所示。
- 正片叠底：任何颜色与黑色混合，都会产生黑色；任何颜色与白色混合，都会保持不变，如图 7-375 所示。

图 7-373

图 7-374　　　　　　图 7-375

- 颜色加深：通过增加上下层图像之间的对比度来使像素变暗，与白色混合后不产生变化，如图 7-376 所示。
- 线性加深：通过减小亮度使像素变暗，与白色混合不产生变化，如图 7-377 所示。
- 深色：通过比较两个图像的所有通道的数值的总和，然后显示数值较小的颜色，如图 7-378 所示。

图 7-376　　　　　　图 7-377

图 7-378

- 变亮：比较每个通道中的颜色信息，并选择基色或混合色中较亮的颜色作为结果色，同时替换比混合色暗的像素，而比混合色亮的像素保持不变，如图 7-379 所示。
- 滤色：与黑色混合时，颜色保持不变；与白色混合时产生白色，如图 7-380 所示。
- 颜色减淡：通过减小上下层图像之间的对比度来提亮基层图像的像素，如图 7-381 所示。

图 7-379　　　　　　图 7-380

图 7-381

- 线性减淡（添加）：与"线性加深"模式产生的效果

中文版 Photoshop 电商美工设计从入门到实战（全程视频版）（上册）

相反，通过提高亮度来减淡颜色，如图 7-382 所示。

- 浅色：通过比较两个图像的所有通道的数值的总和，显示数值较大的颜色，如图 7-383 所示。

- 叠加：对颜色进行过滤并提亮上层图像，具体取决于底层颜色，同时保留底层图像的明暗对比，如图 7-384 所示。

图 7-382　　　　　　　　图 7-383

图 7-384

- 柔光：使颜色变暗或变亮，具体取决于当前图像的颜色。如果上层图像比 50% 灰色亮，则图像变亮；如果上层图像比 50% 灰色暗，则图像变暗，如图 7-385 所示。

- 强光：对颜色进行过滤，具体取决于当前图像的颜色。如果上层图像比 50% 灰色亮，则图像变亮；如果上层图像比 50% 灰色暗，则图像变暗，如图 7-386 所示。

- 亮光：通过提高或降低对比度来加深或减淡颜色，具体取决于上层图像的颜色。如果上层图像比 50% 灰色亮，则图像变亮；如果上层图像比 50% 灰色暗，则图像变暗，如图 7-387 所示。

图 7-385　　　　　　　　图 7-386

图 7-387

- 线性光：通过减小或增加亮度来加深或减淡颜色，具体取决于上层图像的颜色。如果上层图像比 50% 灰色亮，则图像变亮；如果上层图像比 50% 灰色暗，则图像变暗，如图 7-388 所示。

- 点光：根据上层图像的颜色来替换颜色。如果上层图像比 50% 灰色亮，则替换较暗的像素；如果上层图像比 50% 灰色暗，则替换较亮的像素，如图 7-389 所示。

- 实色混合：将上层图像的 RGB 通道值添加到底层图像的 RGB 值。如果上层图像比 50% 灰色亮，则使底层图像变亮；如果上层图像比 50% 灰色暗，则使底层图像变暗，如图 7-390 所示。

图 7-388　　　　　　　　图 7-389

图 7-390

- 差值：上层图像与白色混合将反转底层图像的颜色，与黑色混合则不产生变化，如图 7-391 所示。

- 排除：创建一种与"差值"模式相似，但对比度更低的混合效果，如图 7-392 所示。

- 减去：从目标通道中相应的像素上减去源通道中的像素值，如图 7-393 所示。

图 7-391　　　　　　　　图 7-392

图 7-393

- **划分**：比较每个通道中的颜色信息，然后从底层图像中划分上层图像，如图 7-394 所示。
- **色相**：用底层图像的明亮度与饱和度以及上层图像的色相来创建结果色，如图 7-395 所示。
- **饱和度**：用底层图像的明亮度和色相以及上层图像的饱和度来创建结果色，在饱和度为 0 的灰度区域应用该模式不会产生任何变化，如图 7-396 所示。

图 7-394

图 7-395

图 7-396

- **颜色**：用底层图像的明亮度以及上层图像的色相与饱和度来创建结果色，这样可以保留图像中的灰阶，对于为单色图像上色或给彩色图像着色非常有用，如图 7-397 所示。
- **明度**：用底层图像的色相与饱和度以及上层图像的明亮度来创建结果色，如图 7-398 所示。

图 7-397

图 7-398

练习实例：为女鞋改颜色

扫一扫，看视频

文件路径	第 7 章 \ 练习实例：为女鞋改颜色
难易指数	★★★★★
技术掌握	混合模式、画笔工具

案例效果

案例效果如图 7-399 所示。

图 7-399

操作步骤

步骤 01 将商品素材打开，如图 7-400 所示。接下来将女鞋更改为杏色。新建图层，将前景色设置为杏色，选择工具箱中的"画笔工具"，设置合适的画笔大小，然后在女鞋上方按住鼠标左键拖动进行绘制，如图 7-401 所示。

图 7-400   图 7-401

步骤 02 设置该图层的混合模式为"正片叠底"，如图 7-402 所示。此时鞋的颜色效果如图 7-403 所示。（为了绘制效果更加精确，也可以先使用"钢笔工具"绘制精确的需要填充颜色的路径，转换为选区后进行填充。）

中文版 Photoshop 电商美工设计从入门到实战（全程视频版）（上册）

| 图 7-402 | 图 7-403 |

步骤 03 按住 Ctrl 键单击杏色图层的缩览图载入选区，然后将图层隐藏，如图 7-404 所示。

图 7-404

步骤 04 新建图层，将前景色设置为浅粉色，使用快捷键 Alt+Delete 将选区填充为粉色，如图 7-405 所示。使用快捷键 Ctrl+D 取消选区的选择。然后设置该图层的"混合模式"为"正片叠底"，鞋子变为了浅粉色，效果如图 7-406 所示。

| 图 7-405 | 图 7-406 |

步骤 05 使用相同的方法，新建图层，载入选区后填充为青蓝色，如图 7-407 所示。然后设置"混合模式"为"正片叠底"，如图 7-408 所示，效果如图 7-409 所示。

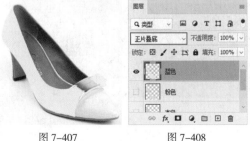

| 图 7-407 | 图 7-408 |

图 7-409

练习实例：胶片色

文件路径	资源包 \ 第 7 章 \ 练习实例：胶片色
难易指数	★★★★★
技术掌握	混合模式、镜头校正、曲线

扫一扫，看视频

案例效果

案例效果如图 7-410 所示。

图 7-410

操作步骤

步骤 01 将素材打开，然后单击"背景"图层上方的"锁头"按钮，将"背景"图层转换为普通图层，如图 7-411 所示。单击选择该图层，然后右击执行"转换为智能对象"命令，将普通图层转换为智能图层，如图 7-412 所示。

| 图 7-411 | 图 7-412 |

步骤 02 制作画面暗角。执行"滤镜"→"镜头校正"命令（或者使用快捷键 Shift+Ctrl+R），在弹出的"镜头校正"对话框中单击"自定"选项卡，设置"晕影"数量为 -50，如图 7-413 所示。设置完成后单击"确定"按钮，效果如图 7-414 所示。

图 7-413

图 7-414

步骤 03 添加杂点。执行"滤镜"→"杂色"→"添加杂色"命令，在弹出的"添加杂色"对话框中设置"数量"为 1，选中"高斯分布"单选按钮，勾选"单色"复选框，设置完成后单击"确定"按钮，如图 7-415 所示。图片细节效果如图 7-416 所示。

图 7-415

图 7-416

步骤 04 制作图片的复古色调。新建图层，将前景色设置为卡其色，然后使用快捷键 Alt+Delete 进行填充，如图 7-417 所示。因为要将图片更改为暗色调，所以在加深模式组中选择合适的混合模式，在这里设置"混合模式"为"变暗"，如图 7-418 所示。此时画面效果如图 7-419 所示。

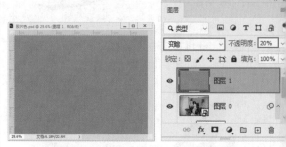

图 7-417　　　　　　　　图 7-418

图 7-419

步骤 05 让色调中带有蓝色调。新建图层，将其填充为藏蓝色，如图 7-420 所示。接着设置"混合模式"为"变亮"，"不透明度"为 60%，参数设置如图 7-421 所示。此时画面效果如图 7-422 所示。

步骤 06 将划痕素材置入文档，按 Enter 键确定置入操作，效果如图 7-423 所示。

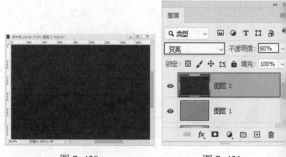

图 7-420　　　　　　　　图 7-421

图 7-422

图 7-423

步骤 07 继续压暗画面的亮度，使复古色调更浓。新建
图层，将其填充为卡其色，如图 7-424 所示。接着设置
"混合模式"为"正片叠底"，如图 7-425 所示。此时画
面效果如图 7-426 所示。

图 7-424　　　　　图 7-425

图 7-426

步骤 08 选择卡其色图层，单击"图层"面板底部的
"添加图层蒙版"按钮，为该图层添加图层蒙版。接着
选中图层蒙版，将前景色设置为黑色，选择"画笔工
具"，选择一个柔边圆画笔，将笔尖调大一些，适当地
降低"不透明度"，然后在人物上方涂抹。此时画面效
果如图 7-427 所示。

图 7-427

步骤 09 新建"曲线"调整图层，首先将右上方的控
制点向下拖动，将高光区域的明度降低，如图 7-428 所
示。接着在曲线的中间调位置单击添加控制点，向左上
方拖动，提高中间调区域的亮度，如图 7-429 所示。接
着将阴影位置的控制点向右拖动，增强对比，如图 7-430
所示。

图 7-428

图 7-429

图 7-430

步骤 10 选中"曲线"调整图层的图层蒙版,使用黑色的柔边圆画笔在人物上方涂抹,隐藏调色效果,如图 7-431 所示。此时本案例制作完成。

图 7-431

7.6 使用滤镜处理商品图像

Photoshop 中的滤镜用于为图像添加一些"特殊效果"。例如,把照片变成木刻画效果、为图像打上马赛克、使整个照片变模糊、把照片变成"石雕"等。Photoshop 中的滤镜集中在"滤镜"菜单中,单击菜单栏中的"滤镜"按钮,在菜单列表中可以看到很多种滤镜,如图 7-432 所示。

位于"滤镜"菜单上半部分的几个滤镜通常称为"特殊滤镜",因为这些滤镜的功能比较强大,有些像独立的软件。这几种特殊滤镜的使用方法也各不相同。滤镜菜单的下半部分为"滤镜组","滤镜组"中的每个菜单命令下都包含多种滤镜效果,这些滤镜大多数使用起来都非常简单,只需要执行相应的命令并简单调整参数就能够得到有趣的效果。

图 7-432

重点 7.6.1 动手练:滤镜库——滤镜效果大集合

扫一扫,看视频

"滤镜库"中集合了很多滤镜,虽然滤镜效果风格迥异,但是使用方法非常相似。在滤镜库中不仅能够添加一种滤镜,还可以添加多种滤镜,制作多种滤镜混合的效果。

(1)打开一张图片,如图 7-433 所示。执行"滤镜"→"滤镜库"命令,打开"滤镜库"对话框,在中间的滤镜列表中选择一个滤镜组,单击即可展开。然后在该滤镜组中选择一种滤镜,单击即可为当前画面应用滤镜效果。然后在右侧适当调节参数,即可在左侧预览图中观察到滤镜效果。滤镜设置完成后单击"确定"按钮完成操作,如图 7-434 所示。

图 7-433

图 7-434

执行"滤镜"→"滤镜库"命令,即可打开"滤镜库"对话框,图7-435所示为"滤镜库"对话框中各个位置的名称。

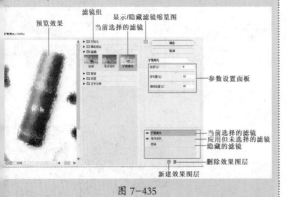

图7-435

（2）如果要制作两个滤镜叠加在一起的效果,可以击对话框右下角的"新建效果图层"按钮 ➕,然后选择合适的滤镜并进行参数设置,如图7-436所示。设置成后单击"确定"按钮,效果如图7-437所示。

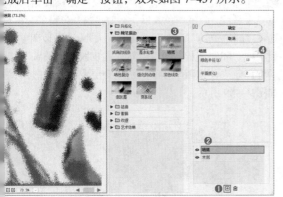

图7-436

图7-437

练习实例：油画感色调

文件路径	第7章\练习实例：油画感色调
难易指数	⭐⭐⭐⭐⭐
技术掌握	颜色查找、可选颜色、高斯模糊、滤镜库

扫一扫,看视频

案例效果

案例效果如图7-438所示。

图7-438

操作步骤

步骤 01 将素材打开,如图7-439所示。执行"图层"→"新建调整图层"→"颜色查找"命令,在弹出的"新建图层"对话框中单击"确定"按钮。然后选择合适的效果,如图7-440所示。此时画面效果如图7-441所示。

图7-439

图7-440

图 7-441

步骤 02 利用图层蒙版隐藏人物和后方的调色效果。选择调整图层，将"不透明度"设置为70%，单击选择调整图层蒙版，将前景色设置为黑色，选择"画笔工具"，设置黑色的笔尖大小，适当地降低"不透明度"和"流量"，然后在人物和左上角位置涂抹，隐藏部分调色效果，如图 7-442 所示。图层蒙版的黑白关系如图 7-443 所示。

图 7-442

图 7-443

步骤 03 提高画面的亮度。执行"图层"→"新建调整图层"→"曲线"命令，在弹出的"新建图层"对话框中单击"确定"按钮，调整曲线形状，如图 7-444 所示。此时画面效果如图 7-445 所示。

步骤 04 增加皮肤的明暗对比。再次新建一个"曲线"调整图层，然后在曲线的中间调位置单击添加控制点并向右下角拖动，曲线形状如图 7-446 所示。此时画面效果如图 7-447 所示。

图 7-444　　　　　　　　　　图 7-445

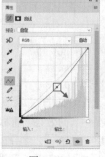

图 7-446　　　　　　　　　　图 7-447

步骤 05 单击选中"曲线"调整图层的图层蒙版，将其填充为黑色，隐藏调色效果。接着将前景色设置为白色，选择"画笔工具"，设置合适的笔尖大小，适当地调整"不透明度"和"流量"数值，然后在皮肤阴影位置涂抹，显示调色效果，如图 7-448 所示。图层蒙版中的黑白关系如图 7-449 所示。

图 7-448

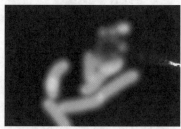

图 7-449

中文版 Photoshop 电商美工设计从入门到实战（全程视频版）（上册）

步骤 06 将画面色调更改为黄色调。执行"图层"→"新建调整图层"→"可选颜色"命令，因为要将色调更改为黄色，所以先设置"颜色"为"黄色"，降低"青色"数值，设置为-100%，然后增加"洋红""黄色"数值，设置为+60%，参数设置如图7-450所示。此时画面效果如图7-451所示。

图 7-450　　　　　图 7-451

步骤 07 此时头发和皮肤有些偏红，将"颜色"设置为"红色"，然后向右拖动"青色"滑块，设置数值为+100%，如图7-452所示。此时画面效果如图7-453所示。

图 7-452　　　　　图 7-453

步骤 08 此时画面缺少冷暖对比，将"颜色"设置为"白色"，然后向右拖动"青色"滑块，设置数值为+100%，参数设置如图7-454所示。此时画面效果如图7-455所示。

图 7-454　　　　　图 7-455

步骤 09 设置"颜色"为"中性色"，然后设置"黄色"为-15%，参数设置如图7-456所示。此时画面效果如图7-457所示。

图 7-456　　　　　图 7-457

步骤 10 设置"颜色"为黑色，然后向右拖动"洋红"滑块，增加阴影中的洋红色，然后向左拖动"黄色"滑块，减少阴影中的黄色，此时画面阴影中带有紫色调，如图7-458所示。此时画面效果如图7-459所示。

图 7-458　　　　　图 7-459

步骤 11 为画面添加"高斯模糊"滤镜，使画面具有朦胧感。使用快捷键Ctrl+Alt+Shift+E进行盖印，然后选中合并的图层，执行"滤镜"→"模糊"→"高斯模糊"命令，在弹出的"高斯模糊"对话框中设置"半径"为30像素，如图7-460所示。单击"确定"按钮，效果如图7-461所示。

图 7-460　　　　　图 7-461

步骤 12 为合并的图层添加图层蒙版，将前景色设置为黑色，选择工具箱中的"画笔工具"，设置合适的笔尖大小，降低"不透明度"和"流量"数值，然后在画面中涂抹，隐藏滤镜效果，如图 7-462 所示。图层蒙版中的黑白关系如图 7-463 所示。

图 7-462

图 7-463

步骤 13 再次使用快捷键 Ctrl+Alt+Shift+E 进行盖印，执行"滤镜"→"滤镜库"命令，打开"纹理"滤镜组，单击选择"纹理化"滤镜，然后设置"纹理"为"粗麻布"，"缩放"为 200%，"凸现"为 6，"光照"为"上"，设置完成后单击"确定"按钮，如图 7-464 所示。此时画面效果如图 7-465 所示。

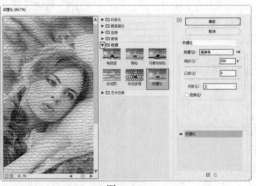

图 7-464

图 7-465

步骤 14 为合并的图层添加图层蒙版，然后使用黑色柔边圆画笔在画面中涂抹，隐藏部分滤镜效果。图层蒙版中的黑白关系如图 7-466 所示。案例完成效果如图 7-467 所示。

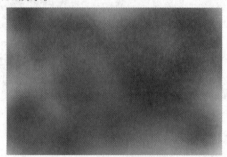

图 7-466

图 7-467

【重点】7.6.2 动手练：使用滤镜组

Photoshop 中的滤镜多达几十种，一些效果相近的、工作原理相似的滤镜被集合在滤镜组中，滤镜组中的滤镜的使用方法非常相似，几乎都是"选择图层"→"执行命令"→"设置参数"→"单击确定"这几个步骤。差别在于不同的滤镜，其参数选项略有不同，但是好在滤镜的参数效果大部分都是可以实时预览的，所以可以随意调整参数来观察效果。

1. 滤镜组的使用方法

（1）选择需要进行滤镜操作的图层，如图 7-468 所示。例如，执行"滤镜"→"像素化"→"马赛克"命令，随即可以打开"马赛克"对话框，接着进行参数的设置，如图 7-469 所示。

图 7-468　　　　　　　　　图 7-469

（2）在该对话框左侧的预览窗口中可以预览滤镜效果，同时可以拖动图像，以观察其他区域的效果，如图 7-470 所示。单击 🔍 按钮和 🔍 按钮可以缩放图像的显示比例。另外，在图像中的某个位置单击，预览窗口中就会显示出该位置的效果，如图 7-471 所示。

图 7-470

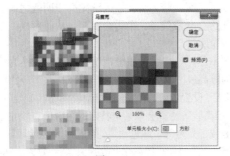

图 7-471

（3）在"马赛克"对话框中按住 Alt 键，"取消"按钮将变成"复位"按钮，如图 7-472 所示。单击"复位"按钮，可以将滤镜参数恢复到默认设置。继续进行参数的调

整，然后单击"确定"按钮，滤镜效果如图 7-473 所示。

图 7-472　　　　　　　　　图 7-473

> **提示：如何终止滤镜效果？**
>
> 在应用滤镜的过程中，如果要终止处理，可以按 Esc 键。

（4）如果图像中存在选区，则滤镜效果只应用在选区之内，如图 7-474 和图 7-475 所示。

图 7-474　　　　　　　　　图 7-475

> **提示：重复使用上一次应用的滤镜。**
>
> 当应用完一个滤镜以后，"滤镜"菜单下的第一行会出现该滤镜的名称。执行该命令或按快捷键 Alt+Ctrl+F，可以按照上一次应用该滤镜的参数设置再次对图像应用该滤镜。

2. 智能滤镜的使用方法

当对图层进行滤镜操作时，直接应用于画面本身，是具有"破坏性"的。所以，可以使用"智能滤镜"使其变为"非破坏"且可再次调整的滤镜。应用于智能对象的任何滤镜都是智能滤镜，智能滤镜属于"非破坏性滤镜"，因为其可以进行参数调整、移除、隐藏等操作，而且智能滤镜还带有一个蒙版，可以调整其作用范围。

（1）首先将图层的滤镜转化为智能滤镜（执行"滤镜"→"转换为智能滤镜"命令），接着为该图层使用

滤镜命令（如执行"滤镜"→"风格化"→"查找边缘"命令），此时可以看到"图层"面板中的智能对象图层发生了变化，如图7-476和图7-477所示。

图 7-476　　　　　　图 7-477

　　（2）在智能滤镜的蒙版中使用黑色画笔进行涂抹，可以隐藏部分区域的滤镜效果，如图7-478所示。还可以设置智能滤镜与图像的"混合模式"，双击滤镜名称右侧的 ≒ 图标，可以在弹出的"混合选项（查找边缘）"对话框中调整滤镜的"模式"和"不透明度"，如图7-479所示。

图 7-478

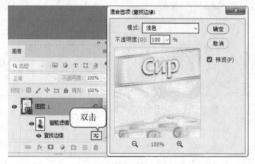

图 7-479

7.6.3　"风格化"滤镜组

　　执行"滤镜"→"风格化"命令，在子菜单中可以看到多种滤镜，如图7-480所示。滤镜效果如图7-481所示。

图 7-480

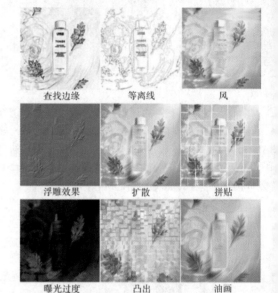

图 7-481

- 查找边缘："查找边缘"滤镜可以制作出线条感的画面。执行"滤镜"→"风格化"→"查找边缘"命令，无须设置任何参数。该滤镜会将图像的高反差区变亮，低反差区变暗，而其他区域则介于两者之间。同时硬边会变成线条，柔边会变粗，从而形成一个清晰的轮廓。

- 等高线："等高线"滤镜常用于将图像转换为线条感的等高线图。执行"滤镜"→"风格化"→"等高线"命令，设置色阶值、边缘类型后，单击"确定"按钮。"等高线"滤镜会以某个特定的色阶值查找主要亮度区域，并为每个颜色通道勾勒出主要亮度区域。

- 风："风"滤镜可以制作火苗效果、羽毛效果。执行"滤镜"→"风格化"→"风"命令，在弹出的"风"对话框中进行参数的设置。"风"滤镜能够将像素朝着指定的方向进行虚化，通过产生一些细小的水平线条来模拟风吹效果。

- 浮雕效果:"浮雕效果"可以用来制作模拟金属雕刻的效果,该滤镜常用于制作硬币、金牌的效果。该滤镜的工作原理通过勾勒图像或选区的轮廓和降低周围颜色值来生成凹陷或凸起的浮雕效果。
- 扩散:"扩散"滤镜可以制作类似于磨砂玻璃观察物体时的分离模糊效果。该滤镜的工作原理是将图像中相邻的像素按指定的方式进行有机移动。
- 拼贴:"拼贴"滤镜常用于制作拼图效果。"拼贴"滤镜可以将图像分解为一系列块状,并使其偏离其原来的位置,以产生不规则拼砖的图像效果。
- 曝光过度:"曝光过度"滤镜可以模拟出传统摄影术中,暗房显影过程中短暂增加光线强度而产生的过度曝光效果。
- 凸出:"凸出"滤镜通常制作立方体向画面外"飞溅"的 3D 效果,可以制作创意海报、新锐设计等。该滤镜可以将图像分解成一系列大小相同且有机重叠放置的立方体或锥体,以生成特殊的 3D 效果。
- 油画:"油画"滤镜主要用于将照片快速转换为"油画效果",使用"油画"滤镜能够产生笔触鲜明、厚重且质感强烈的画面效果。

7.6.4 "模糊"滤镜组

执行"滤镜"→"模糊"命令,可以在子菜单中看到多种用于模糊图像的滤镜,如图 7-482 所示。这些滤镜适合应用的场合不同:"高斯模糊"是最常用的图像模糊滤镜;"模糊""进一步模糊"属于"无参数"滤镜,无参数可供调整,适合于轻微模糊的情况;"表面模糊""特殊模糊"常用于图像降噪;"动感模糊""径向模糊"会沿一定方向进行模糊;"方框模糊""形状模糊"是以特定的形状进行模糊;"镜头模糊"常用于模拟大光圈摄影效果;"平均"用于获取整个图像的平均颜色值。图 7-483 所示为原图,图 7-484 所示为不同的模糊效果。

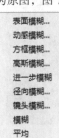

图 7-482

图 7-483

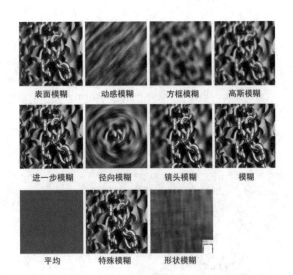

图 7-484

- 表面模糊:"表面模糊"滤镜能将接近的颜色融合为一种颜色,从而达到减少画面的细节,或者降噪的目的。打开一张图像,如图 7-485 所示。执行"滤镜"→"模糊"→"表面模糊"命令,如图 7-486 所示。此时在保留边缘的同时模糊了图像,如图 7-487 所示。

图 7-485

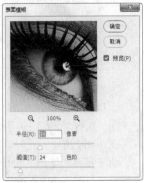

图 7-486

图 7-487

- 动感模糊:"动感模糊"可以模拟出高速跟拍而产生的带有运动方向的模糊效果。打开一张图像,如图 7-488 所示。接着执行"滤镜"→"模糊"→"动感模糊"命令，在弹出的"动感模糊"对话框中进行参数设置，如图 7-489 所示。然后单击"确定"按钮，动感模糊效果如图 7-490 所示。"动感模糊"滤镜可以沿指定的方向（-360~360 度），以指定的距离（1~999 像素）进行模糊，所产生的效果类似于在固定的曝光时间拍摄一个高速运动的对象。

图 7-488　　　　　　图 7-489

图 7-490

• 方框模糊："方框模糊"滤镜能够以"方块"的形状对图像进行模糊处理。打开一张图像，如图 7-491 所示。执行"滤镜"→"模糊"→"方框模糊"命令，如图 7-492 所示。此时软件基于相邻像素的平均颜色值来模糊图像，生成的模糊效果类似于方块的模糊感，如图 7-493 所示。"半径"数值用于调整、计算指定像素平均值的区域大小。数值越大，产生的模糊效果越强。

图 7-491　　　　　　图 7-492

图 7-493

• 高斯模糊："高斯模糊"滤镜是"模糊"滤镜组中使用频率最高的滤镜之一。"高斯模糊"滤镜应用十分广泛，如制作景深效果、制作模糊的投影效果等。打开一张图像（也可以绘制一个选区，在选区内操作），如图 7-494 所示。接着执行"滤镜"→"模糊"→"高斯模糊"命令，在弹出的"高斯模糊"对话框中设置合适的参数，然后单击"确定"按钮，如图 7-495 所示。画面效果如图 7-496 所示。"高斯模糊"滤镜的工作原理是在图像中添加低频细节，使图像产生一种朦胧的模糊效果。

图 7-494　　　　　　图 7-495

图 7-496

• 进一步模糊："进一步模糊"滤镜的模糊效果比较弱，也没有参数设置窗口。打开一张图像，如图 7-49

中文版 Photoshop 电商美工设计从入门到实战（全程视频版）（上册）

所示。接着执行"滤镜"→"模糊"→"进一步模糊"命令，画面效果如图7-498所示。该滤镜可以平衡已定义的线条和遮蔽区域的清晰边缘旁边的像素，使变化显得柔和。"进一步模糊"滤镜生成的效果比"模糊"滤镜强3~4倍。

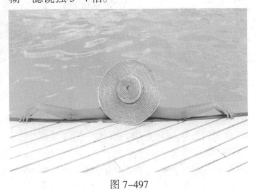

图 7-497

图 7-498

• 径向模糊："径向模糊"滤镜用于模拟缩放或旋转相机时所产生的模糊。打开一张图像，如图7-499所示。执行"滤镜"→"模糊"→"径向模糊"命令，在弹出的"径向模糊"对话框中可以设置"数量""模糊方法"和"品质"，然后单击"确定"按钮。如图7-500所示。画面效果如图7-501所示。

图 7-501

• 镜头模糊："镜头模糊"滤镜能模仿出非常逼真的浅景深效果。这里所说的"逼真"是指"镜头模糊"滤镜可以通过"通道"或"蒙版"中的黑白信息为图像中的不同部分添加不同程度的模糊。而"通道"和"蒙版"中的信息则是我们可以轻松控制的。首先需要制作出用于"镜头模糊"的通道（在通道中白色的区域为被模糊的区域，所以天空和山峰位置为白色，树林位置为灰色，而且前景为黑色），如图7-502所示；接着执行"滤镜"→"模糊"→"镜头模糊"命令，在弹出的"镜头模糊"对话框中，先设置"源"为新创建的通道，并设置"模糊焦距""半径"等参数，如图7-503所示。

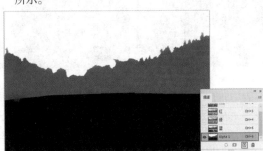

图 7-502

图 7-503

- 模糊:"模糊"滤镜因为比较"轻柔",所以主要用于为颜色变化显著的地方消除杂色。打开一张图像,如图7-504所示。接着执行"滤镜"→"模糊"→"模糊"命令,画面效果如图7-505所示。该滤镜没有对话框。"模糊"滤镜与"进一步模糊"滤镜都属于轻微模糊滤镜。相对于"进一步模糊"滤镜,"模糊"滤镜的模糊效果要低3~4倍左右。

图 7-504　　　　　　　　图 7-505

- 平均:"平均"滤镜常用于提取出画面中颜色的"平均值"。打开一张图像或者在图像上绘制一个选区,如图7-506所示。接着执行"滤镜"→"模糊"→"平均"命令,该区域变为了平均色效果,如图7-507所示。"平均"滤镜可以查找图像或选区的平均颜色,并使用该颜色填充图像或选区,以创建平滑的外观效果。

图 7-506　　　　　　　　图 7-507

- 特殊模糊:"特殊模糊"滤镜常用于模糊画面中的褶皱、重叠的边缘,还可以进行图像的"降噪"处理。图7-508所示为一张图像的细节图,我们可以看到有轻微噪点。执行"滤镜"→"模糊"→"特殊模糊"命令,然后在弹出的对话框中进行参数的设置,如图7-509所示。设置完成后单击"确定"按钮,效果如图7-510所示。"特殊模糊"滤镜只对有微弱颜色变化的区域进行模糊,模糊效果细腻,添加该滤镜后既能够最大限度地保留画面内容的真实形态,又能够使小的细节变得柔和。

图 7-508

图 7-509　　　　　　　　图 7-510

- 形状模糊:"形状模糊"滤镜能够以特定的"图形"对画面进行模糊化处理。选择一张需要模糊的图像,如图7-511所示。执行"滤镜"→"模糊"→"形状模糊"命令,在弹出的"形状模糊"对话框中选择一个合适的"形状",接着设置"半径"数值,然后单击"确定"按钮,如图7-512所示。效果如图7-513所示。

图 7-511　　　　　　　　图 7-512

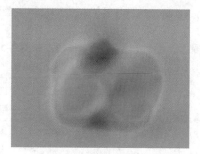

图 7-513

7.6.5　"模糊画廊"滤镜组

　　"模糊画廊"滤镜组中的滤镜同样用于对图像进行模糊处理,但这些滤镜主要用于为数码照片制作特殊的糊效果，如模拟景深效果、旋转模糊、移轴摄影、微距摄影等特殊效果。这些简单、有效的滤镜非常适用于摄影工作者。图7-514所示为不同滤镜的效果。

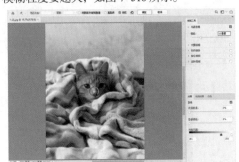

图7-514

- 场景模糊：以往的模糊滤镜几乎都是以同一个参数对整个画面进行模糊。而"场景模糊"滤镜则可以在画面中的不同位置添加多个控制点，并对每个控制点设置不同的模糊数值，这样就能使画面中不同的部分产生不同的模糊效果。打开一张图像，执行"滤镜"→"模糊画廊"→"场景模糊"命令，随即打开"模糊画廊"对话框，默认情况下，在画面的中央位置有一个"控制点"，这个控制点用来控制模糊的位置，在对话框的右侧通过设置"模糊"数值控制模糊的强度，如图7-515所示。继续添加"控制点"，然后设置合适的"模糊"数值，需要注意"近大远小"的规律，越远的地方，模糊程度要越大，如图7-516所示。

图7-515

图7-516

- 光圈模糊："光圈模糊"滤镜是一个单点模糊滤镜，使用"光圈模糊"滤镜可以根据不同的要求对焦点（也就是画面中清晰的部分）的大小与形状、图像其余

部分的模糊数量以及清晰区域与模糊区域之间的过渡效果进行相应的设置。打开一张图像，执行"滤镜"→"模糊画廊"→"光圈模糊"命令，打开"模糊画廊"对话框。在该对话框中可以看到画面中带有一个控制点并且带有控制框，该控制框以外的区域为被模糊的区域。在对话框的右侧可以设置"模糊"选项以控制模糊的程度，如图7-517所示。拖动控制框右上角的控制点即可改变控制框的形状。拖动控制框内侧的圆形控制点可以调整模糊过渡的效果。

图7-517

- 移轴模糊："移轴摄影"是一种特殊的摄影类型，从画面上看，所拍摄的照片效果就像是缩微模型一样，非常特别。使用"移轴模糊"滤镜可以轻松地模拟"移轴摄影"效果。打开一张图像，执行"滤镜"→"模糊画廊"→"移轴模糊"命令，打开"模糊画廊"对话框，在该对话框的右侧可以控制模糊的强度，如图7-518所示。如果想要调整画面中清晰区域的范围，可以通过按住鼠标左键拖动"中心点"的位置进行。拖动上下两端的"虚线"可以调整清晰和模糊范围的过渡效果。

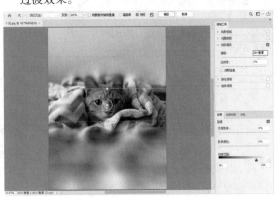

图7-518

- 路径模糊："路径模糊"滤镜可以沿着一定方向进行画面模糊。执行"滤镜"→"模糊画廊"→"路径模糊"命令，打开"模糊画廊"对话框。默认情况下，画面中央有一个箭头形的控制杆。在对话框的右侧进行参数的设置，可以看到画面中所选的部分发生了横向的带有运动感的模糊，如图 7-519 所示。拖动控制点可以改变控制杆的形状，同时会影响模糊的效果。也可以在控制杆上单击添加控制点，并调整箭头的形状。在对话框的右侧可以通过调整"速度"参数调整模糊的强度，调整"锥度"参数调整模糊边缘的渐隐强度，如图 7-520 所示。

图 7-521

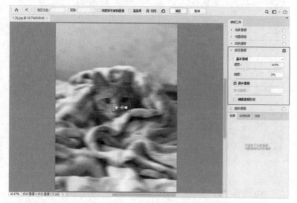

图 7-519

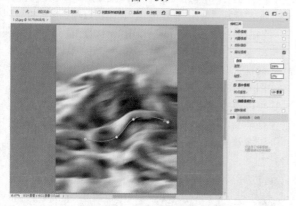

图 7-520

- 旋转模糊："旋转模糊"滤镜既可以一次性在画面中添加多个模糊点，也可以随意控制每个模糊点的模糊范围、形状与强度。打开一张图像，执行"滤镜"→"模糊画廊"→"旋转模糊"命令，在对话框的右侧调整"模糊"数值以调整模糊的强度，如图 7-521 所示。

练习实例: 使用"移轴模糊"滤镜突出细节

文件路径	第 7 章 \ 练习实例: 使用"移轴模糊"滤镜突出细节
难易指数	★★★★★
技术掌握	"移轴模糊"滤镜

扫一扫，看视频

案例效果

案例效果如图 7-522 所示。

图 7-522

操作步骤

步骤 01 将商品素材打开，如图 7-523 所示。

图 7-523

步骤 02 执行"滤镜"→"模糊画廊"→"移轴模糊"命令，打开"模糊画廊"对话框，先拖动控制点确定画面清晰的区域，然后设置"模糊"为40像素，如图7-524所示。设置完成后单击"确定"按钮，此时画面上下模糊，中间区域清晰，使商品主体更加吸引人，画面效果如图7-525所示。

图 7-524

图 7-525

7.6.6 "扭曲"滤镜组

执行"滤镜"→"扭曲"命令，在子菜单中可以看到多种滤镜，如图7-526所示。滤镜效果如图7-527所示。

图 7-526

图 7-527

- 波浪："波浪"滤镜可以在图像上创建类似于波浪起伏的效果。使用"波浪"滤镜可以制作带有波浪纹理的效果，或者制作带有波浪线边缘的图像。首先绘制一个矩形，如图7-528所示。接着执行"滤镜"→"扭曲"→"波浪"命令，首先进行"类型"的设置，在弹出的对话框中进行类型以及参数的设置，如图7-529所示。设置完成后单击"确定"按钮，效果如图7-530所示。这种图像应用非常广泛，如包装袋边缘的撕口。

图 7-528

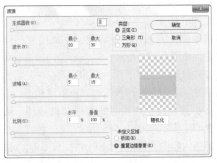

图 7-529

图 7-530

图 7-534

- 波纹:"波纹"滤镜可以通过控制波纹的数量和大小,从而制作出类似于水面的波纹效果。打开一张图像,如图 7-531 所示。接着执行"滤镜"→"扭曲"→"波纹"命令,在弹出的"波纹"对话框中进行参数的设置,如图 7-532 所示。设置完成后单击"确定"按钮,效果如图 7-533 所示。

图 7-535

图 7-536

图 7-531　　　　　　　　　图 7-532

- 挤压:"挤压"滤镜可以将选区内的图像或整个图像向外或向内挤压。与"液化"滤镜中的"膨胀工具"和"收缩工具"类似。打开一张图像,如图 7-537 所示。接着执行"滤镜"→"扭曲"→"挤压"命令,在弹出的"挤压"对话框进行参数的设置,如图 7-538 所示。单击"确定"按钮完成挤压变形操作,效果如图 7-539 所示。

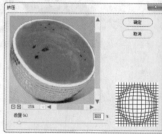

图 7-537　　　　　　　　　图 7-538

图 7-533

- 极坐标:"极坐标"滤镜可以将图像从平面坐标转换到极坐标,或从极坐标转换到平面坐标。打开一张图像,如图 7-534 所示。简单来说,该滤镜可以用两种方式分别实现以下两种效果:第一种是将水平排列的图像以图像左右两侧为边界,首尾相连,中间的像素将会被挤压,四周的像素将会被拉伸,从而形成一个"圆形",如图 7-535 所示;第二种则相反,将原本环形内容的图像从中切开,并拉成平面,如图 7-536 所示。"极坐标"滤镜常用于制作"鱼眼镜头"特效。

图 7-539

- 切变:"切变"滤镜可以将图像按照设定好的"路径"进行左右移动,图像一侧被移出画面的部分会出现在画面的另一侧。该滤镜可以用来制作飘动的彩旗。打开一张图像，如图 7-540 所示。接着执行"滤镜"→"扭曲"→"切变"命令，在打开的"切变"对话框中拖动曲线，此时可以沿着这条曲线进行图像的扭曲，如图 7-541 所示。设置完成后单击"确定"按钮，效果如图 7-542 所示。

图 7-540

图 7-541

图 7-542

• 球面化："球面化"滤镜可以将选区内的图像或整个图像向外"膨胀"成为球形。打开一张图像，可以在画面中绘制一个选区，如图 7-543 所示。接着执行"滤镜"→"扭曲"→"球面化"命令，在弹出的"球面化"对话框中进行数量和模式的设置，如图 7-544 所示。球面化效果如图 7-545 所示。

图 7-543   图 7-544

图 7-545

• 水波："水波"滤镜可以模拟石子落入平静水面而形成的涟漪效果。例如，绿茶广告中常见的茶叶掉落在水面上形成的波纹，就可以使用"水波"滤镜制作。选择一个图层或者绘制一个选区，如图 7-546 所示。接着执行"滤镜"→"扭曲"→"水波"命令，在打开的"水波"对话框中进行参数的设置，如图 7-547 所示。设置完成后单击"确定"按钮，效果如图 7-548 所示。

图 7-546

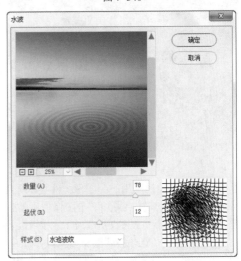

图 7-547

图 7-548

- 旋转扭曲："旋转扭曲"滤镜可以围绕图像的中心进行顺时针或逆时针的旋转。打开一张图像，如图 7-549 所示。接着执行"滤镜"→"扭曲"→"旋转扭曲"命令，打开"旋转扭曲"对话框，如图 7-550 所示。调整"角度"选项，当设置为正值时，会沿顺时针方向进行扭曲，如图 7-551 所示；当设置为负值时，会沿逆时针方向进行扭曲，如图 7-552 所示。

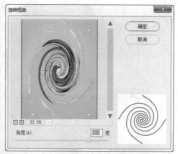

图 7-549   图 7-550

图 7-551   图 7-552

- 置换："置换"滤镜利用一个图像文件（必须为 PSD 格式）的亮度值来置换另外一个图像像素的排列位置。打开一张图像，如图 7-553 所示。接着准备一个 PSD 格式的文件（无须打开该 .psd 文件），如图 7-554 所示。选择图像的图层，执行"滤镜"→"扭曲"→

"置换"命令，在弹出的"置换"对话框中进行参数的设置，如图 7-555 所示。接着单击"确定"按钮，然后在弹出的"选取一个置换图"窗口中选择之前准备的 .psd 文件，单击"打开"按钮，如图 7-556 所示。此时画面效果如图 7-557 所示。

图 7-553   图 7-554

图 7-555

图 7-556

图 7-557

.6.7 "锐化"滤镜组

执行"滤镜"→"锐化"命令，可以在子菜单中看到多种用于锐化的滤镜，如图 7-558 所示。这些滤镜适合应用的场合不同，其中"USM 锐化""智能锐化"是最为常用的锐化图像的滤镜，参数可调性强；"进一步锐化""锐化""锐化边缘"属于"无参数"滤镜，无参数可供调整，适合于轻微锐化的情况；"防抖"滤镜则用于处理带有抖动效果的图像。图 7-559 所示为不同程度的锐化效果。

图 7-558　　　　图 7-559

- USM 锐化："USM 锐化"滤镜可以查找图像中颜色差异明显的区域，然后将其锐化。这种锐化方式能够在锐化画面的同时，不增加过多的噪点。打开一张图像，如图 7-560 所示。接着执行"滤镜"→"锐化"→"USM 锐化"命令，在打开的"USM 锐化"对话框中进行参数的设置，如图 7-561 所示。单击"确定"按钮，效果如图 7-562 所示。

图 7-560　　　　　　　图 7-561

图 7-562

- 防抖："防抖"滤镜用于改善由于相机振动而产生的拍照模糊的问题，如线性运动、弧形运动、旋转运动、Z 字形运动产生的模糊。"防抖"滤镜适合处理对焦正确、曝光适度、杂色较少的照片。执行"滤镜"→"锐化"→"防抖"命令，随即会打开"防抖"对话框，在该对话框中，画面的中央会显示"模糊评估区域"，并以默认数值进行防抖锐化处理，如图 7-563 所示。

图 7-563

- 进一步锐化："进一步锐化"滤镜没有参数设置对话框，同时它的效果也比较弱，适合那种只有轻微模糊的图像。打开一张图像，如图 7-564 所示。接着执行"滤镜"→"锐化"→"进一步锐化"命令，如果锐化效果不明显，则可以使用快捷键 Ctrl+Shift+F 多次进行锐化。图 7-565 所示为应用三次"进一步锐化"滤镜以后的效果。

图 7-564　　　　　　　图 7-565

- 锐化："锐化"滤镜也没有参数设置对话框，它的锐化效果比"进一步锐化"滤镜的锐化效果更弱，执行"滤镜"→"锐化"→"锐化"命令，即可应用该滤镜。
- 锐化边缘：对于画面内容色彩清晰、边界分明、颜色区分强烈的图像，使用"锐化边缘"滤镜可以轻松进行锐化处理。对比效果如图 7-566 和图 7-567 所示。

图 7-566　　　　　　　图 7-567

- 智能锐化:"智能锐化"滤镜具有"USM 锐化"滤镜
所没有的锐化控制功能。例如,可以设置锐化算法,
或者控制阴影和高光区域中的锐化量,而且能避免
"色晕"等问题。执行"滤镜"→"锐化"→"智能锐
化"命令,打开"智能锐化"对话框。首先设置"数
量",增加锐化强度,使效果看起来更加锐利。接着
设置"半径",该选项用来设置边缘像素受锐化影响
的锐化数量(数值无须调太大,否则会产生白色晕影),
如图 7-568 所示。

图 7-568

7.6.8 "像素化"滤镜组

"像素化"滤镜组可以将图像进行分块或平面化处
理。"像素化"滤镜组中包含 7 种滤镜:"彩块化""彩色
半调""点状化""晶格化""马赛克""碎片""铜版雕刻"。
执行"滤镜"→"像素化"命令,即可看到该滤镜组中
的命令,如图 7-569 所示。图 7-570 所示为滤镜效果。

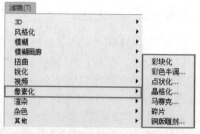

图 7-569

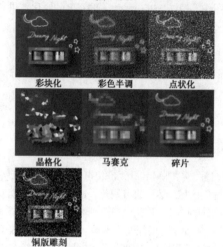

图 7-570

- 彩块化:"彩块化"滤镜常用来制作手绘图像、抽象
派绘画等艺术效果。"彩块化"滤镜可以将纯色或相
近色的像素结合成相近颜色的像素块效果。
- 彩色半调:"彩色半调"滤镜可以模拟在图像的每个
通道上使用放大的半调网屏的效果。
- 点状化:"点状化"滤镜可以从图像中提取颜色,并以
彩色斑点的形式将画面内容重新呈现出来。该滤镜
常用来模拟制作"点彩绘画"效果。
- 晶格化:"晶格化"滤镜可以使图像中相近的像素集
中到多边形色块中,产生类似于结晶颗粒的效果。
- 马赛克:"马赛克"滤镜常用于隐藏画面的局部信息,
也可以用来制作一些特殊的图案效果。打开一张图
像,接着执行"滤镜"→"像素化"→"马赛克"命令,
在弹出的"马赛克"对话框中进行参数的设置,然后
单击"确定"按钮,该滤镜可以使像素结合为方形色块。
- 碎片:"碎片"滤镜可以将图像中的像素复制 4 次,然
后将复制的像素平均分布,并使其相互偏移。
- 铜版雕刻:"铜版雕刻"滤镜可以将图像转换为黑白
区域的随机图案或彩色图像中颜色完全饱和的随机
图案。

7.6.9 "渲染"滤镜组

"渲染"滤镜组在滤镜中算是"另类"，该滤镜组中的滤镜的特点是其自身可以产生图像。比较典型的就是"纤维"滤镜和"云彩"滤镜，这两种滤镜可以利用前景色与背景色直接产生效果。执行"滤镜"→"渲染"命令，即可看到该滤镜组中的滤镜，如图 7-571 所示。图 7-572 所示为滤镜效果。

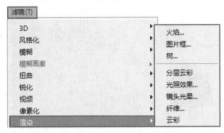

图 7-571

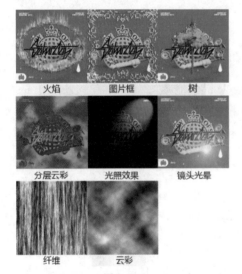

图 7-572

• 火焰："火焰"滤镜可以轻松打造出沿路径排列的火焰。在使用"火焰"滤镜命令之前，首先需要在画面中绘制一条路径，选择一个图层（可以是空图层），如图 7-573 所示。执行"滤镜"→"渲染"→"火焰"命令，接着弹出"火焰"对话框。在"基本"选项卡中针对"火焰类型"进行设置，在下拉列表中可以看到多种火焰的类型，接下来针对火焰的"长度""宽度""角度"以及"时间间隔"进行设置，如图 7-574 所示。设置完成后单击"确定"按钮，图层中即可出现火焰效果，如图 7-575 所示。接着按 Delete 键删

除路径。如果火焰应用于透明的空图层，那么则可以继续对火焰进行移动、编辑等操作。

图 7-573

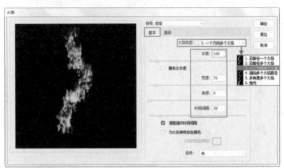

图 7-574

图 7-575

• 图片框："图片框"滤镜可以在图像边缘处添加各种风格的花纹相框。使用方法非常简单，打开一张图像，如图 7-576 所示。新建图层，执行"滤镜"→"渲染"→"图片框"命令，在弹出的对话框中的"图案"下拉列表中选择一个合适的图案样式，接着在下方进行图案上的颜色以及细节参数的设置，如图 7-577 所示。设置完成后单击"确定"按钮，效果如图 7-578 所示。单击"高级"选项卡，还可以对照片框的其他参数进行设置，如图 7-579 所示。

第 7 章 商品照片调色与特效

267

图 7-576

图 7-580

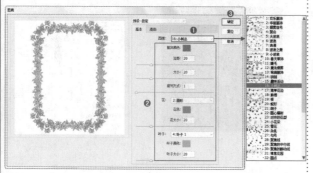

图 7-577

图 7-581

图 7-578　　　　　　　图 7-579

图 7-582

• 树：使用"树"滤镜可以轻松创建出多种类型的树。首先需要在画面中绘制一条路径，新建一个图层（在新建图层中操作方便后期调整树的位置和形态），如图 7-580 所示。接着执行"滤镜"→"渲染"→"树"命令，在弹出的对话框中的"基本树类型"下拉列表中选择一种合适的树，接着在下方进行参数的设置，设置效果非常直观，只需尝试调整并观察效果即可，如图 7-581 所示。调整完成后单击"确定"按钮完成操作，效果如图 7-582 所示。

• 分层云彩："分层云彩"滤镜可以结合其他技术制作火焰、闪电等特效。该滤镜通过将色彩数据与现有的像素以"差值"方式进行混合。打开一张图像，如图 7-583 所示。接着执行"滤镜"→"渲染"→"分层云彩"命令（该滤镜没有参数设置对话框）。首次应用该滤镜时，图像的某些部分可能会被反相成云彩图案，效果如图 7-584 所示。

图 7-583

图 7-584

- 光照效果:"光照效果"滤镜可以在二维的平面世界中添加灯光,并且通过参数的设置制作出不同的光照效果。除此之外,还可以使用灰度文件作为凹凸纹理图,制作出类似于3D的效果。选择需要添加滤镜的图层,如图7-585所示。执行"滤镜"→"渲染"→"光照效果"命令,打开"光照效果"对话框,默认情况下会显示一个"聚光灯"光源的控制框,如图7-586所示。以这一盏灯的操作为例。按住鼠标左键拖动控制点可以更改光源的位置、形状,如图7-587所示。配合对话框右侧的"属性"面板可以对光源的颜色、强度等选项进行调整,如图7-588所示。

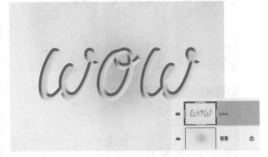

图 7-585

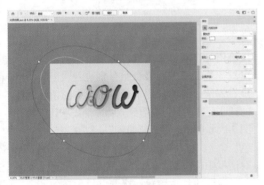

图 7-586

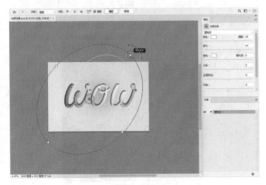

图 7-587

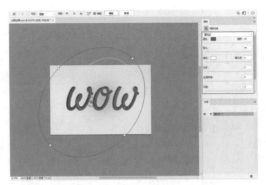

图 7-588

- 镜头光晕:"镜头光晕"滤镜常用于模拟由于光照射到相机镜头产生的折射,从而在画面中出现的眩光的效果。虽然在拍摄照片时经常需要避免这种眩光的出现,但是很多时候眩光的应用能使画面效果更加丰富,如图7-589和图7-590所示。

图 7-589

图 7-590

- 纤维:"纤维"滤镜可以在空白图层上根据前景色和背景色创建出纤维感的双色图案。首先设置合适的前景色与背景色,接着执行"滤镜"→"渲染"→"纤维"

命令,在弹出的对话框中进行参数的设置,如图 7-591 所示。然后单击"确定"按钮,效果如图 7-592 所示。

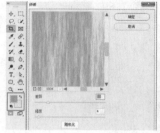 

图 7-591　　　　　图 7-592

- 云彩:"云彩"滤镜常用于制作云彩、薄雾的效果。该滤镜可以根据前景色和背景色随机生成云彩图案。设置好合适的前景色与背景色,接着执行"滤镜"→"渲染"→"云彩"命令,即可得到根据前景色和背景色形成的云朵,如图 7-593 所示。

图 7-593

7.6.10　"杂色"滤镜组

　　"杂色"滤镜组可以添加或移去图像中的杂色,这样有助于将选择的像素混合到周围的像素中。"杂色"又称"噪点""杂点",一直都是很多商品摄影师最为头疼的问题。在暗环境下拍照片,好好的照片放大一看,全是细小的噪点;或者有时想要得到一张颗粒感的照片,却怎么也弄不出合适的杂点。这些问题都可以使用"杂色"滤镜组中的滤镜进行解决。

　　"杂色"滤镜组中包含 5 种滤镜:"减少杂色""蒙尘与划痕""去斑""添加杂色""中间值"。"添加杂色"滤镜常用于画面中杂点的添加。而另外 4 种滤镜都是用于降噪,也就是去除画面中的杂点,如图 7-594 和图 7-595 所示。

图 7-594

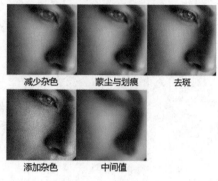

减少杂色　　　蒙尘与划痕　　　去斑

添加杂色　　　中间值

图 7-595

- 减少杂色:"减少杂色"滤镜可以进行降噪和磨皮。该滤镜可以对整个图像进行统一的参数设置,也可以对各个通道的降噪参数分别进行设置,尽可能多地在保留边缘的前提下减少图像中的杂色。在打开的这张照片中,可以看到人物面部皮肤比较粗糙,如图 7-596 所示。执行"滤镜"→"杂色"→"减少杂色"命令,打开"减少杂色"对话框。在"减少杂色"对话框中选中"基本"单选按钮,可以设置"减少杂色"滤镜的基本参数。接着进行参数的调整,调整完成后通过预览图我们可以看到皮肤表面变得光滑,如图 7-597 所示。图 7-598 所示为对比效果。

图 7-596

中文版 Photoshop 电商美工设计从入门到实战(全程视频版)(上册)

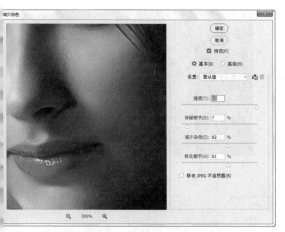

图 7-597

图 7-598

- 蒙尘与划痕:"蒙尘与划痕"滤镜常用于照片的降噪或者"磨皮"(磨皮是指肌肤质感的修饰,使肌肤变得光滑柔和),也能够制作照片转手绘的效果。打开一张图像,如图 7-599 所示。接着执行"滤镜"→"杂色"→"蒙尘与划痕"命令,在弹出的对话框中进行参数的设置,如图 7-600 所示。随着参数的调整,我们会发现画面中的细节在不断减少,画面中大部分接近的颜色都被合并为一个颜色。设置完成后单击"确定"按钮,效果如图 7-601 所示。通过这样的操作,可以将杂点与周围正常的颜色融合以达到降噪的目的,也能够达到减少照片细节使其更接近绘画作品的目的。

图 7-599

图 7-600

图 7-601

- 去斑:"去斑"滤镜可以检测图像的边缘(发生显著颜色变化的区域),并模糊那些边缘外的所有区域,同时会保留图像的细节。打开一张图像,如图 7-602 所示。接着执行"滤镜"→"杂色"→"去斑"命令(该滤镜没有参数设置对话框),此时画面效果如图 7-603 所示。此滤镜也常用于细节的去除和降噪操作。

图 7-602　　　　　　　　　图 7-603

- 添加杂色:"添加杂色"滤镜可以在图像中添加随机的单色或彩色的像素点。打开一张图像,如图 7-604 所示。接着执行"滤镜"→"杂色"→"添加杂色"命令,在弹出的"添加杂色"对话框中进行参数的设置,如图 7-605 所示。设置完成后单击"确定"按钮,此时画面效果如图 7-606 所示。"添加杂色"滤镜也可以用来改善图像中经过复杂操作后的区域。图像在经过较大程度的变形或者绘制涂抹操作后,表面细节会缺失,使用"添加杂色"滤镜能够在一定程度上为该区域增添一些略有差异的像素点,以增强细节感。

图 7-604

图 7-605

图 7-606

- 中间值："中间值"滤镜可以混合选区中像素的亮度来减少图像的杂色。打开一张图像，如图 7-607 所示。接着执行"滤镜"→"杂色"→"中间值"命令，在弹出的"中间值"对话框中进行参数的设置，如图 7-608 所示。设置完成后单击"确定"按钮，此时画面效果如图 7-609 所示。该滤镜会搜索像素选区的半径范围以查找亮度相近的像素，并且会扔掉与相邻像素差异太大的像素，然后用搜索到的像素的中间亮度值来替换中心像素。

图 7-607

图 7-608

图 7-609

练习实例：使用滤镜制作手机广告

扫一扫，看视频

文件路径	第 7 章 \ 练习实例：使用滤镜制作手机广告
难易指数	⭐⭐⭐⭐⭐
技术掌握	晶格化滤镜、动感模糊滤镜

案例效果

案例效果如图 7-610 所示。

图 7-610

操作步骤

步骤 01 新建一个空白文档，将前景色设置为深蓝色使用快捷键 Alt+Delete 进行填充，如图 7-611 所示。

图 7-611

中文版 Photoshop 电商美工设计从入门到实战（全程视频版）（上册）

步骤 02 选择工具箱中的"画笔工具",打开"画笔预设选取器",选择一个"柔边圆"笔尖,设置较大的画笔大小,拖动"设置画笔角度和圆度"控制点将笔尖更改为椭圆形,如图 7-612 所示。接着将前景色设置为稍浅一些的蓝色,然后在选项栏中降低"不透明度"数值,接着在画面中按住鼠标左键拖动进行绘制,如图 7-613 所示。

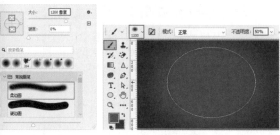

图 7-612　　　　　　　图 7-613

步骤 03 将前景色设置为白色,适当调小笔尖并进行绘制,效果如图 7-614 所示。

图 7-614

步骤 04 将"背景"图层转换为普通图层,如图 7-615 所示。选中该图层,右击执行"转换为智能对象"命令,将普通图层转换为智能图层,如图 7-616 所示。

图 7-615　　　　　　　图 7-616

步骤 05 执行"滤镜"→"像素化"→"晶格化"命令,在弹出的"晶格化"对话框中设置"单元格大小"

为 75,如图 7-617 所示。设置完成后单击"确定"按钮,效果如图 7-618 所示。

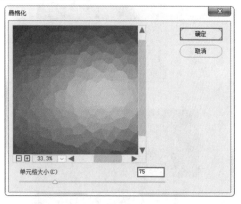

图 7-617

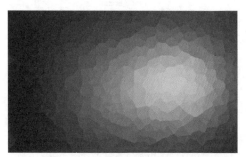

图 7-618

步骤 06 为智能图层添加滤镜后会显示智能滤镜,单击智能滤镜的图层蒙版,将其填充为黑色,隐藏滤镜效果,如图 7-619 所示。

图 7-619

步骤 07 选中工具箱中的"椭圆选框工具",在选项栏中设置"羽化"为 30 像素,接着在画面右侧绘制椭圆选区,如图 7-620 所示。接着将选区填充为白色,显示滤镜效果,如图 7-621 所示。填充完成后使用快捷键 Ctrl+D 取消选区的选择。

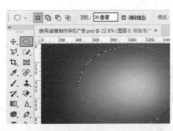

图 7-620

图 7-621

步骤 08 为画面添加光晕效果。新建图层，将图层填充为黑色，如图 7-622 所示。

图 7-622

步骤 09 执行"滤镜"→"渲染"→"镜头光晕"命令，先拖动"十"字形图标移动光晕的位置，然后选中"50-330 毫米变焦"单选按钮，设置"亮度"为 100%，如图 7-623 所示。设置完成后单击"确定"按钮，接着使用快捷键 Ctrl+T 调出定界框，将光晕放大，如图 7-624 所示。最后按 Enter 键确定变换操作。

图 7-623

图 7-624

步骤 10 增加光晕的颜色饱和度。执行"图像"→"调整"→"色相 / 饱和度"命令，在弹出的"色相 / 饱和度"对话框中设置"饱和度"为 +55，如图 7-625 所示。设置完成后单击"确定"按钮，效果如图 7-626 所示。

图 7-625

图 7-626

步骤 11 选择镜头光晕图层，设置该图层的"混合模式"为"滤色"，如图 7-627 所示。此时画面效果如图 7-628 所示。

图 7-627

图 7-628

步骤 12 将商品素材置入文档，移动到画面的右侧，将图层栅格化，如图 7-629 所示。

图 7-629

步骤 13 选中商品图层，使用快捷键 Ctrl+J 将图层复制一份，此时有两份商品并且重叠在一起。选中位于下方的商品图层，如图 7-630 所示。

图 7-630

步骤 14 执行"滤镜"→"模糊"→"动感模糊"命令，在弹出的"动感模糊"对话框中设置"角度"为 -7 度，"距离"为 1000 像素，如图 7-631 所示。设置完成后单击"确定"按钮，效果如图 7-632 所示。

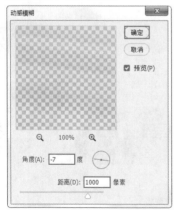

图 7-631

步骤 15 使用"横排文字工具"，在画面中依次添加文字，接着加选文字图层，使用快捷键 Ctrl+G 进行编组，如图 7-633 所示。

图 7-632

图 7-633

步骤 16 选中文字图层组，使用"自由变换"快捷键 Ctrl+T，然后在选项栏中设置角度为 10 度，如图 7-634 所示。旋转完成后按 Enter 键确定变换操作，案例完成效果如图 7-635 所示。

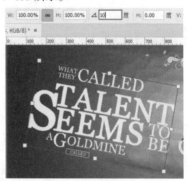

图 7-634

图 7-635

Chapter
08
第8章

扫一扫，看视频

网页切片与输出

本章内容简介：

　　网店美工设计是近年来比较热门的设计类型，与其他平面设计不同，当我们打开一个网页时，计算机会自动从服务器上下载网页中的图像内容。那么图像内容大小在很大程度上会影响网页的浏览速度，一整张大图的加载速度要远远慢于大量小图片的加载速度，所以在网页设计完成后往往都需要将页面进行"切分"处理，这就应用到了切片功能。

重点知识掌握：

- 切片的划分。
- 将网页导出为合适的格式。

通过本章学习，我能做什么？

　　通过本章的学习，能够完成网店页面设计的后几个步骤：切片的划分与网页内容的输出。虽然这些步骤看起来与设计过程无关，但是网页切片输出得恰当与否，很大程度上决定了网页的浏览速度。

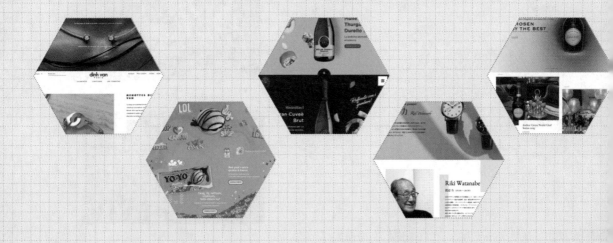

8.1 为制作好的网店页面切片

在网店页面设计工作中，页面的美化是至关重要的一个步骤。页面设计师在 Photoshop 中完成版面内容的编排后，是不能直接将整张网店图片上传到网络上的，而是需要将网页进行切分。"网页切片"可以简单理解为将网页图片切分为一些小碎片的过程。

切片技术就是将一整张图切割成若干小块，并以表格的形式加以定位和保存。图 8-1 所示为一个完整的网页设计的图片，图 8-2 所示为将网页切片导出后的效果。

图 8-1

图 8-2

切片的方式非常简单，与绘制选区的方式很接近。绘制出的范围会成为"用户切片"，而范围以外也会被自动切分，成为"自动切片"。每一次在添加或编辑切片时，都会重新生成自动切片。除此之外，还可以基于图层的范围创建切片，称为"基于图层的切片"。用户切片和基于图层的切片由实线定义，而自动切片则由虚线定义，如图 8-3 所示。

自动切片　用户切片

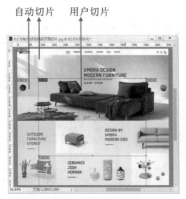

图 8-3

提示：如何显示切片？

如果切片处于隐藏状态，执行"视图"→"显示"→"切片"命令可以显示切片。

[重点] 8.1.1 动手练：使用"切片工具"划分切片

"切片工具"位于"裁剪工具组"中，右击工具组按钮，在工具列表中可以看到两种切片

扫一扫，看视频

	裁剪工具	C
	透视裁剪工具	C
■	切片工具	C
	切片选择工具	C

图 8-4

工具："切片工具"和"切片选择工具"，如图 8-4 所示。

1. 创建切片

右击工具组，单击"切片工具" ，然后在选项栏中设置"样式"为"正常"。在图像中按住鼠标左键拖动，绘制出一个矩形框，如图 8-5 所示。释放鼠标左键以后就可以创建一个用户切片，而用户切片以外的部分将生成自动切片，如图 8-6 所示。

图 8-5

图 8-6

提示：使用"切片工具"的小技巧。

当使用"切片工具"创建切片时，按住 Shift 键可以创建正方形切片。

在"切片工具"选项栏中的样式列表内可以设置绘制切片的方式。选择"固定长宽比"，可以在后面的"宽度"和"高度"输入框中设置切片的宽高比；选择"固定大小"，可以在后面的"宽度"和"高度"输入框中设置切片的固定大小，如图 8-7 所示。

图 8-7

2. 切片的选择

右击工具组，单击"切片选择工具" ，在图像中单击即可选中切片，如果想同时选中多个切片，可以在按住 Shift 键的同时单击其他切片，如图 8-8 所示。

图 8-8

提示：在对效果图进行切片时应该注意的事项。

（1）切片要和所切内容保持同样的尺寸，不能大也不能小。

（2）切片不能重复。

（3）单色区域不需要进行切片，因为可以写代码生成同样的效果。也就是说，凡是能写代码生成效果的地方都不需要切片。

（4）重复性的图像只需要切一张。

（5）当多个素材重叠时，需要先后进行切片。例如，背景图像上有按钮，就需要先切片按钮，然后把按钮隐藏，再切片背景图像。

3. 移动切片位置

如果要移动切片，可以使用"切片选择工具"选择切片，然后按住鼠标左键拖动，如图 8-9 和图 8-10 所示。

图 8-9

图 8-10

中文版 Photoshop 电商美工设计从入门到实战（全程视频版）（上册）

4. 调整切片大小

如果要调整切片的大小，可以按住鼠标左键拖动切片边框进行调整，如图 8-11 和图 8-12 所示。在移动切片时按住 Shift 键，可以在水平、垂直或 45°方向进行移动。

图 8-11

图 8-12

5. 删除切片

使用"切片选择工具" ，选择切片后，右击，在弹出的快捷菜单中选择"删除切片"命令（见图 8-13），可以删除切片，如图 8-14 所示。也可以按 Delete 键或 Backspace 键删除切片。

图 8-13

图 8-14

6. 清除全部切片

执行"视图"→"清除切片"命令，可以删除所有的用户切片和基于图层的切片。

7. 锁定切片

执行"视图"→"锁定切片"命令，可以锁定所有的用户切片和基于图层的切片。锁定切片以后，将无法对切片进行移动、缩放或其他更改。再次执行"视图"→"锁定切片"命令即可取消锁定。

8.1.2 提升：将自动切片转换为用户切片

自动切片无法进行优化设置，只有用户切片才能够进行不同的优化设置，所以需要将自动切片转换为用户切片。首先选择"切片选择工具"，然后在自动切片上单击，接着单击选项栏中的"提升"按钮，如图 8-15 所示。随即自动切片可以转换为用户切片，如图 8-16 所示。

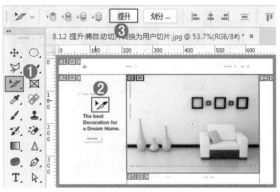

图 8-15

图 8-16

8.1.3 动手练：基于参考线创建切片

在店铺首页制作完成后，都会存储一份 JPEG 格式的图片，然后通过这个图片进行切片操作。参考线创建切片是比较方便的切片方式。

（1）建立参考线，在建立参考线时要注意图片的位置，参考线建立完成后单击工具箱中的"切片工具"按钮，然后在选项栏中单击"基于参考线的切片"按钮，如图 8-17 所示，即可基于参考线的划分方式创建出切片，如图 8-18 所示。

图 8-17　　　　　图 8-18

（2）此时创建的切片可能比较细碎，甚至可能出现将一幅完整的广告图切分为了数片的情况，这时就可以通过组合切片的方法将相邻的切片进行组合。首先选择"切片选择工具"，然后按住 Shift 键单击加选切片，如

图 8-19 所示。接着右击执行"组合切片"命令，如图 8-20所示。

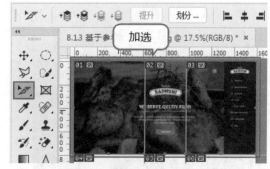

图 8-19

图 8-20

（3）此时切片效果如图 8-21 所示。继续进行切片的组合操作，如图 8-22 所示。

（4）单击选中切片，然后右击，执行"划分切片"命令，如图 8-23 所示。接着在弹出的"划分切片"对话框中进行设置，设置完成后单击"确定"按钮。可以得到平均划分的切片，如图 8-24 所示。

（5）切片划分完成后，可以继续使用"切片选择工具"调整每个切片的大小。需要注意的是，切片不能有重合的区域，如图 8-25 所示。继续进行切片的添加、编辑，效果如图 8-26 所示。

图 8-21

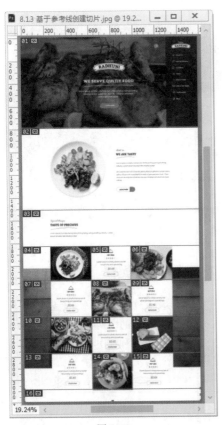

图 8-22

图 8-23

图 8-25

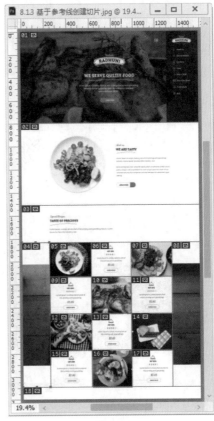

图 8-26

划分切片对话框

划分切片	
☐ 水平划分	
1	个纵向切片,均匀分隔
298	像素/切片
☑ 垂直划分	
● 2	个横向切片,均匀分隔
○ 311	像素/切片

确定
取消
☑ 预览(W)

图 8-24

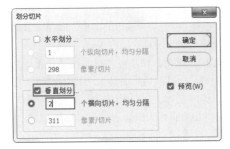

提示:基于图层创建切片。

　　选择需要基于其创建切片的图层,如图 8-27 所示。执行"图层"→"新建基于图层的切片"命令,就可以创建包含该图层所有像素的切片,如图 8-28 所示。基于图层创建切片以后,当对图层进行移动、缩放、变形等操作时,切片会跟随该图层进行自动调整。删除图层后,基于该图层创建的切片会被删除(无法删除自动切片)。

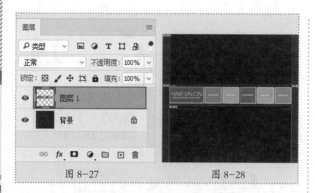

图 8-27   图 8-28

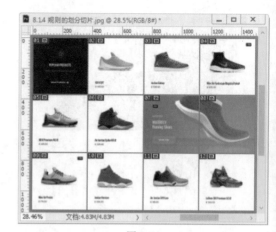

图 8-31

8.1.4　动手练：规则地划分切片

"划分切片"命令可以沿水平方向、垂直方向或同时沿这两个方向划分切片。不论原始切片是用户切片还是自动切片，划分后的切片总是用户切片。使用"切片选择工具" ![icon]，单击选择一个切片，然后单击选项栏中的"划分"按钮，如图 8-29 所示。打开"划分切片"对话框，勾选"水平划分"/"垂直划分"复选框后，可以在水平/垂直方向上划分切片，设置切片的数值，如图 8-30 所示。切片效果如图 8-31 所示。

图 8-29

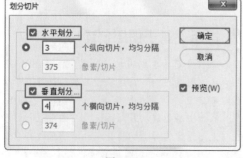

图 8-30

【重点】8.1.5　设置切片选项

划分完成的切片需要上传到网页中。在上传之前，需要对切片的选项进行一定的设置。使用"切片选择工具" ![icon]，选择某一个切片，并在选项栏中单击"为当前切片设置选项"按钮 ![icon]，打开"切片选项"对话框，在这里可以设置切片的名称、URL、目标、尺寸等属性，如图 8-32 所示。

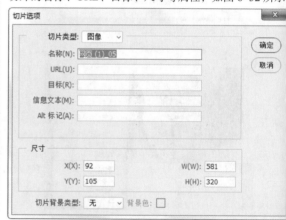

图 8-32

- 切片类型：设置切片输出的类型，即在与 HTML 文件一起导出时，切片数据在 Web 中的显示方式。选择"图像"选项时，切片包含图像数据；选择"无图像"选项时，可以在切片中输入 HTML 文本，但无法导出图像，也无法在 Web 中浏览；选择"表"选项时，切片导出时将作为嵌套表写入 HTML 文件。
- 名称：设置切片的名称。
- URL：设置切片链接的网址（只能用于"图像"切片）

中文版 Photoshop 电商美工设计从入门到实战（全程视频版）（上册）

当在浏览器中单击切片图像时，即可链接到设置的网址和目标框架。

- 目标：设置目标框架的名称。
- 信息文本：设置哪些信息出现在浏览器中。
- Alt 标记：设置选定切片的 Alt 标记。Alt 文本在图像下载过程中取代图像，并在某些浏览器中作为工具提示出现。
- 尺寸：X、Y 选项用于设置切片的位置，W、H 选项用于设置切片的大小。
- 切片背景类型：选择一种背景色来填充透明区域（用于"图像"切片）或整个区域（用于"无图像"切片）。

重点 8.2　网页切片的输出

对于网页设计师而言，在 Photoshop 中完成了网站页面制图工作后，需要对网页进行切片，接下来需要对图像进行优化输出以减小图像的大小。而较小的图像可以使 Web 服务器更加高效地存储、传输和下载图像。

（1）对页面进行切片，如图 8-33 所示。执行"文件"→"导出"→"存储为 Web 所用格式（旧版）"命令，打开"存储为 Web 所用格式"对话框，在该对话框中可以对图像格式以及压缩比率进行设置。在对话框右侧顶部单击"预设"下拉按钮，在下拉列表中可以选择内置的输出预设，单击某一项预设方式，然后单击"存储"按钮，如图 8-34 所示。

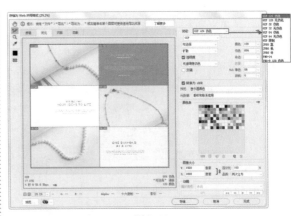

图 8-34

（2）选择存储的位置，如图 8-35 所示。接着在设置的存储位置可以看到导出为切片的图像文件，如图 8-36 所示。

图 8-35

图 8-33

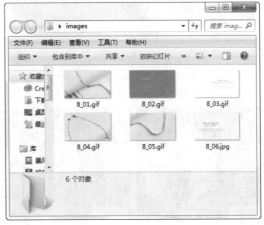

图 8-36

提示：自定义存储格式与质量。

可以自定义切片存储的格式与质量，不同格式的图像文件其质量与大小也不同。在格式列表中可以选择 GIF 格式、JPEG 格式、PNG-8 格式、PNG-24 格式和 WBMP 格式，设置了合适的格式后，就可以在下方进行该格式的输出参数设置，如图 8-37 所示。

图 8-37

优化为 GIF 格式：GIF 格式是输出图像到网页最常用的格式。GIF 格式采用 LZW 压缩，它支持透明背景和动画，被广泛应用于网络中。

优化为 JPEG 格式：JPEG 格式是一个比较成熟的图像有损压缩的格式，也是当今最为常见的图像格式之一。虽然将一张图像转化为 JPEG 图像并压缩后会丢失部分数据，但是这种差别几乎无法看出。所以，JPEG 格式既能够保证图像质量，又能够实现图像大小的压缩。

优化为 PNG-8 格式：PNG 格式是一种专门为 Web 开发的，用于将图像压缩到 Web 上的文件格式。PNG 格式与 GIF 格式不同的是，PNG 格式支持 244 位图像并产生无锯齿状的透明背景。

优化为 PNG-24 格式：PNG-24 格式可以在图像中保留多达 256 个透明度级别，适合于压缩连续色调图像，但它所生成的文件比 JPEG 格式生成的文件要大得多。

优化为 WBMP 格式：WBMP 格式是一款用于优化移动设备图像的标准格式，WBMP 格式只支持 1 位颜色，所以 WBMP 图像只包含黑色像素和白色像素。图 8-38~ 图 8-41 所示为不同模式的 WBMP 格式图像效果。

图 8-38   图 8-39

图 8-40   图 8-41

8.3 动手练：将切片上传到网络图片空间

切片操作完成后就可以将切分后的各部分图片上传到电商平台的图片空间，然后从图片空间中链接到网店中进行展示。

（1）首先登录到卖家中心，然后执行"店铺管理"→"图片空间"命令，如图 8-42 所示。接着在打开的新页面中单击右上角的"新建文件夹"按钮，创建一个新的文件夹，如图 8-43 所示。

图 8-42

图 8-43

（2）双击打开文件夹，单击右上角的"上传"按钮，如图 8-44 所示。接着会弹出"上传图片"窗口，然后单击窗口中心位置，如图 8-45 所示。

图 8-44

图 8-45

（3）在弹出的"打开"窗口中找到输出切片的文件夹，然后使用快捷键 Ctrl+A 进行全选，接着单击"打开"按钮，如图 8-46 所示。在弹出的"上传结果"窗口中等待上传结果，全部上传成功后单击"确定"按钮，如图 8-47 所示。

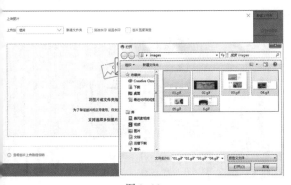

图 8-46

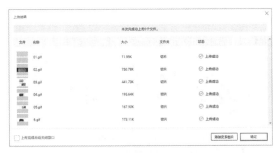

图 8-47

（4）上传成功后，就可以进行下一步的店铺装修操作了，如图 8-48 所示。

图 8-48

练习实例：为制作好的网页进行切片

文件路径	资源包\第 8 章\练习实例：为制作好的网页进行切片
难易指数	★★★★★
技术掌握	基于参考线的切片、组合切片、划分切片、存储为 Web 所用格式

扫一扫，看视频

案例效果

案例效果如图 8-49 所示。

图 8-49

操作步骤

步骤 01 步骤 01 将制作好的网站页面打开，如图 8-50 所示。

图 8-50

步骤 02 使用快捷键 Ctrl+R 打开标尺，然后创建出横纵多条参考线，如图 8-51 所示。

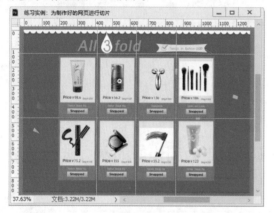

图 8-51

步骤 03 选择工具箱中的"切片工具"，然后单击选项栏中的"基于参考线的切片"按钮，如图 8-52 所示。得到基于参考线创建出的多个切片，如图 8-53 所示。

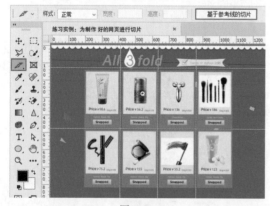

图 8-52

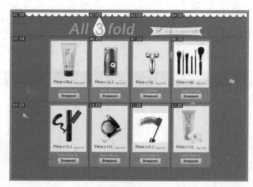

图 8-53

步骤 04 选择工具箱中的"切片选择工具"，按住 Shift 键单击加选顶部的 4 个切片，如图 8-54 所示。然后击执行"组合切片"命令，如图 8-55 所示。随即将加选的切片组合到一起，效果如图 8-56 所示。

步骤 05 使用"切片选择工具"选择左侧的切片，然后单击选项栏中的"划分"按钮，如图 8-57 所示。在弹出的"划分切片"对话框中勾选"垂直划分"复选框，设置数值为 2，设置完成后单击"确定"按钮，如图 8-58 所示。

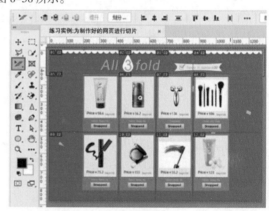

图 8-54

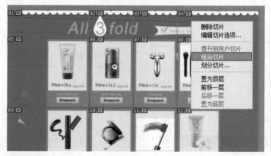

图 8-55

中文版 Photoshop 电商美工设计从入门到实战（全程视频版）（上册）

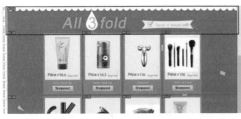

图 8-56

图 8-57

图 8-58

步骤 06 使用"切片选择工具"拖动调整切片的大小,如图 8-59 所示。使用相同的方法将下方的切片进行划分,如图 8-60 所示。

图 8-59

图 8-60

步骤 07 按住 Shift 键单击加选左侧的两个切片,然后进行组合,如图 8-61 所示。使用相同的方法处理右侧的切片,如图 8-62 所示。

图 8-61

图 8-62

步骤 08 切片处理完成后,执行"文件"→"导出"→"存储为 Web 所用格式"命令,在弹出的对话框中设置"预设"为"JPEG 高",单击"存储"按钮,然后选择合适的存储位置，如图 8-63 所示。切片效果如图 8-64 所示。

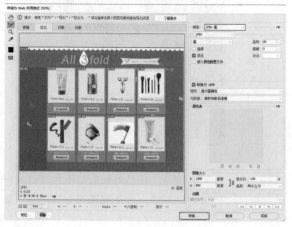

图 8-63

图 8-64

中文版 Photoshop 电商美工设计从入门到实战（全程视频版）（上册）